中国石油科技进展丛书（2006—2015年）

超重油油藏冷采开发理论与技术

主　编：陈和平

副主编：李星民　黄文松　杨朝蓬

U0349821

石油工业出版社

内 容 提 要

本书系统地论述和总结了中国石油自"十一五"以来，在超重油泡沫油开发理论与技术研究和开发实践等方面的最新进展，从超重油资源分布、石油地质特征、冷采开发机理、开发特征与评价方法、油藏工程设计、钻采工艺与地面工程配套技术和提高采收率技术展望等方面加以阐述，并通过大型超重油油田开发实例对相关理论与技术进行了综合应用分析。

本书可供油藏工程专业的技术人员、研究人员以及大专院校相关专业师生参考使用。

图书在版编目（CIP）数据

超重油油藏冷采开发理论与技术 / 陈和平主编 . —
北京：石油工业出版社，2019.6
　（中国石油科技进展丛书 . 2006—2015 年）
　ISBN 978-7-5183-3268-7

Ⅰ . ①超… Ⅱ . ①陈… Ⅲ . ①重油 – 油田开发 – 研究
Ⅳ . ① TE34

中国版本图书馆 CIP 数据核字（2019）第 052940 号

审图号：GS（2019）2826 号

出版发行：石油工业出版社
　　　　　（北京安定门外安华里 2 区 1 号　　100011）
　　　　网　　址：www.petropub.com
　　　　编辑部：（010）64523738　图书营销中心：（010）64523633
经　　销：全国新华书店
印　　刷：北京中石油彩色印刷有限责任公司

2019 年 6 月第 1 版　2019 年 6 月第 1 次印刷
787×1092 毫米　开本：1/16　印张：18.25
字数：464 千字

定价：150.00 元

《中国石油科技进展丛书（2006—2015 年）》
编 委 会

《超重油油藏冷采开发理论与技术》编写组

主　　编：陈和平

副 主 编：李星民　黄文松　杨朝蓬

编写人员：

刘章聪　陈长春　孟　征　包　宇　沈　杨　吴永彬

徐　芳　孔璐琳　刘　翔　史晓星　王玉生　赵　敏

陶　冶

序

习近平总书记指出，创新是引领发展的第一动力，是建设现代化经济体系的战略支撑，要瞄准世界科技前沿，拓展实施国家重大科技项目，突出关键共性技术、前沿引领技术、现代工程技术、颠覆性技术创新，建立以企业为主体、市场为导向、产学研深度融合的技术创新体系，加快建设创新型国家。

中国石油认真学习贯彻习近平总书记关于科技创新的一系列重要论述，把创新作为高质量发展的第一驱动力，围绕建设世界一流综合性国际能源公司的战略目标，坚持国家"自主创新、重点跨越、支撑发展、引领未来"的科技工作指导方针，贯彻公司"业务主导、自主创新、强化激励、开放共享"的科技发展理念，全力实施"优势领域持续保持领先、赶超领域跨越式提升、储备领域占领技术制高点"的科技创新三大工程。

"十一五"以来，尤其是"十二五"期间，中国石油坚持"主营业务战略驱动、发展目标导向、顶层设计"的科技工作思路，以国家科技重大专项为龙头、公司重大科技专项为抓手，取得一大批标志性成果，一批新技术实现规模化应用，一批超前储备技术获重要进展，创新能力大幅提升。为了全面系统总结这一时期中国石油在国家和公司层面形成的重大科研创新成果，强化成果的传承、宣传和推广，我们组织编写了《中国石油科技进展丛书（2006—2015年）》（以下简称《丛书》）。

《丛书》是中国石油重大科技成果的集中展示。近些年来，世界能源市场特别是油气市场供需格局发生了深刻变革，企业间围绕资源、市场、技术的竞争日趋激烈。油气资源勘探开发领域不断向低渗透、深层、海洋、非常规扩展，炼油加工资源劣质化、多元化趋势明显，化工新材料、新产品需求持续增长。国际社会更加关注气候变化，各国对生态环境保护、节能减排等方面的监管日益严格，对能源生产和消费的绿色清洁要求不断提高。面对新形势新挑战，能源企业必须将科技创新作为发展战略支点，持续提升自主创新能力，加快构筑竞争新优势。"十一五"以来，中国石油突破了一批制约主营业务发展的关键技术，多项重要技术与产品填补空白，多项重大装备与软件满足国内外生产急需。截至 2015 年底，共获得国家科技奖励 30 项、获得授权专利 17813 项。《丛书》全面系统地梳理了中国石油"十一五""十二五"期间各专业领域基础研究、技术开发、技术应用中取得的主要创新性成果，总结了中国石油科技创新的成功经验。

《丛书》是中国石油科技发展辉煌历史的高度凝练。中国石油的发展史，就是一部创业创新的历史。建国初期，我国石油工业基础十分薄弱，20 世纪 50 年代以来，随着陆相生油理论和勘探技术的突破，成功发现和开发建设了大庆油田，使我国一举甩掉贫油的帽子；此后随着海相碳酸盐岩、岩性地层理论的创新发展和开发技术的进步，又陆续发现和建成了一批大中型油气田。在炼油化工方面，"五朵金花"炼化技术的开发成功打破了国外技术封锁，相继建成了一个又一个炼化企业，实现了炼化业务的不断发展壮大。重组改制后特别是"十二五"以来，我们将"创新"纳入公司总体发展战略，着力强化创新引领，这是中国石油在深入贯彻落实中央精神、系统总结"十二五"发展经验基础上、根据形势变化和公司发展需要作出的重要战略决策，意义重大而深远。《丛书》从石油地质、物探、测井、钻完井、采油、油气藏工程、提高采收率、地面工程、井下作业、油气储运、石油炼制、石油化工、安全环保、海外油气勘探开发和非常规油气勘探开发等 15 个方面，记述了中国石油艰难曲折的理论创新、科技进步、推广应用的历史。它的出版真实反映了一个时期中国石油科技工作者百折不挠、顽强拼搏、敢于创新的科学精神，弘扬了中国石油科技人员秉承"我为祖国献石油"的核心价值观和"三老四严"的工作作风。

《丛书》是广大科技工作者的交流平台。创新驱动的实质是人才驱动，人才是创新的第一资源。中国石油拥有 21 名院士、3 万多名科研人员和 1.6 万名信息技术人员，星光璀璨、人文荟萃、成果斐然。这是我们宝贵的人才资源。我们始终致力于抓好人才培养、引进、使用三个关键环节，打造一支数量充足、结构合理、素质优良的创新型人才队伍。《丛书》的出版搭建了一个展示交流的有形化平台，丰富了中国石油科技知识共享体系，对于科技管理人员系统掌握科技发展情况，做出科学规划和决策具有重要参考价值。同时，便于科研工作者全面把握本领域技术进展现状，准确了解学科前沿技术，明确学科发展方向，更好地指导生产与科研工作，对于提高中国石油科技创新的整体水平，加强科技成果宣传和推广，也具有十分重要的意义。

掩卷沉思，深感创新艰难、良作难得。《丛书》的编写出版是一项规模宏大的科技创新历史编纂工程，参与编写的单位有 60 多家，参加编写的科技人员有 1000 多人，参加审稿的专家学者有 200 多人次。自编写工作启动以来，中国石油党组对这项浩大的出版工程始终非常重视和关注。我高兴地看到，两年来，在各编写单位的精心组织下，在广大科研人员的辛勤付出下，《丛书》得以高质量出版。在此，我真诚地感谢所有参与《丛书》组织、研究、编写、出版工作的广大科技工作者和参编人员，真切地希望这套《丛书》能成为广大科技管理人员和科研工作者的案头必备图书，为中国石油整体科技创新水平的提升发挥应有的作用。我们要以习近平新时代中国特色社会主义思想为指引，认真贯彻落实党中央、国务院的决策部署，坚定信心、改革攻坚，以奋发有为的精神状态、卓有成效的创新成果，不断开创中国石油稳健发展新局面，高质量建设世界一流综合性国际能源公司，为国家推动能源革命和全面建成小康社会作出新贡献。

2018 年 12 月

 # 丛书前言

石油工业的发展史，就是一部科技创新史。"十一五"以来尤其是"十二五"期间，中国石油进一步加大理论创新和各类新技术、新材料的研发与应用，科技贡献率进一步提高，引领和推动了可持续跨越发展。

十余年来，中国石油以国家科技发展规划为统领，坚持国家"自主创新、重点跨越、支撑发展、引领未来"的科技工作指导方针，贯彻公司"主营业务战略驱动、发展目标导向、顶层设计"的科技工作思路，实施"优势领域持续保持领先、赶超领域跨越式提升、储备领域占领技术制高点"科技创新三大工程；以国家重大专项为龙头，以公司重大科技专项为核心，以重大现场试验为抓手，按照"超前储备、技术攻关、试验配套与推广"三个层次，紧紧围绕建设世界一流综合性国际能源公司目标，组织开展了50个重大科技项目，取得一批重大成果和重要突破。

形成40项标志性成果。（1）勘探开发领域：创新发展了深层古老碳酸盐岩、冲断带深层天然气、高原咸化湖盆等地质理论与勘探配套技术，特高含水油田提高采收率技术，低渗透/特低渗透油气田勘探开发理论与配套技术，稠油/超稠油蒸汽驱开采等核心技术，全球资源评价、被动裂谷盆地石油地质理论及勘探、大型碳酸盐岩油气田开发等核心技术。（2）炼油化工领域：创新发展了清洁汽柴油生产、劣质重油加工和环烷基稠油深加工、炼化主体系列催化剂、高附加值聚烯烃和橡胶新产品等技术，千万吨级炼厂、百万吨级乙烯、大氮肥等成套技术。（3）油气储运领域：研发了高钢级大口径天然气管道建设和管网集中调控运行技术、大功率电驱和燃驱压缩机组等16大类国产化管道装备，大型天然气液化工艺和20万立方米低温储罐建设技术。（4）工程技术与装备领域：研发了G3i大型地震仪等核心装备，"两宽一高"地震勘探技术，快速与成像测井装备、大型复杂储层测井处理解释一体化软件等，8000米超深井钻机及9000米四单根立柱钻机等重大装备。（5）安全环保与节能节水领域：

研发了 CO_2 驱油与埋存、钻井液不落地、炼化能量系统优化、烟气脱硫脱硝、挥发性有机物综合管控等核心技术。（6）非常规油气与新能源领域：创新发展了致密油气成藏地质理论，致密气田规模效益开发模式，中低煤阶煤层气勘探理论和开采技术，页岩气勘探开发关键工艺与工具等。

取得 15 项重要进展。（1）上游领域：连续型油气聚集理论和含油气盆地全过程模拟技术创新发展，非常规资源评价与有效动用配套技术初步成型，纳米智能驱油二氧化硅载体制备方法研发形成，稠油火驱技术攻关和试验获得重大突破，井下油水分离同井注采技术系统可靠性、稳定性进一步提高；（2）下游领域：自主研发的新一代炼化催化材料及绿色制备技术、苯甲醇烷基化和甲醇制烯烃芳烃等碳一化工新技术等。

这些创新成果，有力支撑了中国石油的生产经营和各项业务快速发展。为了全面系统反映中国石油 2006—2015 年科技发展和创新成果，总结成功经验，提高整体水平，加强科技成果宣传推广、传承和传播，中国石油决定组织编写《中国石油科技进展丛书（2006—2015 年）》（以下简称《丛书》）。

《丛书》编写工作在编委会统一组织下实施。中国石油集团董事长王宜林担任编委会主任。参与编写的单位有 60 多家，参加编写的科技人员 1000 多人，参加审稿的专家学者 200 多人次。《丛书》各分册编写由相关行政单位牵头，集合学术带头人、知名专家和有学术影响的技术人员组成编写团队。《丛书》编写始终坚持：一是突出站位高度，从石油工业战略发展出发，体现中国石油的最新成果；二是突出组织领导，各单位高度重视，每个分册成立编写组，确保组织架构落实有效；三是突出编写水平，集中一大批高水平专家，基本代表各个专业领域的最高水平；四是突出《丛书》质量，各分册完成初稿后，由编写单位和科技管理部共同推荐审稿专家对稿件审查把关，确保书稿质量。

《丛书》全面系统反映中国石油 2006—2015 年取得的标志性重大科技创新成果，重点突出"十二五"，兼顾"十一五"，以科技计划为基础，以重大研究项目和攻关项目为重点内容。丛书各分册既有重点成果，又形成相对完整的知识体系，具有以下显著特点：一是继承性。《丛书》是《中国石油"十五"科技进展丛书》的延续和发展，凸显中国石油一以贯之的科技发展脉络。二是完整性。《丛书》涵盖中国石油所有科技领域进展，全面反映科技创新成果。三是标志性。《丛书》在综合记述各领域科技发展成果基础上，突出中国石油领先、高端、前沿的标志性重大科技成果，是核心竞争力的集中展示。四是创新性。《丛书》全面梳理中国石油自主创新科技成果，总结成功经验，有助于提高科技创新整体水平。五是前瞻性。《丛书》设置专门章节对世界石油科技中长期发展做出基本预测，有助于石油工业管理者和科技工作者全面了解产业前沿、把握发展机遇。

《丛书》将中国石油技术体系按 15 个领域进行成果梳理、凝练提升、系统总结，以领域进展和重点专著两个层次的组合模式组织出版，形成专有技术集成和知识共享体系。其中，领域进展图书，综述各领域的科技进展与展望，对技术领域进行全覆盖，包括石油地质、物探、测井、钻完井、采油、油气藏工程、提高采收率、地面工程、井下作业、油气储运、石油炼制、石油化工、安全环保节能、海外油气勘探开发和非常规油气勘探开发等 15 个领域。31 部重点专著图书反映了各领域的重大标志性成果，突出专业深度和学术水平。

《丛书》的组织编写和出版工作任务量浩大，自 2016 年启动以来，得到了中国石油天然气集团公司党组的高度重视。王宜林董事长对《丛书》出版做了重要批示。在两年多的时间里，编委会组织各分册编写人员，在科研和生产任务十分紧张的情况下，高质量高标准完成了《丛书》的编写工作。在集团公司科技管理部的统一安排下，各分册编写组在完成分册稿件的编写后，进行了多轮次的内部和外部专家审稿，最终达到出版要求。石油工业出版社组织一流的编辑出版力量，将《丛书》打造成精品图书。值此《丛书》出版之际，对所有参与这项工作的院士、专家、科研人员、科技管理人员及出版工作者的辛勤工作表示衷心感谢。

人类总是在不断地创新、总结和进步。这套丛书是对中国石油 2006—2015 年主要科技创新活动的集中总结和凝练。也由于时间、人力和能力等方面原因，还有许多进展和成果不可能充分全面地吸收到《丛书》中来。我们期盼有更多的科技创新成果不断地出版发行，期望《丛书》对石油行业的同行们起到借鉴学习作用，希望广大科技工作者多提宝贵意见，使中国石油今后的科技创新工作得到更好的总结提升。

2018 年 12 月

前　言

超重油系指 15.6℃及大气压下密度大于 1.000g/cm³（API 重度小于 10°API），但在原始油藏条件下黏度小于 10000mPa·s、具有就地流动性的原油。目前发现的规模最大的超重油富集带位于南美洲委内瑞拉的奥里诺科（Orinoco）重油带，该重油带超重油储量和开发潜力巨大。与国内稠油相比，重油带超重油具有"四高一低"（原油密度高、沥青质含量高、硫含量高、重金属含量高、原油黏度相对低）可流动的特性；冷采过程中一定条件下可就地形成泡沫油流，具有一定冷采产能。重油带超重油地层条件下的黏度为 1000～10000mPa·s，相对低黏度指的是和国内稠油相比，在相同的原油密度条件下，国内稠油的黏度要比重油带超重油的黏度高 5～10 倍，这主要是由于后者沥青质含量较高而胶质含量相对较低造成的。

中国石油在重油带的合作开发项目包括 MPE3 和胡宁 4 两个项目，地质储量近 100×10⁸t。重油带超重油油藏与国内稠油具有截然不同的油藏地质特征，国内成熟的稠油热采开发技术并不完全适用于海外作业背景下超重油的经济有效开发，国内外亦缺乏对这类油藏开发机理、开发特征、开发配套技术以及提高采收率技术的系统研究与总结。自"十一五"以来，中国石油依托国家油气科技重大专项"委内瑞拉超重油油藏经济高效开发技术""重油油藏和油砂经济高效开发技术"课题和"奥里诺科大型重油油田开发示范工程"的攻关以及在重油带的开发生产实践，丰富和发展了中国在这类超重油开发方面的理论认识，并集成创新形成了超重油油藏冷采经济高效开发技术，包括超重油油藏储层表征、泡沫油物理模拟、泡沫油冷采开发特征评价、整体丛式水平井开发设计、钻采工艺和地面工程集输技术以及提高采收率技术等方面。理论与技术的进展成功指导了 MPE3 项目的经济高效开发，并已建成年产千万吨级产能，有力提升了中国石油在油气开发领域中的国际竞争力。本书既是对上述科技攻关成果和生产实践的系统梳理和总结，又反映了中国石油"十一五"以来，在超重油油藏冷采开发方面的最新理论与技术研究和开发实践进展。

全书共分为九章，整体结构框架、编写思路和理论要点及技术系列由陈和平教授提出。第一章主要介绍了超重油资源分布、流体特征与分布规律以及开采概况，主要由陈和平、李星民、刘章聪执笔。第二章阐述了重油带区域地质特征、典型超重油油藏的沉积与储层特征、地质建模，主要由黄文松、孟征、陈和平、徐芳执笔。第三章分析了超重油油藏的冷采开发特征与影响因素，主要由杨朝蓬执笔。第四章阐述了超重油泡沫油微观形成机制、稳定性影响因素、非常规PVT特征、流变特征、驱替特征与渗流特征及其影响因素，主要由李星民、杨朝蓬执笔。第五章介绍了超重油油藏冷采特征评价方法，主要由杨朝蓬、刘章聪、李星民执笔。第六章对比了国内外不同类型的重油油藏开发模式，阐述了超重油油藏水平井冷采开发油藏工程优化设计，主要由李星民、陈长春、史晓星执笔。第七章介绍了具有超重油油藏特色的冷采钻采工艺及地面工程集输配套技术，主要由刘翔、孔璐琳、李星民执笔。第八章介绍了重油带大型超重油油田开发实例，主要由沈杨、李星民执笔。第九章阐述了超重油油藏在提高采收率技术方面的基础研究进展和发展方向，主要由包宇、吴永彬执笔。全书由陈和平、李星民、杨朝蓬统稿。

因篇幅所限，本书引用的部分参考文献未能列出，望作者海涵，并在此一并表示深切的谢意。

由于编者水平有限，书中难免有欠妥和不足之处，敬请同行专家和读者批评指正。

目 录

第一章 绪 论

重质原油和沥青，中国习惯上统称为稠油，其突出的特点是沥青胶质含量高，含蜡量较少，因而原油黏度很高，一般流动困难，开采难度大。世界重油和沥青资源丰富，据美国地质调查局（USGC）2015 年的统计数据，世界重油与沥青总原始地质储量约为 1.432×10^{12}t，其中委内瑞拉奥里诺科重油带是目前已发现的世界上最大规模的重油富集带，开发潜力巨大[1, 2]。本章主要论述重油定义及分类、重油资源分布及开采概况、奥里诺科重油带重油流体特征及开发概况。

第一节　重油的定义、特点及分类

由联合国培训研究署（UNITAR）主持，1976 年 6 月在加拿大召开了第一届国际重油及沥青学术会议，会议讨论了重油及沥青砂的资源评价、定义及分类标准等。1982 年 2 月在委内瑞拉召开的第二届国际重油及沥青砂学术会议上提出了统一的定义和分类标准。

一、重油的定义与一般特点

重质原油和沥青砂油（沥青）是天然存在于孔隙介质中的石油或类似石油的液体或半固体。沥青砂（Tar Sand）也称为油砂、油浸岩层、含沥青砂层。国际上，一般采用黏度给重质原油和沥青砂油规定界限，当缺少黏度测定数据时，则采用 API 重度值（°API）。重质原油是指在原始油藏温度下脱气油黏度为 100～10000mPa·s 或在 15.6℃（60°F）及大气压下密度为 934～1000kg/m³（20°API）的原油。沥青砂油是指在原始油藏温度下脱气油黏度超过 10000mPa·s，或在 15.6℃（60°F）及大气压下密度大于 1000kg/m³（小于 10°API）的原油。

重油的一般特点如下：

（1）重油是一种复杂的、多组分的均质有机混合物，主要由烷烃、芳烃、胶质和沥青质组成。烷烃是石油中分子量较小、密度较低的组分。芳烃是石油中分子量中等、密度较大的组分。胶质和沥青质为高分子量化合物，尤其沥青质是原油中结构最复杂、分子量最大、密度最大的组分。国内多数稠油中沥青质含量一般小于 5%（质量分数），而委内瑞拉重油带重油中沥青质含量可达到 20% 以上。

（2）重油中的硫、氧、氮等杂原子含量较多。例如，加拿大艾伯塔重油中的杂原子占到总质量的 21%～29%，美国、加拿大及委内瑞拉的重油中含硫量高达 3%～5%，但国内稠油含硫量一般仅 0.5% 左右，最高为 2%。

（3）重油中含有较多的稀有金属，尤其值得注意的是镍（Ni）与钒（V）。重油中镍与钒含量高，对炼制工艺提出了特殊要求。委内瑞拉及加拿大的重油中镍、钒含量较高，尤其是钒的含量高达几百毫克/升，甚至上千毫克/升。但国内稠油中的钒含量很低，一般仅有几毫克/升。

（4）重油中的石蜡含量一般较低，但也有极少数油田是"双高"原油，即沥青胶质含量高、石蜡含量也高，表征为高黏度、高凝固点原油。应该指出的是，有些含蜡量高、但沥青胶质含量低，而黏度也低的原油属高凝原油，不是重油。

（5）高密度和高黏度是重油最主要的特征，也是重油区别于普通轻质原油的主要指标。而且随着胶质与沥青质含量增高，重油的相对密度及黏度也增加。重油的黏度对温度非常敏感，随着温度增加，黏度急剧下降。通常，对于油层温度下脱气原油黏度为10000～100000mPa·s的重油，当加热至200℃以上时，黏度可急剧下降至10mPa·s以下，变得非常易于流动，这也是用热采方法开采重油的基本原理和依据所在。

（6）重油分布广泛，埋藏深度最大到4572m。在各种地质构造及地质年代的地层中，各种气候的陆上及近海地区都有重油分布。

二、重油的分类

重油分类不仅直接关系到油藏类型划分与评价，也关系到重油油藏开采方式的选择及其开采潜力。

1. UNITAR 重油分类标准

UNITAR 推荐的分类标准见表1-1。

表1-1　UNITAR 推荐的重油及沥青分类标准

分类	第一指标	第二指标	
	黏度，mPa·s	密度（15.6℃），kg/m³	API 重度（15.6℃），°API
重油	100～10000	934～1000	20～10
沥青	>10000	>1000	<10

此国际分类标准突出强调以下几点：

（1）将原油黏度作为第一指标，将原油密度和 API 重度作为辅助指标，强调了原油在油藏中的流动性及产油的潜力大小，有利于重油资源评价与开发方法研究。

（2）原油黏度统一采用油藏温度下的脱气油黏度，用脱气油样测定；油层中含有溶解气，可以降低原油黏度。重油油井井下取样非常困难，在取岩心或油样时，往往会损失掉地层油中的溶解气，而重油油样复配困难。为了测定方便，采用脱气油样测定来分类。

（3）重油的黏度下限为100mPa·s，上限为10000mPa·s，黏度超过10000mPa·s的重油称为沥青。但这是大致的界限。

2. 加拿大能源中心重油分类标准

美国石油协会（American Petroleum Institute，API）按照原油 API 重度，将原油划分为轻质原油（API 重度大于31.1°API，即相对密度小于0.87）；中质原油（API 重度介于22.3～31.1°API，即相对密度介于0.87～0.92）；重油（API 重度小于22.3°API，即相对密度大于0.92）。

在此基础上，加拿大能源中心（Canadian Center for Energy）按照油藏条件下的密度和黏度，将重油细化分类为重油、超重油和天然沥青。其中，重油是指 API 重度介于10～22.3°API 及地下原油黏度小于10000mPa·s 的原油，油藏条件下具有流动性。超重油是指 API 重度小于 10°API 及地下原油黏度小于 10000mPa·s 的原油, 油藏条件下具有一定流动性。天然沥青, 或称焦油砂和油砂, 是指 API 重度小于 10°API 及地下原油黏度大于 10000mPa·s 的原油, 油藏条件下不具备流动性。

委内瑞拉奥里诺科重油带重油, 很大比例上 API 重度小于 10°API, 地下原油黏度小于 10000mPa·s, 且在油藏条件下具有一定流动性。按照加拿大能源中心的上述重油分类标准, 属于超重油定义范畴。因此, 本书将奥里诺科重油带的重油统一称为超重油, 这同时参照了重油带的惯用称谓, 以及强调该重油在地下的黏度特征及流动特征。

3. 中国重油分类标准

中国习惯将重油称为稠油, 中国稠油沥青质含量低, 胶质含量高, 重金属含量低, 相对而言, 黏度偏高, 相对密度则较低。中国稠油的分类标准 (表 1-2) 中, 原油密度界限要比 UNITAR 的标准低。此外, 中国稠油的分类标准制定上, 考虑了与开发方式的关联。

表 1-2 中国的稠油分类标准

稠油分类	类型		主要指标	辅助指标	开采方式
			黏度, mPa·s	密度 (20℃), g/cm³	
普通稠油	I	I-1	50[①]~150[①]	>0.9200	普通水驱
		I-2	150[①]~10000	>0.9200	热采
特稠油	II		10000~50000	>0.9500	热采
超稠油 (天然沥青)	III		>50000	>0.9800	热采

① 油层条件下黏度; 其他指油层温度下的脱气原油黏度。

第二节 重油资源及开采概况

一、全球重油资源概况

全球重油和油砂资源丰富, 据 USGS 2015 年统计, 其总可采资源量约为 1867.3×10^8t, 占全球石油可采资源量的 19% (图 1-1), 其中重油 (包括超重油) 可采资源量为 1248.8×10^8t, 油砂可采资源量为 618.5×10^8t。北美洲油砂资源最丰富, 占世界油砂可采资源量的 63.8%, 其中加拿大油砂可采资源量为 362.3×10^8t (1650×10^8bbl), 主要分布在阿萨巴斯卡、和平河和冷湖地区; 中南美洲重油资源最丰富, 占全球重油可采资源量的 32.8%, 其中委内瑞拉奥里诺科重油带的超重油可采资源量为 416.7×10^8t (2600×10^8bbl)。

此外, 全球超重油资源量大致为 2163.5×10^8t (13500×10^8bbl), 其中重油带超重油资源量为 1923.1×10^8t (12000×10^8bbl), 占全球超重油资源量的 90%。其余分布在加拿大、厄瓜多尔、伊朗等国家。

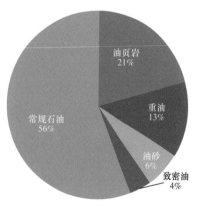

图 1-1 全球石油可采资源量构成图 (据 USGS 发布数据, 2015 年)

二、重油油藏基本油藏特征

表 1-3 列举了国内外典型重油油藏的油藏参数。从表 1-3 中可以看出，重油油藏一般埋深较浅。国外绝大多数重油油藏埋深小于 1000m，相比国内重油油藏埋深较浅，国内重油油藏埋深大于 900m 的已探明储量占 60% 以上，部分油藏埋深为 1300~1700m，吐哈油区的哈玉克重油油田埋深达 3300m。

重油油藏储层一般胶结疏松，成岩作用低、物性较好，沉积类型以河流相或河流三角洲相为主；具有高孔隙度、高渗透率的特点，孔隙度一般为 25%~30%，渗透率一般为 0.5~2D。

表 1-3 国内外典型重油油藏的油藏参数

国家	油田	埋藏深度 m	油层特性			原油性质		油层温度 ℃
			孔隙度 %	渗透率 mD	饱和度 %	API 重度 °API	黏度 mPa·s	
美国	Kern River（Shell）	46~460	30	500~2500	55	12~13	10000~200000	25.6~29.4
	Kern River（Texaco）	305	31	4000	70	13	4060	32.2
	Belridge	122~426	36.8	3000	64.5	13~14	1900	35
	Midway	270~450	33~35	1300~2500	60	11~12	4000~6500	37.8
印度尼西亚	Duri	190	34	1550	62	22	157	38.3
委内瑞拉	Bare（FO）	800	28.6~31.9	5000~6600	83~88	9.2	376	55
	East Tia Huana	365~520	38	1000~1700	81~85	9.0~13.6	500~30000	35.0~47.5
加拿大	冷湖	457	35	1500	70	10.2	100000	12.7
	和平河	548	28	100~2000	80	7.5	100000	15.5
中国	高升	550~1750	13~24	900~2300	60	15~19	2000~4000（50℃）	60~62
	曙光杜 48	850~1300	28.0	948	65	19	12000~25000（50℃）	48
	锦 45 块	890~1050	30~32	449	65	20	7696（50℃）	45

续表

国家	油田	埋藏深度 m	油层特性			原油性质		油层温度 ℃
			孔隙度 %	渗透率 mD	饱和度 %	API 重度 °API	黏度 mPa·s	
中国	克拉玛依九区	215~350	29.0	3800	64	15~23	219~6179（50 ℃）	19.3
	单家寺	1120~1200	30.0	500	65	13	9200（50 ℃）	55

与普通原油相比，重油中的胶质、沥青质含量高，一般为30%~50%；烷烃和芳香烃含量相对较低，通常小于60%；含氢量一般小于12%，碳氢原子比大于7，表1-4列出了国内外典型重油油藏的主要物性参数。重油油藏在形成过程中产生了生物降解作用和氧化作用，天然气和轻质组分在次生运移过程中产生逸散。因此一般而言，重油油藏的饱和压力低，溶解气油比低。相比之下，奥里诺科重油带超重油油藏饱和压力相对较高，溶解气油比可达到 $10~20m^3/m^3$，这也是造成重油带超重油地下黏度相对低的原因之一。

表1-4 国内外典型重油油藏的主要物性参数

国家	油田区块	原油相对密度	地下脱气油黏度 mPa·s	胶质含量 %	沥青质含量 %	硫含量 %	钒含量 μg/g
中国	高升	0.94~0.96	2000~4000	40~46	3.3	0.56	3.1
	曙一区	0.93~0.94	330~1540	34~39	—	0.30	1.1
		0.96~0.98	465~25900	34~52	—	0.36	0.87
	锦45块	0.96~0.99	565~7696	33.1	—	0.23~0.24	0.61~0.74
	克拉玛依九区	0.92~0.95	2300~15000	25~35	—	0.15	0.66
	单家寺	0.98	9200	24.8	1.2	0.72	2.49
加拿大	阿萨巴斯卡	1~1.0143	550×10⁴	39	18.0	4.8	250
	和平河	1.0071~1.0143	10×10⁴	—	19.8	5.6	—
	冷湖	0.9861~1	10×10⁴	23	15.0	4.7	240
委内瑞拉	Bare（FO）	0.9861~1	334	—	9~17	5.2	1200
	Tia Huana	0.9854	2000	—	5.8	2.7	284

三、世界重油开采概况

重油开发主体技术可分为热力采油技术和非热力采油技术两大类。通过向地层中注入热流体或使得油层就地燃烧产生热能提高原油采收率的方法称为热力采油，热力采油始于20世纪30年代，常用的热力采油方法有蒸汽吞吐、蒸汽驱、蒸汽辅助重力泄油（SAGD）、火烧油层等。非热力采油技术，包括出砂冷采、水驱、聚合物驱、露头开采等。

世界重油主要的生产国包括加拿大、委内瑞拉、美国、中国、印度尼西亚等国家。2016年，加拿大石油产量为 62×10^4 t/d，其中油砂产量为 39×10^4 t/d，占62%，以SAGD开发为主，其余包括露天开采和携砂冷采（CHOPS）等。委内瑞拉重油带以水平井冷采开发技术为主，2015年超重油产量为 22×10^4 t/d，占委内瑞拉国内原油产量的近60%。

第三节　奥里诺科重油带概况

奥里诺科重油带位于南美洲委内瑞拉的奥里诺科河以北，面积约 55000km^2（图1-2），地质储量约为 2200×10^8 t，构造上属于东委内瑞拉盆地南缘。奥里诺科重油带人烟稀少、地势平坦，海拔50～100m，只有台地的平均海拔是在200m左右，大部分地表为人工松树林覆盖。奥里诺科重油带属于热带气候区，全年平均温度为27℃，平均最高温度为33℃，平均最低温度为22℃，年均降雨量为900～1600mm。

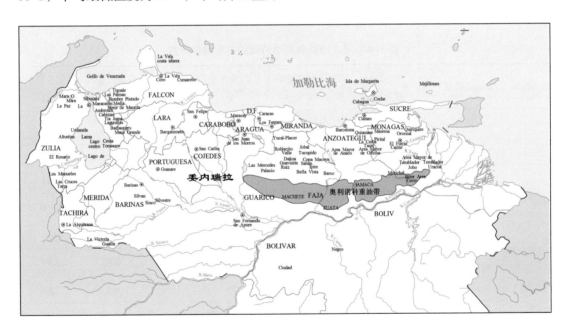

图1-2　奥里诺科重油带位置图

重油带总体是一个北倾单斜，主要目的层是一套古近—新近系的河流—三角洲相砂岩，油藏埋深为100～1500m，油层厚度为5～100m，孔隙度在32%以上，渗透率大于3000mD，含油饱和度大于82%；饱和压力为2.76～6.90MPa，地下原油黏度小于10000mPa·s。油藏具有正常的温压系统，岩石固结程度差，油藏以岩性圈闭为主，局部受断层控制。根据构造和沉积特征，从西至东将其划分为4个大区，依次为博亚卡（BOYACA）、胡宁（JUNIN）、阿亚库乔（AYACUCHO）和卡拉波波（CARABOBO），其中MPE3区块位于卡拉波波大区的东端（图1-3）。

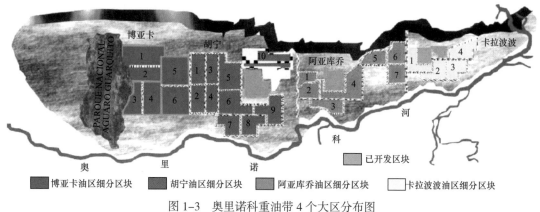

图 1-3　奥里诺科重油带 4 个大区分布图

一、重油带超重油流体特征及分布规律

1. 超重油成因分析

油气的运移方式大致由两种情况控制：一是以断裂带控制为主；二是以不整合面控制为主。重质油藏的形成与液态烃的二次运移距离有关，运移距离越远，原油生物降解程度相对越高，最终形成重质油藏。

中国的重质油从中元古界至新近系均有分布，其中大部分重油油藏分布在中—新生界，这与其后期断裂构造活动强烈有关，新近系属于盆地上部构造层，在沉积上为一套河流沼泽相粗碎屑岩，具有良好的储油条件，无生油条件，而油源来自下伏的或相邻的古近系生油凹陷。长期发育断裂带和新近系与古近系之间地层不整合面，成为垂向和侧向运移通道，新近纪的构造断裂活动，是新近系逆牵引背斜和披覆背斜主要形成时期，也是油气运移时期，此时古近系生油岩已进入生油高峰时期，所生成的烃类沿断裂带和地层不整合面运移，并聚集在圈闭中，形成次生重质油藏。油藏埋深一般小于 2000m，其中绝大部分重质油藏埋深为 1000~1500m。

委内瑞拉奥里诺科重油带的形成主要经历中生代的白垩纪和新生代两个阶段，在中生代东委内瑞拉盆地接受了巨厚的海相碳酸盐岩和泥岩沉积，圭亚那地盾为其提供主要物源；在新生代接受了过渡相和陆相沉积，并至今发生挤压和走滑运动。其主要储集在古近—新近系的储层中，Talukdar（1991）认为整个重油带的重油主要来源于上白垩统的 Querecual 组和 San Anatonio 组，因为重油带烃源岩并没成熟，不具备生油能力，故其油气只能是来自别的地方。从构造的角度来说，自前陆盆地形成以来，伴随着逆冲作用向南推进的过程，上白垩统烃源岩从北向南逐渐进入了生油窗，其油气运移的方向也是从北向南运移。通过对穿越瓜立科次盆地和马图林次盆地做了两地层剖面，从而推测出油气的运移经历了很长的时间和距离，其运移大概始于晚—中中新世，后经过后期不同小断层作用而形成如今规模的重油带。整个重油带为东西走向，东西宽、南北窄，油藏埋深呈现南部浅北部深，南部埋深为 150~760m，北部埋深为 610~1000m，由于 Hato Viejo 断裂将重油带分为东西两个构造区。整体空间上看，原油组分和性质由北向南整体显示出规律性变化，由北部重油向南逐渐变为超重油。如果按照不同地质年代原油 API 重度特征可以看出，白垩系原油的 API 重度由北向南增大，渐新统原油的 API 重度由西南向北东方向增大，中新统表现为由南向北增大，下中新统表现为由西北向东南增大的趋势。

通过对烃源岩的成熟指标分析研究发现，重质油的成熟程度与常规原油的成熟程度一样，都是与盆地生油岩的演化阶段有关。中国大部分重质油属低成熟油，部分重质油为成熟油或高成熟油，少数重质油来自未成熟生油岩。而在奥里诺科重油带，其石油生成时的烃源岩已经超过了油气生成的早期阶段，其烃源岩已靠近生油窗峰值阶段，故其大部分重质油属成熟油。

重油的成因研究表明，重油油藏的形成主要受盆地后期构造抬升运动、细菌生物降解作用、地层水洗和氧化作用以及烃类轻质组分散失等诸多因素影响，而晚期构造运动是主导因素，其他因素是在这一地质背景下的地化过程。其中，原油细菌降解是形成重油的主要原因之一，根据重质油所遭受不同的生物降解程度，大致分为轻度生物降解重质油、中等生物降解重质油、重度生物降解重质油和特重度生物降解重质油。奥里诺科重油带细菌降解作用是该重油带形成的主要成因机制，该区原油降解 PM 级别在 4～8 之间。从微生物降解的主要控制因素看，该斜坡带新生代以来的持续缓慢低幅沉降为生物降解提供了适宜的温度条件，促使原油在沿斜坡带向南长距离运移过程中不断遭受生物降解。整体上看，重油带原油正构烷烃和支链烷烃遭受强烈降解，C_{27}—C_{29} 规则甾烷、藿烷遭受部分降解，而重排甾烷和三环萜烷几乎未发生降解，这符合微生物对原油的降解规律，即正构烷烃优先被降解，正构烷烃＞支链烷烃＞环烷烃＞芳香烃，规则甾烷＞重排甾烷，且规则甾烷中 C_{27}＞C_{28}＞C_{29}。重油带北部大气淡水渗入带的存在有利于为微生物活动提供更为丰富的无机养分，从而加速细菌的新陈代谢和原油降解，进而导致在重油带北部 API 重度整体较大的背景下局部存在 API 重度低值区。这一模式可以很好地解释中生代以来的 API 重度由北向南不断减小的变化趋势（图 1-4）。除微生物降解作用外，现有证据表明，水洗作用和不同期次原油的混合充注也对奥里诺科重油带原油稠变产生了重要影响，导致整个重油带原油稠变的复杂性和非均一性。

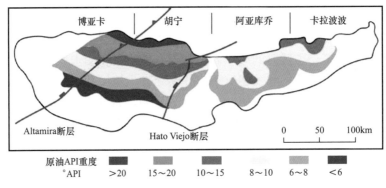

图 1-4 奥里诺科重油带重油 API 重度等值线图

2. 超重油流体性质与变化规律

中国重质油是一种微生物降解的陆相原油，具有胶质含量高、黏度高、微量元素低以及含硫量低的特点，而委内瑞拉重质油具有高密度、高黏度、高含沥青质、高含硫、高含重金属特征的海陆过渡相原油。比较国内外典型重油的族组分特征，由表 1-5 可以看出，国外重油的沥青质含量远高于国内超稠油。国内多数重油中沥青质含量一般小于 5%（质量分数）。

表 1-5　国内外典型重油族组分特征对比　　　　单位：%（质量分数）

油品	饱和烃	芳香烃	胶质	沥青质
新疆风城油砂	34.2	20.8	41.3	3.7
新疆重 32 井区超稠油	42.7	20.5	35.1	1.7
辽河杜 84 超稠油	33.9	26.4	34.1	5.6
委内瑞拉重油带 MPE3 超重油	6.0	39.6	33.5	20.8
加拿大冷湖油砂	20.7	39.2	24.8	15.3
加拿大阿萨巴斯卡油砂	17.3	39.7	25.8	17.3

奥里诺科重油带超重油，还具有以下特征：

（1）溶解气油比较高。重油带东部卡拉波波区 MPE3 区块 Oficina 组原油原始溶解气油比达到 18m³/m³，中西部胡宁区胡宁 4 区块 Merecure 组原油原始溶解气油比为 10m³/m³。

（2）含硫量高。重油带原油溶解气中未发现 H_2S，但原油中硫含量为 4%～5%（质量分数），多以硫醇和硫醚的形式存在，在热采过程中裂解生成 H_2S。在原油炼化过程中，也会产生大量的副产品硫黄。中国稠油硫含量一般低于 1%（质量分数）。

（3）重金属含量高。重油带超重油中含有钒、镍、钠、铁、镁、锰、钼、铜等金属元素，前 3 种元素含量较高，其中钒含量达到 500μg/g，镍和钠含量分别达到 100μg/g，重金属含量与中国稠油相比也有较大差别。

重油带东端卡拉波波地区含油层段主要为下中新统 Oficina 组 Morichal 段，API 重度由北向南逐渐降低，变化范围为 7～10°API。区内原油及溶解气的组分组成差异很小，原油中 C_{8+} 组分大致占 87%，溶解气中甲烷占比为 90% 左右、CO_2 占比为 8% 左右。主要受油层所处深度的控制，区内温压整体表现为由南向北升高的趋势，温度变化范围为 38～66℃，压力变化范围为 4.8～11.0MPa；黏度受原油 API 重度和油层温度的共同影响，特别是温度的影响，表现出由北向南逐渐增大的趋势，总体变化范围为 1500～4000mPa·s。

基于卡拉波波地区的 PVT 资料，回归统计了该区块原油流体性质随原油 API 重度、埋深等因素的变化规律。

利用该地区静压和温度测试资料，统计区块压力梯度和温度梯度分布为 0.01MPa/m 和 0.103℃/m。区内原始溶解气油比随油藏埋深的增加线性增大。

$$p_i=0.01D+0.297 \tag{1-1}$$

$$T=0.032D+26.67 \tag{1-2}$$

$$R_s=0.0188D \tag{1-3}$$

式中　D——油藏深度（TVDSS），m；

　　　p_i——油藏原始压力，MPa；

　　　T——油藏温度，℃；

　　　R_s——原始溶解气油比，m³/m³。

泡点压力与溶解气油比、气体相对密度、温度、原油 API 重度相关，存在关系式（1–4），该回归关系式计算的论点压力值和实测值之间具有很好的一致性（图 1–5）。

$$p_b = 0.116\left\{\left[4.1874\left(R_s/\lambda_g\right)^{0.83}\left(10^{0.001638T+0.02912-0.0125\text{API}}\right)\right]-1.4\right\} \quad （1\text{–}4）$$

式中　p_b——泡点压力，MPa；

　　　T——温度，℃；

　　　API——原油 API 重度，°API；

　　　λ_g——气体相对密度。

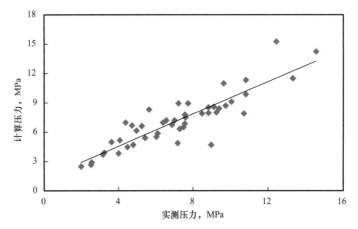

图 1–5　泡点压力实测值与计算值对比图

用实测样本数据回归压力小于泡点压力时的原油体积系数 B_{ob}，可用式（1–5）计算，参数包括温度、溶解气油比以及油和气的相对密度等，该回归关系式计算的原油体积系数和实测值之间同样具有很好的一致性（图 1–6）。

$$B_{ob} = \left\{1.3076 + 0.00012\left[5.615R_s\left(\lambda_g/\lambda_o\right)^{0.5}+2.25T+40\right)\right]^{1.2}\right\}/1.321 \quad （1\text{–}5）$$

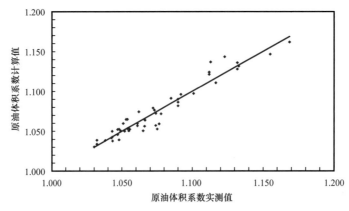

图 1–6　原油体积系数实测值与计算值对比图

压力大于泡点压力，原油的压缩系数 C_o 和体积系数 B_o，可分别用式（1–6）和式（1–7）计算：

$$C_o = 1.0402(3.34704 + 0.03924T - 0.145p + 0.0129\text{API}) \quad\quad （1-6）$$

$$B_o = B_{ob}\left[1 - C_o \times 145\left(p - p_b\right)\right] \quad\quad （1-7）$$

气体的体积系数 B_g 与压力的关系（图 1-7）可用式（1-8）表达：

$$B_g = 0.0217p^{-1.036} \quad\quad （1-8）$$

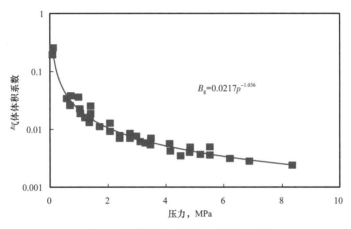

图 1-7　气体体积系数与压力关系曲线

根据样本点实测数据，气体的相对密度 λ_g 为 0.578～0.990，平均值为 0.654。气体的相对密度与压力的关系可用式（1-9）表达：

$$\lambda_g = 0.7109p^{-0.0951} \quad\quad （1-9）$$

死油黏度 μ_{od} 与温度和原油 API 重度有关，表达式为：

$$\mu_{od} = 10^{\left(10^{1.0101 - 0.0239\text{API} - 0.00396T}\right)} - 1 \quad\quad （1-10）$$

活油黏度 μ_o 与温度和溶解气油比等因素有关，表达式为：

$$\mu_o = 0.9466 \times 10^{3.90127 + 0.08363\text{API} - 0.018T - 0.0275R_s + 0.00002\mu_{od}} \quad\quad （1-11）$$

二、重油带开发历程

委内瑞拉石油资源丰富，历史上很早便有当地人采掘沥青涂船的记录。1878 年，人们开始在马拉开波盆地西南佩特罗里亚构造上的油苗附近用手摇钻采油。1983 年以前，委内瑞拉国家石油公司（PDVSA）对奥里诺科重油带先后进行了 3 次大规模的勘探评价工作[3]。

第一阶段：1910—1958 年早期勘探阶段，其间钻探 60 口井以上。1913 年发现第一个油田——Guanoco 油田；1928 年发现 Quiriquire 油田，这种原油早期被认为无商业开发价值而放弃。20 世纪 30 年代，该区又钻探了 45 口井，第一个意义重大的油田是 1936 年发现的 SantaAna 油田，同年，在奥里诺科河以北 50km 处发现的 Temblador 油田。但由于当时经济技术条件的限制，奥里诺科重油带的商业价值未被看好，当时人们习惯地称其为奥里诺科沥青带。

1958年，在CerroNegro地区北部发现了Morichal油田，该油藏在奥里诺科重油带的古近—新近系Oficina组存在超重油油层。在1956—1957年生产出重油，因此将奥里诺科沥青带名称改为奥里诺科石油带，现在称为奥里诺科重油带。

第二阶段：20世纪60—70年代初，委内瑞拉能源矿产部在奥里诺科重油带进行了大规模石油勘探，钻探了116口井。1961年，在奥里诺科河右边的Punta Cuchillo地区建起中转站，开始进入商业开采阶段，蒸汽吞吐开发技术也开始应用和推广。在1967年墨西哥城举行的第7届世界石油大会上，委内瑞拉的奥里诺科重油带被正式推到世人面前。

第三阶段：1978—1983年。自从1976年开始，委内瑞拉石油资源实行国有化，由PDVSA全面接管。从1978年至1983年，PDVSA在重油带上进行全面勘探和评价工作，共钻662口探井。

1982年PDVSA开始研究一体化规模开采重油，1983年开始主要由其子公司Bitor在MPE1区块生产奥里乳油。由于奥里诺科重油开发投资大、采收率低、重油用途有限以及高矿税削弱了国际石油公司投资的积极性等因素限制了重油带的开发进程。总体来看，1999年以前奥里诺科重油带的原油产量很低，90年代委内瑞拉石油业对外开放，1996—1997年经国会批准，在奥里诺科重油带上实施了4个"战略合作项目"，分别与道达尔、挪威国家石油、雪佛龙、康菲、埃克森美孚、英国石油（BP）等国际石油大公司合作成立了4个合资公司，以对奥里诺科重油带进行规模开发。这4个战略合作项目的合同面积近1200km^2，可采储量为16.18×10^8t，总投资在130×10^8美元以上，钻水平井和多分支井数超过1000口。1998—2000年，重油日产量逐渐增加到8.8×10^4t。

2001年，PDVSA与中国石油天然气集团公司签署了一项共同开发MPE3区块重油并年产奥里乳油650×10^4t的合作项目。该项目2006年建成投产。2006年底，委内瑞拉政府强制要求停止奥里乳油生产。

2007年，委内瑞拉政府强制对所有奥里诺科重油带合资项目进行国有化，使得在新合资公司中PDVSA绝对控股，外国公司的股份不能超过40%。

2009—2011年，委内瑞拉政府对奥里诺科重油带胡宁和卡拉波波地区进行新一轮勘探开发，PDVSA先后与来自中国、美国、俄罗斯、西班牙、日本、越南、意大利、马来西亚等国的石油公司建立了合资企业，共同开发重油带资源。

2017年，重油带日产规模超过29×10^4t，其中日产规模超过1.6×10^4t的在产项目有6个。

三、奥里诺科重油带开发概况

总体来看，重油带已大规模开发的油藏主要采用水平井＋电泵＋稀释剂的生产方式进行开采，每口水平井都装有电动潜油泵（以下简称电潜泵）或螺杆泵抽油，同时在井底或井口掺入32°API的轻质油或石脑油作为稀释剂降黏，混合油输送到中心处理站或改质厂进行分离，然后再把轻油送回采油井场循环利用。虽然冷采采收率低（小于12%），但采用水平井天然能量冷采的开发效果很好，一般来讲，生产阶段平均单井产量为118～199t/d，产量最高的井产油量可达 368t/d，水平井平均年递减 15%～18%。采用平台式布井，每个平台布 12～24 口水平井，水平井段长度为 800～1200m，井距为 600m。在储层复杂的区域采用多分支井生产，还有少量的直井和斜直井。通常，直井初产约为 29t/d，年递减率为 28%。

例如，PDVSA（Bitor 公司）开发的重油带东部 MPE1 和 MPE2 区块，总面积为 120km²，总储量为 17.06×10⁸t，总井数有 422 口，目前日生产能力超过 1.03×10⁴t。这两个区块的开发经历了从直井冷采到蒸汽吞吐，再到水平井 + 电泵 + 稀释剂开采方式的探索和转变历程。MPE1 和 MPE2 区块作为 PDVSA 确立的一个开发试验区，20 世纪 70 年代由 Bitor 公司进行二维地震勘探和钻评价井。1984 年起陆续开展了各种开发生产试验，如井距为 150m、300m、400m 的直井蒸汽吞吐以及水平井加稀释剂和不同采油工艺的试验等，到 1994 年才正式确定采用水平井加稀释剂的冷采方式生产超重油，产量明显提高而含水率大幅度下降。截至 2006 年底，MPE1 区块总钻井数达到 393 口，日产油 7397t，平均单井日产油 36.91t，累计产油 4.27×10⁷t，综合含水率为 15%，气油比已从开发初期的 13.47m³/t 升至 115.46m³/t；MPE2 区块总井数为 29 口，全部为水平井，开井 23 口，日产油 3074t，平均单井日产油 134t，累计产油 3.75×10⁶t。

再如，在重油带西部开发的 Petrozuata 项目 2001 年投产，日产重油 1.76×10⁴t，主要采用多分支井（或"鱼骨刺"井）和水平井进行生产。截至 2004 年底，投产 274 口井，总共钻了 512 个分支、782 根"鱼骨刺"。初期平均单井日产油 147～250t。在开发过程中发现油层变化十分复杂，为此设计了形态各异的多分支水平井。

另外，在重油带也做过各种热采试验。例如，早在 1981 年 PDVSA 在奥里诺科重油带边缘地带开展了直井蒸汽吞吐及蒸汽驱先导试验，试验油田为 JOBO 油田。该油田紧邻卡拉波波区的北部，开采的油层为 Oficina 组的 Morichal 油组。油藏埋深 1036m，原始油藏压力为 9.31MPa，油藏温度为 61.67℃，砂层厚度为 30.48m，孔隙度为 32%，渗透率为 12000mD，原油 API 重度为 8.5°API，原油地下黏度为 1850mPa·s，泡点压力为 9.31MPa，原始溶解气油比为 15.40m³/m³，有边水。试验区为 6 个 60705m² 的反 7 点井网，包括 22 口生产井、6 口注汽井、3 口观察井，井距为 153m。

生产分为 3 个阶段，如图 1-8 所示。

第一阶段：利用天然能量进行冷采，生产时间在 10 个月左右，平均单井日产油 14t，年递减率为 30%。

第二阶段：蒸汽吞吐引效生产，单井平均注汽 3000t，初期单井最高产油量达到 32.35t/d，为了防止边水侵入，蒸汽吞吐只进行了一个周期，其间总注汽量为 8×10⁴m³，累计产油 4.69×10⁴t，油汽比为 3.0m³/m³。

第三阶段：蒸汽驱见效阶段，试验区平均产油量达到 600t/d，且产油量一直比较稳定，其间总注汽量为 2.1×10⁶m³，累计产油 2.2×10⁵t，油汽比为 0.6。

JOBO 热采试验区虽然存在一定的边、底水作用，蒸汽驱在较高压力下完成，但蒸汽驱依然取得了较好的效果，1981—1987 年采出程度已经到 41.5%，预计最终采出程度可以达到 45%。

热采试验区生产井及注汽井均采用热采完井，有杆泵及抽油机生产。因为原油中含硫量很高，蒸汽吞吐、蒸汽驱生产过程中产出大量 H₂S，蒸汽吞吐过程中 H₂S 含量最高达到

30000mg/L，蒸汽驱过程中降到 8000mg/L。H_2S 会带来严重的安全生产问题，并造成油管和套管腐蚀。

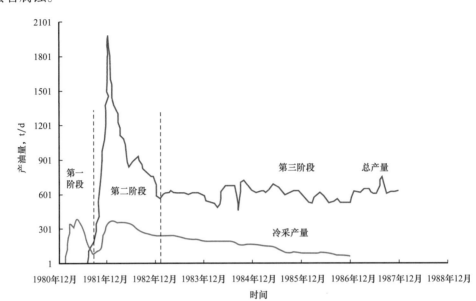

图 1-8　JOBO 热采试验区产油量变化曲线

阿亚库乔区 MFB-53 油藏水平井蒸汽吞吐试验，注汽速度为 250t/d，注汽时间为 25d，注汽干度为 80%，共注蒸汽 5000t，井口记录的最大注汽压力为 8.97MPa，温度为 304℃，焖井时间最长为 40d。1997 年 1 月底开始生产，平均日产量达到 139t，与冷采相比增加了 118t，试验当年产量全年保持在 132t/d 左右。该井使用电泵进行热采举升，利用稀释剂冷却，从而使热采过程中的泵效较冷采提高了 50%。

参 考 文 献

［1］牛嘉玉. 稠油资源地质与开发利用［M］. 北京：科学出版社，2002.

［2］张义堂. 热力采油提高采收率技术［M］. 北京：石油工业出版社，2006.

［3］穆龙新. 委内瑞拉奥里诺科重油带开发现状与特点［J］. 石油勘探与开发，2010，37（3）：338-343.

第二章 地质油藏特征及表征技术

奥里诺科重油带位于东委内瑞拉盆地南缘，是目前世界上储量最大的重油富集带。本章针对重油带区域地质特征、构造及地层特征加以论述。以 MPE3 区块和胡宁 4 区块为例，分析了储层的沉积类型和沉积相带特征，储层岩石学特征和储层"四性"关系，隔夹层类型与分布规律等；最后，采用多信息协同相控建模的思路，建立了重油带典型区块的储层地质模型。

第一节 奥里诺科重油带区域地质特征

委内瑞拉南半部为前寒武系的圭亚那地盾，长期处于较稳定的状态。安第斯褶皱山系经哥伦比亚从西南部进入委内瑞拉后分成两支，一支继续向北沿西部边境延伸，称佩里亚山（Perija）；另一支呈北东向，称梅里达山（Merida）。梅里达山至海岸转为东西走向，称加勒比海岸山。佩里亚山和梅里达山核部出露前寒武系，并且有岩浆岩侵入中—古生界，以断块发育为特征。加勒比海岸山主要由中—新生界组成，发育有走向滑动断层，以挤压隆起为特征。这些褶皱山脉将委内瑞拉分隔成许多盆地。

重油带在盆地构造上属于东委内瑞拉盆地南缘（图 2-1），奥里诺科河以北，整体呈一个西宽东窄的长条形条带，面积为 54000km²。重油带自西向东划分为博亚卡、胡宁、阿亚库乔和卡拉波波 4 个区。东委内瑞拉盆地为前陆盆地，从早中新世至今，加勒比板块与南美板块斜向碰撞，产生走滑和挤压双重大地构造运动，导致前陆盆发育，其沉积覆盖在被动大陆边缘沉积之上[1]。盆地北部为前陆盆地的沉降凹陷带，南部为前陆盆地的斜坡带，以白垩系和新近系沉积为主，沉积厚度近 10000m，沉积地层从凹陷区向南朝地盾方向减薄而尖灭[2]。

早古生代时期，委内瑞拉为圭亚那地盾和安第斯活动带东翼之间的海盆，泥盆纪造山运动使构造发生反转，在安第斯山区形成海相盆地。古生代末以区域隆起、侵蚀结束。

在三叠纪—侏罗纪，广泛地接受了大陆红色碎屑堆积，只有瓜希腊（Guahiila）半岛一带为海相沉积。白垩纪发生了大规模的海侵，海水侵入东委内瑞拉地盾区。晚白垩世时，沿现在的海岸形成火山岛弧[3]。随着岛弧的不断隆起，东委内瑞拉出现了不对称的东西向盆地。西委内瑞拉白垩世时稳定沉降，马拉开波盆地中部为稳定的地块，周围为深海槽，连续沉积了灰质页岩。

古近纪，马拉开波地块持续下沉，沉积了浅海砂、页岩，而马拉开波湖以东一带为深水相。晚始新世周围褶皱山系开始隆起，中新世又继续隆起，特别是在梅里达山前形成很厚的新近系山前沉积，中间地块相对下沉，构成了菱形的马拉开波盆地。新近纪造山运动使加勒比海岸山褶皱上冲，东委内瑞拉盆地轴线不断南移，并沉积了滨海和浅海碎屑岩，向北渐变为深海相页岩。中中新世造山运动结束后，海水逐渐向东退出。

由于板块碰撞，北部逆冲和隆起遭受剥蚀成为东委内瑞拉盆地的主要沉积物源；南部圭亚那地盾为奥里诺科重油带沉积储层的主要物源区[4]，地盾上的剥蚀物由河流带入盆地而形成一系列的三角洲。在奥里诺科重油带，原有地貌控制了河流三角洲沉积的分布，起填平补缺作用，沉积厚度不均匀，其上是进积的以下三角洲平原、三角洲前缘和前三角洲相为主的砂泥岩互层沉积。在中新世的沉积旋回中，奥里诺科重油带最重要的储集岩地层 Oficina 组及 Freites 组整合地覆盖在 Merecure 群之上，后来盆地腹部又沉积 Carapita 组巨厚页岩，它是 Merecure 组、Oficina 组及 Freites 组储集岩的区域性盖层[5]（图 2-2）。

图 2-1　奥里诺科重油带断裂系统

年代	层序	地 层			
		博亚卡	胡宁	阿亚库乔	卡拉波波
中新世	上中新统			Las.Piedras组	
					Freites组
	中中新统		Oficina组	Unit III	Yabo、Jobo、Plion小层
	下中新统			Unit II	Morichal小层
				Unit I	
	中新统底部	Chaguaramas组	Oficina组底部砂岩		
渐新世	渐新统	Chaguaramas组底部砂岩	Merecure组		
		Roblecito组			
		La.Pascua组			
白垩纪	白垩系	La.Cruz小层	Tigre组		
			Canoa组		
侏罗纪	侏罗系	Ipire组			
寒武纪	寒武系		Carrizal组		
			Hato Viejo组		
前寒武纪	前寒武系	火成岩、变质岩基底			

图 2-2　奥里诺科重油带发育的主要地层单元

第二节 构造及地层特征

奥里诺科重油带的构造特征总体上是一个区域性北倾单斜构造，以张性构造为主，少褶皱，多正断层，平均断距不超过 60m[6,7]。奥里诺科重油带断裂相对不发育，主要有 Hato Viejo 和 Altamira 两条区域断层穿过该区（图 2-1、图 2-3）。Hato Viejo 断裂系统将重油带分割为东、西两个构造区：东区为卡拉波波与阿亚库乔地区。新近系沉积超覆不整合于白垩系或前寒武系之上，其断层主要走向有 EW、NE60°～70° 和 NE30°～45° 3 组；西区为胡宁与博亚卡地区，新近系沉积超覆不整合于白垩系、侏罗系及古生界之上，其断层走向变化较大。

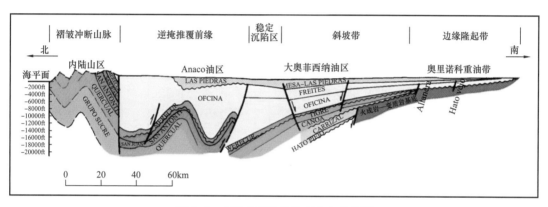

图 2-3 东委内瑞拉盆地南北向构造图

研究区钻井揭示地层自下而上为前寒武系及古生界变质的基岩，其上为白垩系、新近系和第四系[8,9]。其中，主要含油层系为新近系早中新统 Oficina 组。

区块内有两个不整合面，一个是前寒武系或古生界与白垩系间为区域性不整合接触关系，另一个是白垩系与其上覆 Oficina 组间为区域性角度不整合接触关系。

前寒武系岩性以花岗岩为主，古生界岩性为红层、碎屑岩、碳酸盐岩和变质岩，白垩系岩性为白色细粒沉积，厚度很小，在 MPE3 区块内厚度只有几英尺❶到几十英尺。在 MPE3 区块内从西南—东北地层埋藏深度逐渐增大。

本区中部和南部古生界不整合面上覆白垩系，该组地层厚度不大，但是在平面上厚度分布不均匀，这组地层厚度受古生界顶不整合面地形控制，在一定程度上起到填平补齐的作用。

古生界和其上白垩系均无油气聚集。

中生界或古生界不整合面上覆新近系下—中中新统 Oficina 组，Oficina 组为一套以下三角洲平原、三角洲前缘和前三角洲沉积为主的砂泥岩互层，地层顶埋深为 439～1070m，地层厚度为 320～411m，地层平均厚度为 366m。根据 Key 在委内瑞拉第五届地质大会上提出的地层划分意见，Oficina 组划分为 4 个层段，从上至下为 Pilon 段、Jobo 段、Yabo 段和 Morichal 段。MPE3 区块 Oficina 组中 Jobo 段、Yabo 段和 Morichal 段为含油层系，其中下部的 Morichal 段是本区最主要的含油层段。

Oficina 组以上是 Freites 组，是砂泥岩互层沉积。地层埋深为 262～543m，地层厚度

---

❶ 1 英尺（ft）=30.48cm。

为 122～183m，平均厚 152m。

以 MPE3 区块为例：

（1）Pilon 段。Pilon 段是一套海陆过渡相反旋回砂泥岩互层沉积，地层顶埋深为 439～728m，地层厚度为 122～137m，地层平均厚度为 130m。目前，在 Pilon 段还未发现油层。

（2）Jobo 段。Jobo 段是一套海陆过渡相砂泥岩互层，上部为正旋回，下部为反旋回。地层顶埋深为 524～933m，地层厚度为 91～122m，地层平均厚度为 110m，本区 Jobo 段是仅次于 Morichal 段的含油段。

（3）Yabo 段。Oficina 组中部的 Yabo 段，是处于海平面相对上升时期的沉积，以前三角洲泥岩沉积为主，只在本区中部和北部发育有较细的砂岩。地层顶埋深为 640～957m。Yabo 段含油性差，厚度薄，物性差。

（4）Morichal 段。Oficina 组最下部的 Morichal 组总体属于下三角洲平原辫状河道沉积，呈正旋回。与下伏中—古生界呈角度不整合接触，Morichal 整体上是一套非常厚的砂岩沉积，电阻率较高。Morichal 段在大部分井中均可见到 3 个向上变细的正旋回沉积韵律特征（图 2-4）。

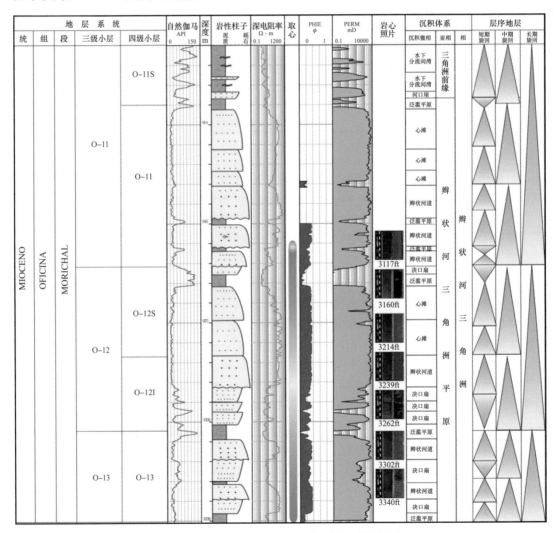

图 2-4　卡拉波波区 MPE3 区块地层综合柱状图

通过典型的地震剖面，建立各种层序典型地震反射响应特征，识别出了研究层段的三级层序界面（SB）、初始洪泛面（IFS）及最大洪泛面（MFS）等界面（图2-5）。层序界面、初始洪泛面和最大洪泛面一般为一个层序内反射振幅较强、连续性较高的同相轴，尤其是层序界面往往因界面上、下岩性强烈差异，具有强振幅、高连续的特征。

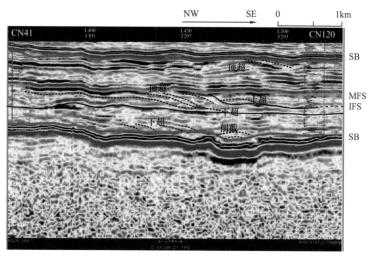

图 2-5　MPE3 区块层序界面地震反射特征

通过井震标定后，下部层序界面位于基底之上，可见明显的削截反射特征，见不明显的下超现象，而位于 Jobo 段中部的层序界面下部可见顶超反射终端特征，且两层序界面同相轴反射振幅强、连续性高，初步定为层序界面的位置。

初始洪泛面形成于海平面下降至缓慢上升之后、开始快速上升时期。由于可容纳空间的增加速度开始大于沉积物供给速度，沉积迁移由前积转化为退积，初始洪泛面即为前积反射向退积反射转换的结构转换界面，初始洪泛面出现上超现象，且反射连续性比下伏地层有变好的趋势，可定为初始海泛面的位置。

最大洪泛面一般形成于海平面快速上升、岸线不断向盆地迁移至最大限度时海平面所处的位置，该时期可容纳空间的增加速度远大于沉积物供给速度，且在地震剖面中可识别出明显的顶超反射特征，且其反射同相轴连续性好、分布稳定，同时由于其界面附近往往为细粒薄层沉积的"密集段"，因此在界面附近可见强振幅、高连续的同相轴分布。

第三节　沉积体系与沉积微相

砂体的沉积环境和沉积条件控制着砂体的分布状况和内部结构特征，不同环境成因的砂体因其展布规律不同，储层性质不同。因此，沉积微相分析是正确认识砂体特征的基础。

在沉积环境分析的基础上，以岩相分析法、测井相分析法和地震相分析法，结合粒度及薄片分析，通过岩心观察，建立取心井各种微相类型及其测井相模式。对缺少取心资料的井，利用测井曲线进行单井划相。结合岩相、单井相、测井响应特征及地震反射特征进行连井相和平面相研究，确定储层沉积环境及沉积微相空间展布，从而建立相模式。

一、沉积背景

重油带 Oficina 组覆盖于前寒武系基底之上，自下而上发育古生代、白垩系和新近系，且由北向南地层沉积范围不断扩大，形成不断向南超覆的地层沉积格局。Oficina 组下段和 Merecure 组沉积时期与现代奥里诺科三角洲在模式和形态上具有很大的相似性，它们的共同特点是：三角洲平原的面积特别大，占整合三角洲的绝大部分，而三角洲前缘和前三角洲几乎不发育或发育较差，且三角洲靠海部分受潮汐作用的影响亦十分明显。

重油带沉积样式的变化受控于盆地中可容纳空间的持续增大，并经历了一个完整的海进海退旋回，沉积环境由辫状河三角洲平原沉积环境逐渐演变为局限海台地沉积环境。沉积初期为三角洲平原环境，沉积微相以辫状带、泛滥平原为主，沉积砂体主要沿东西向分布；随后由于海平面上升，先前沉积的砂体受到潮汐的改造作用，形成河流和潮汐混合能量的三角洲前缘环境，主要发育滨岸和水下分流河道沉积，并逐渐达到最大海平面。之后随着海平面下降，重油带内出现大量砂体相互叠置，发育了大型的分流河口坝沉积。

区域沉积研究认为，重油带胡宁区的主要目的层为海侵背景下的河流—三角洲沉积，当时的沉积背景如图 2-6 和图 2-7 所示。

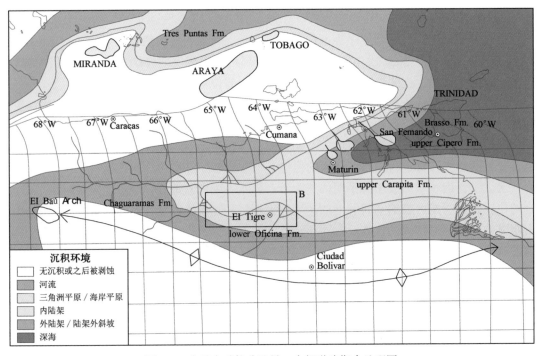

图 2-6　东委内瑞拉盆地早—中新世晚期古地理图

二、物源体系

区域沉积分析认为，重油带沉积物源主要来自南部的圭亚那地盾。河流—三角洲沉积体系将圭亚那地盾物源搬运到重油带沉积区形成两个沉积中心，西部沉积中心位于胡宁地区，东部沉积中心位于卡拉波波地区（图 2-8）。

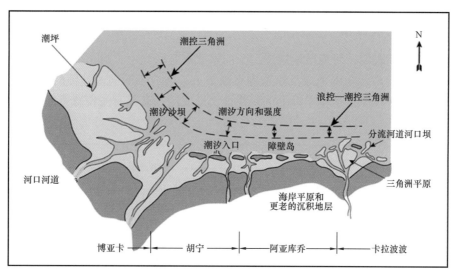

图 2-7　奥里诺科重油带的古地理示意图

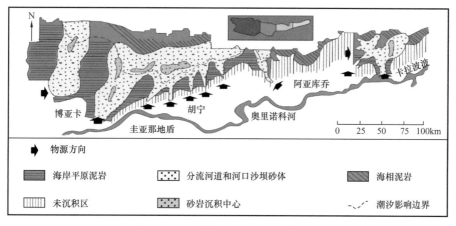

图 2-8　奥里诺科重油带物源模式图

三、沉积体系划分

根据 Coleman（1971）的划分方案，将该类三角洲划分为三角洲平原水上部分和三角洲平原水下部分。其中，也可以根据潮汐活动的特点，以最大高潮线为界将三角洲平原水上部分细分为上三角洲平原和下三角洲平原两部分；三角洲平原水下部分则包括了三角洲前缘和前三角洲。上、下三角洲平原划分的主要依据为是否受到潮汐作用的影响，上三角洲平原主要受控于河流沉积作用，下三角洲平原受河流和潮汐的共同作用。

在岩心观察描述的基础上，综合岩石学特征、粒度结构特征、岩心沉积微相，并结合测井曲线特征、砂体平面、剖面特征，认为 MPE3 区块和胡宁 4 区块目的层为一个受潮汐影响的河流三角洲沉积环境。MPE3 区块的 Morichal 段和胡宁 4 区块的 Merecure 组及 Oficina 组下段下部（E—C）发育上三角洲平原辫状河沉积，MPE3 区块的 Pilon 段、Jobo 段、Yabo 段和胡宁 4 区块 Oficina 组下段上部（B—A）发育受潮汐影响明显的下三角洲平原分流河道沉积。

四、储层沉积背景

区域地质研究表明，研究区地层覆盖于前寒武系基底之上，自下而上发育古生代、白垩系和新近系，且由北向南地层沉积范围不断扩大，形成不断向南超覆的地层沉积格局。奥里诺科重油带沉积体正是基于以上沉积背景而形成的一套具有海侵背景的河流—三角洲沉积建造（图2-9）。

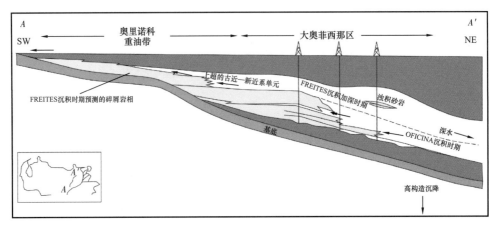

图2-9 奥里诺科重油带沉积剖面图

该套沉积体的沉积物源主要来自南部的圭亚那地盾，为一套属于海侵背景下的河流—三角洲沉积建造。以MPE3区块为例，其主要含油气层位为Oficina组，Oficina组划分为4个层段，从上至下为Pilon段、Jobo段、Yabo段和Morichal段。工区范围内的Morichal段整体上属于下三角洲平原上的辫状河道建造，早期沉积物源丰富，河流带着大量的物源在工区内沉积，并伴随决口扇发育。沉积中期受到海平面上升的影响，物源量相对减少也使得辫状河沉积有一定程度的减弱。晚期随着海平面上升的加剧，除了南边仍具有辫状河沉积特征以外，工区内其他大部分沉积体表现出水下沉积特征。

五、沉积构造特征

根据取心井照片观察，主要存在如下5种层理构造。

1. 块状层理

从3口井取心观察，块状层理是最发育的层理，O-11—O-13段的河道沉积均以块状层理为主，垂向上也没有明显向上变细特征，单层厚度普遍较大，以泥砾的出现作为单层的分界，反映河道在沉积与迁移过程中具有流速快、携载沉积物量大、沉积速度快的特点（图2-10），具有典型的辫状河道或顺直河道沉积的特点。

2. 槽状交错层理

在CJS-1-0井取心观察到槽状交错层理规模较大，在岩心上只能看到局部特征，层理是由垂向颗粒的明显变化显示，槽的底部为细砾岩，向上为中—细砂岩，两种不同岩性呈现纹层并向下出现收敛趋势（图2-11），岩性不同，物性明显差异。

3. 水平层理

主要发育于泛滥平原沉积，岩性以粉砂质泥岩、泥质粉砂岩、页岩为主，局部夹粉砂质条带，有时出现粉砂岩夹泥质条带，层理纹层不明显，其成因可能与季节性沉积或洪水泛滥有关。泛滥平原中的水平层理如图 2-12 所示。

图 2-10　块状层理岩心照片

图 2-11　槽状交错层理岩心照片

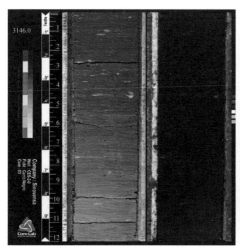

图 2-12　水平层理岩心照片

4. 透镜状层理和包卷层理

透镜状层理广泛发育于有利于泥质沉积的较动荡水动力环境下，表现为砂质沉积物呈透镜体包含在泥质沉积物之中，这些砂质透镜体空间上呈断续分布，在研究区，通常出现在泛滥平原洪水期、决口扇／溢岸等相关环境。

包卷层理与透镜状层理共生，当水动力作用较强时，部分细粉砂质沉积被冲进泛滥平原中形成包卷状，应该与决口／溢岸作用有关，但被划为泛滥平原沉积的一部分。泛滥平原底部的透镜状层理和包卷层理如图2-13所示。

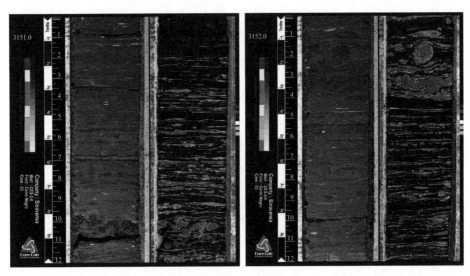

图2-13　岩心中透镜状层理

5. 不对称波状层理

波状层理常在砂泥供应稳定、沉积和保存都较为有利的强弱水动力条件交替的情况下形成，在波状层理中，砂和泥呈交替的波状连续层，主要发育在粉砂岩、泥质粉砂岩和泥岩、粉砂质泥岩互层的地层中。研究区发育不对称波状层理，其波峰波谷两翼不对称，指示单向流水特征。落淤层沉积中的不对称波状层理如图2-14所示。

图2-14　岩心中不对称波状层理

六、生物化石遗迹及特殊矿物

MPE3 区块的生物化石不太发育，生物主要在水上环境中出现，一般来看，泥岩和粉砂质泥岩中，局部可见炭屑，植物叶片及植物根系化石外未见其他化石及生物遗迹。

MPE3 区块的特殊矿物基本可以分为铁质矿物和钙质矿物两类，从矿物出现的形式来看，铁质矿物多以结核或晶体形式出现，钙质多以钙质胶结形式出现。岩心样品中出现的铁质矿物主要是黄铁矿等矿物，其含量极低，反映弱还原—弱氧化的沉积环境，属于三角洲平原沉积环境。

七、典型电测曲线特征

测井曲线的形状（包括单层或组合形状）及取值范围是测井相研究中的最重要内容，常分为钟形、箱形、漏斗形及由上述形状组合而成的复合形状。箱形反映水体能量相对稳定的沉积过程，并有持续稳定的沉积物供给；钟形和漏斗形则分别表示沉积过程具有由强变弱和由弱变强的水体能量。现根据测井曲线特征，分微相加以描述。

1. 箱形和钟形电测曲线特征

研究区不管在横向还是纵向均大面积发育箱形和钟形测井相；其测井曲线多呈明显箱形，微齿化，GR 曲线幅度较低，均低于 38API，电阻率曲线幅度较高，孔隙度曲线值大于 0.3；在辫状河道较为发育井区，此种形态测井曲线在纵向上多期叠置；如图 2-15 所示，测井曲线上下由于微相不同而成突变接触，反映一期河道的迅速形成与结束。

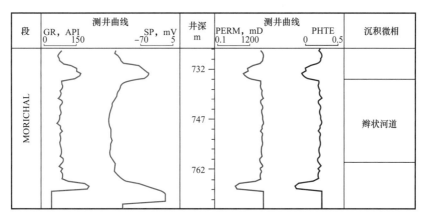

图 2-15　箱形电测曲线特征

2. 齿状高 GR 电测曲线特征

测井曲线呈光滑、微齿化或中等齿化的柱状，纵向上测井曲线平直延伸。GR 曲线明显高于 38API，部分地区达到 150API，电阻率曲线向低明显偏移，渗透率极低，其至几乎为 0，孔隙度曲线值不高于 0.25（图 2-16）。

3. 漏斗形电测曲线特征

决口扇沉积体粒度下细上粗，测井曲线形态为漏斗形或倒钟形，GR 曲线下部值较高，一般高于 38API，上部值较低，孔隙度曲线值下部小于 0.25，接近 0.28，渗透率曲线同孔隙度曲线形态一致（图 2-17）。

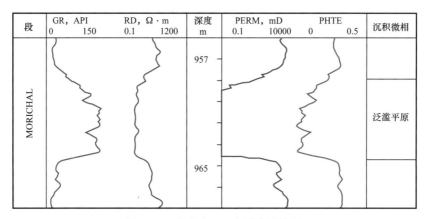

图 2-16　齿状高 GR 电测曲线特征

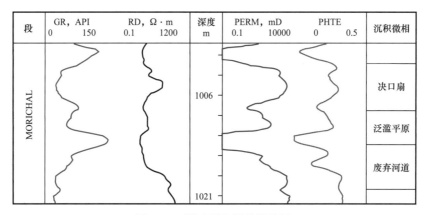

图 2-17　漏斗形电测曲线特征

八、微相划分

通过对 MPE3 区块岩石学特征、沉积构造、生物化石和特殊矿物等相标志的分析研究，进一步可划分为三角洲平原相和三角洲前缘两个亚相。其中，三角洲平原亚相又可划分为辫状河道、泛滥平原、决口扇和落淤层 4 个沉积微相（表 2-1）。

表 2-1　MPE3 区块 Morichal 段油层组主要沉积微相

相	亚相	微相	颜色	电测曲线	岩性剖面
三角洲	三角洲平原	辫状河道	灰黄色、黄色	箱形、钟形（少见）	底部偶见冲刷面，多为中—细砂岩
		决口扇／溢岸		漏斗形、倒钟形、齿状	下部多为泥质粉砂岩、粉砂质泥岩，上部多为细砂岩
		泛滥平原		线性低幅齿状、微齿化瓶颈状	多为泥岩、泥质粉砂岩、粉砂质泥岩
		落淤层		突变式尖峰状	

九、沉积微相平面分布特征

在对各小层砂岩厚度预分析的基础上，根据上述生物地层学分析、测井相以及取心井岩电标定的结果，并结合河流三角洲相的沉积模式及各小层砂地比平面分布图，分别对各小层进行了平面相表征（图 2-18）。由图 2-18 可以看出，研究区物源主要来自南部，O-11—O-13 层主要沉积相带是辫状河三角洲平原亚相，微相类型以河道复合体和泛滥平原为主。

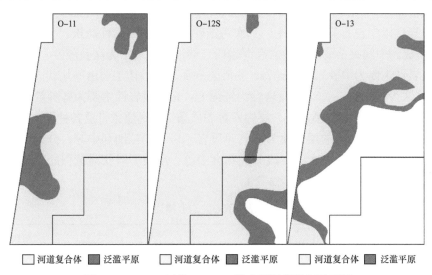

图 2-18　MPE3 区块 Morichal 段小层沉积微相平面图

十、沉积相模式

MPE3 区块 Morichal 段沉积演化具有以下特征：（1）辫状河道形成早期主河道方向以北西方向为主，在工区南部沉积较少；（2）辫状河道中见大量河道滞留粗粒物质及河道砂体的垂向和侧向叠置；（3）辫状河道形成中晚期主河道逐渐向北东方向迁移；（4）辫状河道形成晚期，随着海平面的上升，MPE3 区块 Morichal 段沉积以辫状河三角洲平原沉积为主，其中河道为主力储层（图 2-19）。

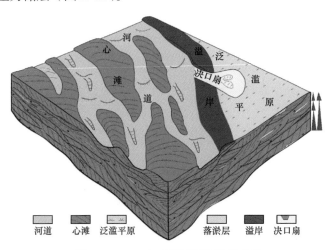

图 2-19　Morichal 段沉积微相模式图

第四节　储层特征评价

一、储层岩性特征

1. 岩性特征

碎屑岩的成分、结构和构造可作为沉积环境的标志，同时也是影响储层的直接因素。MPE3 区块岩性以中粒石英砂岩为主，其次为细砂岩。目的层岩性疏松，主要由较为纯净的疏松砂岩组成，中间夹杂薄层粉砂岩和泥岩段。储油物性好，为高孔隙度、高渗透率砂岩。Morichal 段岩性主要为中砂岩、细砂岩、粉砂岩和泥岩，砂体主要由厚块状或层状含粉砂质砂岩组成，缺少植物化石。Yabo 段岩性为纯泥岩。Jobo 段岩性主要为各种粒径的砂岩、粉砂岩和黏土岩，含碳质、钙质泥岩，层内发育泥质条带、钙质条带及各种生物扰动构造。

从岩石学特征看，目的层主要为石英碎屑岩，岩石颗粒细到中等；分选中等—好，部分较差；磨圆度为次棱角—次圆，成分成熟度中等，反映了辫状河沉积的特点，物源相对较近，但也有一定的搬运距离（表 2-2）。

表 2-2　取心井岩心描述

深度 m	层组	岩性	颗粒大小	分类	形状	沉积构造	颗粒接触关系	岩石类型
950.21	Morichal 段	石英砂岩	细砂 / 粉砂	差	次棱角—圆状	断线状—生物扰动	T＞L	泥质砂岩
952.70	Morichal 段	含岩屑石英砂岩	细—粉砂	非常差	次棱角—圆状	断线状—生物扰动	T＞L	泥质砂岩
954.12	Morichal 段	含岩屑石英砂岩	细—粉砂	差	次棱角—次圆状	断线状—生物扰动	T＞L	泥质砂岩
956.87	Morichal 段	石英砂岩	细—粉砂	差	次棱角—次圆状	层状—断线状	T＞L	砂岩
965.15	Morichal 段	石英砂岩	细砂 / 细—粉砂	中等偏好	次棱角—圆状	层状—断线状	T＞L	砂岩
981.00	Morichal 段	石英砂岩	中细砂	中等偏好	次棱角—圆状	块状	T＞L	砂岩
992.28	Morichal 段	石英砂岩	中砂	中等偏好	次棱角—次圆状	块状	T＞L	砂岩
999.57	Morichal 段	石英砂岩	细—粉砂	差	次棱角—次圆状	块状	T＞L	砂岩
1000.43	Morichal 段	石英砂岩	粉细砂	中等	次棱角—次圆状	生物扰动	T＞L	砂岩
1000.77	Morichal 段	含岩屑石英砂岩	细砂	好	棱角—次圆状	层状	T＞L	砂岩

续表

深度 m	层组	岩性	颗粒大小	分类	形状	沉积构造	颗粒接触关系	岩石类型
1004.16	Morichal 段	石英砂岩	细—粉砂	差	次棱角—次圆状	断线状—生物扰动	T＞L	砂岩
1007.26	Morichal 段	含岩屑石英砂岩	极细—粉砂	好	棱角—次圆状	层状—生物扰动	T＞L	泥质砂岩
1009.35	Morichal 段	玄武质石英砂岩	细砂	差	次棱角—次圆状	生物扰动	T＞L	泥质砂岩
1015.75	Morichal 段	石英砂岩	细—粉砂	中等偏差	次棱角—次圆状	块状	T	砂岩
1017.88	Morichal 段	含岩屑石英砂岩	粉细砂	好	次棱角—次圆状	生物扰动	T＞L	泥质砂岩
1021.23	Morichal 段	玄武质石英砂岩	细—粉砂	中等偏好	次棱角—次圆状	层状—生物扰动	T＞L	泥质砂岩

注：T 表示点接触，L 表示线接触。

2. 砂岩成分特征

Morichal 段和 Jobo 段砂岩成分中颗粒占 64%，基质占 12%，胶结物占 3.9%，孔隙度占 12%。砂岩岩矿组分中石英占 76.5%，岩屑占 0.4%，斜长石占 0.1%，黄铁矿占 1.0%，泥质占 13.3%，碳质占 1.9%，白云母少量，其他占 6.7%。颗粒以石英为主，占 99.4%，岩屑占 0.5%，斜长石占 0.1%（图 2-20）。

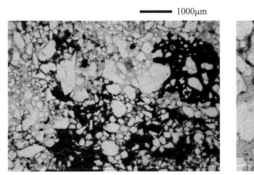
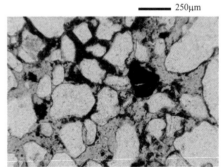

图 2-20 岩石薄片分析图

根据 X 射线衍射分析结果，Morichal 段石英占 90.8%，碱长石占 0.6%，方解石占 0.7%，黄铁矿占 0.4%，伊蒙混层占 1.8%，高岭石占 5.6%，白云石、菱铁矿和硬石膏少量。

Morichal 段和 Jobo 段基质组分中伊利石占 18.1%，伊蒙混层占 11.2%，蒙脱石占 8.3%，高岭石占 62.4%。

岩矿分析资料显示，目的层矿物成分以石英为主，平均石英含量在 90% 以上。目的层的黏土矿物以高岭石为主，其含量占黏土矿物总含量的 70% 以上。

3. 粒度特征

Morichal 段和 Jobo 段平均粒度中值为 0.24mm，泥质含量为 5.75%，分选系数为 1.44。砂岩颗粒磨圆度为次圆状—圆状，分选中等到好，生物扰动现象常见，整体结构成熟度较高，砂岩为颗粒支撑，具层状结构。从粒度分布图（图 2-21）中可以看出，砂岩颗粒大小为 0.05～0.6mm，峰值为 0.3mm 左右。

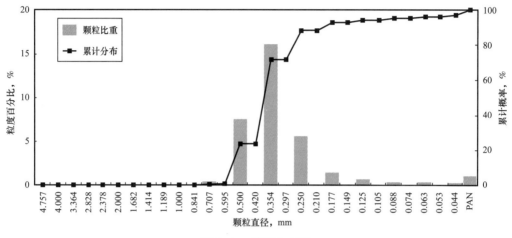

图 2-21　粒度分布图

通过对两口取心井累计概率曲线（图 2-22）分析，概率曲线主要由跳跃和滚动两个次总体组成，悬浮总体含量较少，粒度比河流沉积的砂体粗，表明该地区为近物源沉积，主要为河道砂、海滩砂沉积，也是该地区主要的储层。

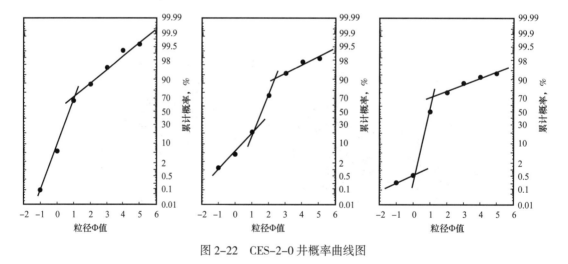

图 2-22　CES-2-0 井概率曲线图

二、储层"四性"关系

1. 岩性特征

Morichal 段岩性主要为中砂岩、细砂岩和泥岩，根据岩心分析数据结合测井曲线响应，建立 3 种岩性与 GR、NPHI 和 RHOB 交会图（图 2-23），中砂岩、细砂岩和泥岩在测井响应区间值有明显不同，因此岩性相对容易识别。

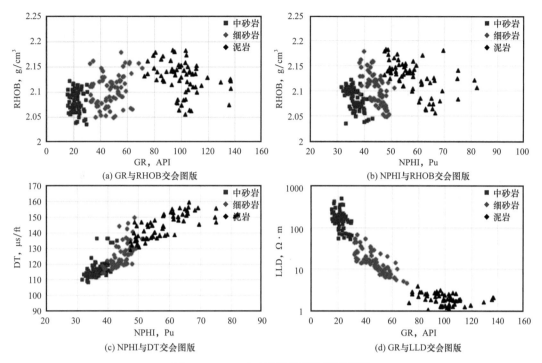

(a) GR与RHOB交会图版

(b) NPHI与RHOB交会图版

(c) NPHI与DT交会图版

(d) GR与LLD交会图版

图 2-23　Morichal 段岩性测井识别图版

直井中利用 RHOB—GR 交会图、RHOB—NPHI 交会图，能够较好地判断地层的岩性；水平井中由于测井系列单一，仅有 GR、电阻率曲线，利用 RD—GR 交会图进行岩性判别。

2. 物性特征

Morichal 段及其储层的孔隙度、渗透率统计如图 2-24 和图 2-25 所示。从图 2-24 和图 2-25 中可以看出，Morichal 段的物性分布范围大，低于 25% 的孔隙度分布概率小，而储层的孔隙度、渗透率分布范围集中，孔隙度大部分分布在 30% 左右。

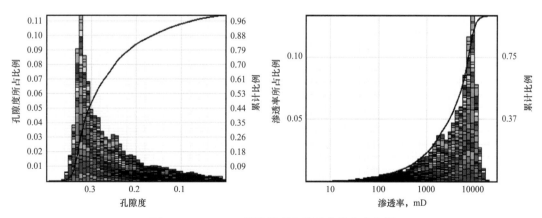

图 2-24　Morichal 段孔隙度和渗透率分布直方图

主力储层 Morichal 段各小层孔隙度和渗透率分布如图 2-26 和图 2-27 所示。由图 2-24 和图 2-25 可见，储层孔隙度主要分布在 0.245～0.37 之间，平均值为 0.27～0.33，O-12S 层孔隙度与 O-12I 层孔隙度相当，且储层相对均质，这两个储层发育也是最好的；

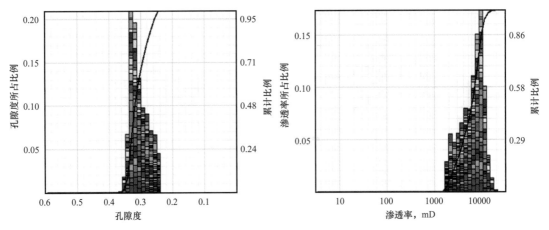

图 2-25 Morichal 段储层内孔隙度和渗透率分布直方图

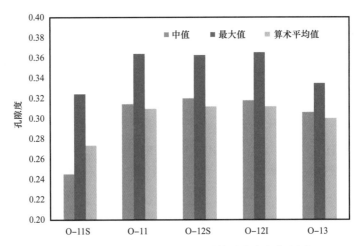

图 2-26 MPE3 区块 Morichal 层储层孔隙度分布图

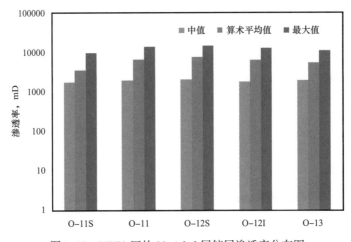

图 2-27 MPE3 区块 Morichal 层储层渗透率分布图

O–11 层储层发育次之，O–13 层的储层发育较好，除 O–11S 层平均孔隙度为 0.27 外，其他储层发育相对较差。

储层的渗透率分布在 1500～7500mD 之间，各层渗透率与孔隙度分布一致，为高孔隙度、高渗透率储层。O-11S 层内平均渗透率最低为 3431mD，O-12S 层平均渗透率最高，为 7454mD，渗透性最好，主力生产层 O-11、O-12S、O-12I 和 O-13 中，平均孔隙度均高于 0.3，储层渗透率高于 5300mD，为高孔隙度、高渗透率储层。

3. 含油性和电性特征

对 CES-2-O 井和 CJS-1-O 井岩心的含油性与岩性、电性特征开展了数据分析，统计结果见表 2-3。

表 2-3 MPE3 区块取心井含油性与岩性、电性特征

井号	井段，m	电性，Ω·m	岩性	含油饱和度，%			备注
				最大值	最小值	平均值	
CES-2-O	950～952	120～140	中砂岩	87	84	86	
	953～955	13～40	细砂岩	73	40	62	
	964～967	13～20	细砂岩	85	68	70	
	1004～1006	36～40	中砂岩	78	70	75	薄层
	1012～1017	50～250	中砂岩	87	78	82	
	1018～1022	7～10	细砂岩	55	35	42	
CJS-1-O	679～683	130～500	中砂岩	89	80	85	

从表 2-3 中可以看出，细砂岩普遍电性较差，低于 70Ω·m，含油饱和度较低；相比细砂岩，中砂岩普遍电性较好，大于 70Ω·m，显示含油性更好。这是由于细砂岩的比表面积较大，束缚水含量较高。

第五节　隔夹层类型及成因

储层的发育程度直接受控于沉积微相，表现出较强的非均质性，而隔夹层的发育是影响非均质性最主要的因素。隔夹层主要是指储层内部或储层之间不渗透或低渗透，能够对油气的流动、运移或聚集等产生作用的条带。根据对于开发的影响程度，隔夹层分为隔层和夹层两大类。隔层在平面上分布相对稳定，对于钻采和流体运动影响较大，而夹层则是流动单元内部的非渗透层，平面稳定性差。

一、隔夹层的识别标准

隔层是发育在含油层系内或复合油气藏内能分隔上下油气层或上下油气藏的非渗透和低渗透岩层。一般发育在上下两油层（两油藏）之间。平面上分布稳定，多呈层状连续展布。隔层起阻止油气水向上（或向下）发生窜流的作用，也是油藏开发划分层系选择的重要地质依据。

夹层是指单油层（或单油藏）内部的非渗透和低渗透岩层。夹层一般分布不稳定，只能局部分隔油层，它不能作为划分开发层系的地质依据。

　　隔夹层的划分一般依据隔夹层的宏观和微观地质特点、成因类型、封隔能力进行分类。以岩心分析、泥岩微观孔隙结构分析资料为依据，结合该区实际电测解释成果、自然电位（SP）、微电极（MR）、自然伽马（GR）等测井响应资料，建立起隔夹层划分的标准。

　　以 MPE3 区块为例，建立隔夹层划分标准。

1. 岩性与孔渗关系

　　岩心分析的孔隙度与渗透率之间存在着良好的相关性，从岩性对物性的影响分析，中细砂岩孔渗关系好，而极细砂岩则变化较大，反映极细砂岩分选性较差。按照储层标准（孔隙度大于 25%，渗透率大于 600mD），极细及更细粒沉积则主要为隔夹层（图 2-28）。

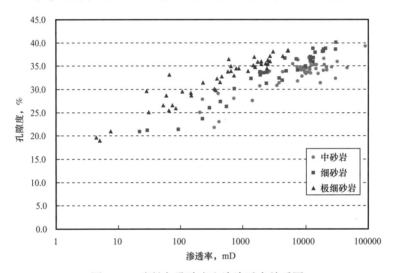

图 2-28　岩性与孔隙度和渗渗透率关系图

2. 物性与电性关系

　　物性好的储层比较集中地分布在自然伽马不大于 30API、孔隙度大于 0.25 的区域内，物性自然伽马具有很好的相关性，能够利用自然伽马值识别储层与隔夹层（图 2-29）。

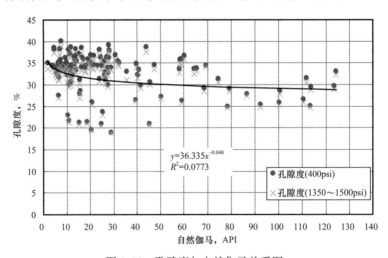

图 2-29　孔隙度与自然伽马关系图

3. 岩性与含油性之间的关系

随着粉砂与泥质含量的增加，含油饱和度呈明显降低趋势，同时也反映出细粒成分含量可以有效识别隔夹层（图 2-30）。

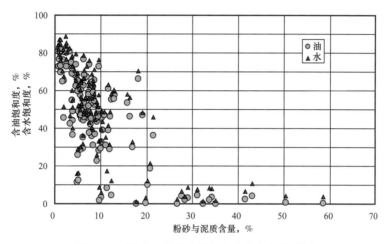

图 2-30 粉砂与泥质含量与含油饱和度关系图

4. 物性与含油性之间的关系

含油饱和度随孔隙度和渗透率增大而增加，在孔隙度与渗透率高的地方含油饱和度就高，含水饱和度就低（图 2-31、图 2-32）。

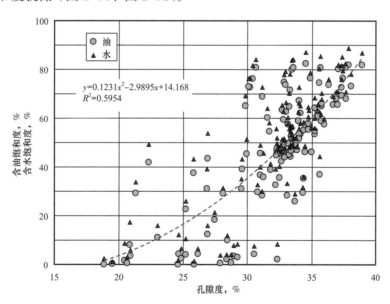

图 2-31 孔隙度与含油饱和度关系图

5. 电性与含油性之间的关系

在自然伽马小于 30API 时含油饱和度的数值较高，且相对比较集中，说明自然伽马对隔夹层研究也有一定指导意义（图 2-33）。

6. 油水层测井解释图版

通过图 2-34 和图 2-35 可以得出以下结论：

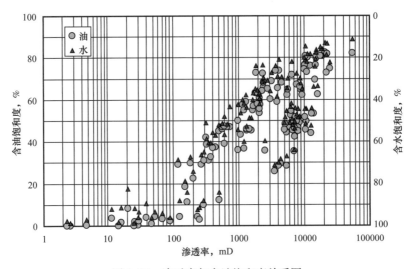

图 2-32　渗透率与含油饱和度关系图

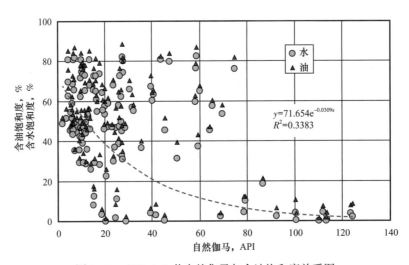

图 2-33　CES-2-0 井自然伽马与含油饱和度关系图

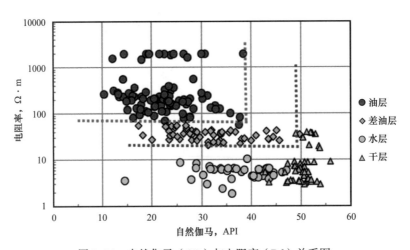

图 2-34　自然伽马（GR）与电阻率（Rd）关系图

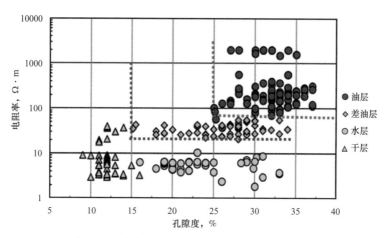

图 2-35　孔隙度（POR）与电阻率（Rd）关系图

对于油层，GR≤30 API，Rd≥100 Ω·m，POR≥30%；

对于差油层，GR≤38 API，Rd≥70 Ω·m，POR≥25%；

对于水层，GR≤38 API，Rd<70 Ω·m，POR≥25%。

最终通过岩性、电性、物性和含油性的"四性"内在联系分析得出识别隔夹层的标准：GR>38 API，Rd<70 Ω·m，POR<25%。

二、隔夹层类型及成因

1. 隔夹层类型

1）按隔夹层的范围大小分为隔层与夹层

由于研究区隔夹层不发育，将分布相对广泛，发育在中期旋回顶部的泛滥平原泥质沉积定义为隔层。发育在短期旋回顶部的落淤层、废弃河道和溢岸 / 决口扇等分布范围小，确定为夹层。换言之，MPE3 区块目的层段隔层只发育在三级层序间，也就是 O-13 层顶部与 O-12 层顶部；夹层发育在四级层序间或内部。

2）按成因将夹层分为岩性隔夹层和物性隔夹层

MPE3 区块以泥质为主的隔夹层不发育，主要为物性隔夹层。从沉积微相看，隔夹层为泛滥平原、落淤层和废弃河道及溢岸 / 决口扇，即使这些微相中粉细砂岩具有较高的孔隙度和渗透率，也只是差油层或水层或干层，储层为辫状河道微相（图 2-36）。

胡宁 4 区块隔层以泥岩、粉砂质泥岩为主，根据隔层发育的规模分为小层间隔层和砂体间隔层两个级别进行研究。在电测曲线上，层间隔层表现为 GR 回返值大，接近泥岩段值，电阻率回返至泥岩段或接近泥岩段值，平均厚度为 3～8m；砂体间隔层 GR、电阻率有一定回返值，但是相对小层间隔层幅度明显偏小（图 2-37）。

夹层类型主要为泥质夹层，岩性包括粉砂质泥岩、泥岩，分布于单砂体内部，平均厚度为 0～1m。电性上，在浅电阻率曲线上表现为低值，自然伽马曲线有低幅度回返，泥质含量在 30% 以上，电阻率较相邻油层明显降低（图 2-38、图 3-39）。

2. 隔夹层成因

1）隔层成因

隔层发育主要受控于基准面升降规模和不同级别构型界面的约束，共划分出小层间和

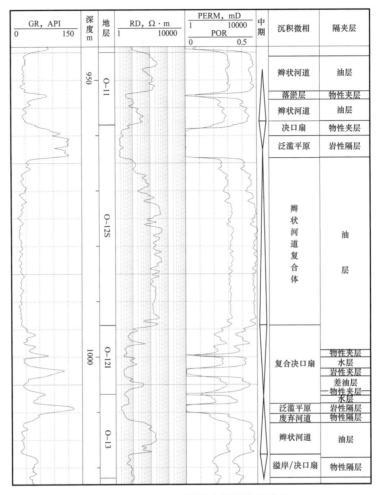

图 2-36　MPE3 区块隔夹层划分示意图

图 2-37　胡宁 4 区块小层间隔层岩心照片
（照片内数字单位为 in）

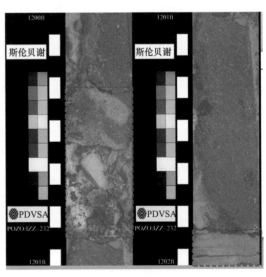

图 2-38　胡宁 4 区块夹层岩心照片
（照片内数字单位为 ft）

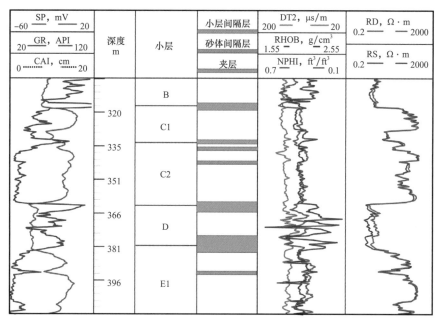

图 2-39　胡宁 4 区块隔夹层发育图

砂体间两类隔层。小层间隔层受中短期基准面旋回和五、六级构型界面控制，代表一期区域性洪泛沉积；砂体间隔层受超短期基准面旋回和四级构型界面约束，代表一期稍次一级洪泛沉积或心滩内的落淤层沉积。主要隔层类型包括曲流河泛滥平原细粒沉积、废弃河道充填。

岩性隔层：岩性隔层形成与中期旋回沉积基准面的快速上升、河流作用退缩、泛滥平原发育有关，分布范围广，分布的规律性强，主要为泥质隔层。因此，隔层一般表现为厚度大（大于 1.5m），平面上分布稳定，主要为泛滥平原泥岩组成，位于砂岩尖灭线以外。根据岩石学特征，岩性隔层主要岩性为泥岩、粉砂质泥岩，黏土矿物、碎屑矿物含量少［图 2-40（a）］。测井电性特征为：自然电位曲线光滑、平直，深侧向电阻率低，自然伽马为平稳高值。

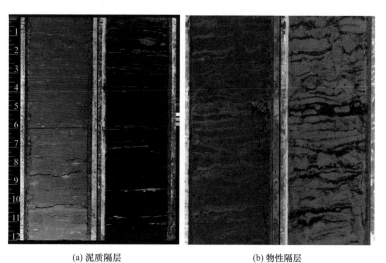

（a）泥质隔层　　　　　　　（b）物性隔层

图 2-40　泥质隔层和物性隔层岩心照片（照片内数字单位为 in）

物性隔层：物性夹层主要是孔隙度与渗透率较低的泥质粉砂岩、粉砂质泥岩，且含砂量较岩性夹层高。主要形成于中期旋回沉积基准面上升时期，与河流退缩、决口/溢岸、废弃河道充填及泛滥平原沉积有关，此类形成的物性隔层在全区比较少见，主要以岩性隔层共生构成区域性隔层［图2-40（b）］。

2）夹层成因

砂体内夹层形成于单一旋回沉积的内部，主要类型包括曲流河边滩内部侧积层、心滩坝内部落淤层、河道底部滞留泥砾隔挡层、洪泛事件间歇期形成的坝间泥岩、坝顶露出水面形成的"串沟"充填。砂体内夹层由于受各种水动力扰动较大，往往不稳定，厚度和延伸范围有限，横向可对比性差。一般只起局部渗透性遮挡作用，对宏观油水运动影响不大。

物性夹层：物性夹层的形成与辫状河道侧向迁移时残余的溢岸、落淤层、废弃河道充填及泛滥平原沉积有关，以物性夹层为主，具有分布范围小、随机性强等特点。研究区物性隔夹层以细砂、粉砂岩为主，具一定孔隙度和渗透率。在测井曲线上主要表现为：微电极曲线介于泥岩和砂岩之间，有一定的幅度差，自然电位幅度低。一般位于多期河道的叠置交接处或河道滞留沉积物中，其形成主要与当时的沉积环境和沉积作用有关。后期河道切割前期的心滩或河道，在切割作用不太强的部位大部分细粒物质被带走，但还残存了部分孔渗性差的较细粒物质，即物性夹层。在单个正韵律层的中下部，水动力局部的突然减弱，可使粗砂、中砂与细粒物质混杂堆积形成物性夹层［图2-41（b）］。

(a) 泥质夹层　　　　　　　　　　　　(b) 物性夹层

图2-41　砂体内部的泥质夹层和物性夹层（照片内数字单位为in）

岩性夹层：该类夹层不稳定，在全区也比较少见，岩性以粉砂质泥岩与泥质细砂、粉砂为主，有比较低的孔隙度和渗透率。厚度较薄，通常小于1.5m。从成因上讲，属于当水流与河床底部的剪切作用减弱时，砂粒与粉砂、泥质混杂堆积而形成。河流相中的夹层常常产生于层理构造形成过程中，储层韵律层的内部、河流相储层单元之间、心滩上部的落淤层沉积以及在各级旋回交界的部位，会形成若干砂泥交互的组合，形成沉积旋回成因的砂泥互层模式，从而产生砂泥互层的泥质夹层。此类夹层在纵向上出现的频率相对较高，泥质夹层在测井曲线上主要反映为自然电位低，电极幅度明显下降；深侧向电阻率下降为邻层的 50% 以上；声波时差高值一般在 400μs/m 以上；井径曲线明显显示为扩径。本研究区岩性夹层较为少见，其沉积微相主要表现为辫状河道侧向迁移时残余的溢岸、落淤层、废弃河道充填及泛滥平原沉积［图 2-41（a）］。

胡宁 4 区块 E 砂组隔夹层的成因类型模式如图 2-42 所示，总结了胡宁 4 区块辫状河沉积发育 6 种成因类型的隔夹层：洪泛期形成的泛滥泥岩隔层、废弃河道充填泥岩夹层、河道底部滞留泥砾隔挡层、心滩坝内部落淤层、洪泛事件间歇期形成的坝间泥岩、坝顶"串沟"充填泥岩。

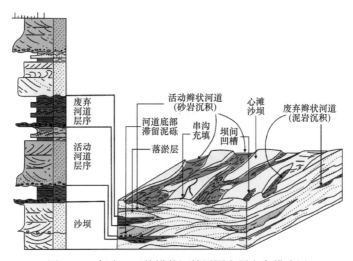

图 2-42　胡宁 4 区块辫状河储层隔夹层发育模式图

第六节　油藏三维地质模型

一、多信息约束建模思路

油藏地质模型以多学科信息为基础，采用一定的数学算法进行井间模拟和井外预测，从而实现对地质体的三维描述。因此，多学科数据的准确性及有机融合在很大程度上决定了地质模型的精度。

目前较为常用的建模方法有确定性建模方法和随机建模方法。确定性建模方法是从已知的确定性资料出发，推测出井间未知区确定性的唯一的预测结果。随机建模方法是以变差函数为工具来研究空间上既有随机性又有相关性的变量（即区域化变量）分布，可充分忠实于硬数据，同时可参考地震、测井、动态等多学科信息以达到对地质体的三维描述。针对 MPE3 区块密井网特点，本次研究采用确定性建模和随机建模相结合的方法，结合测井、地震、动态等资料，对研究区储层分布、物性及含油性分布规律进行模拟，实现多信息综合的地质建模。

二、构造精细建模

1. 断层模型

初始断层格架基于地震解释的断层线和断层多边形，挑选断距较大、控制含油范围以及断层之间存在组合关系的 40 条断层进行了三维建模，多数断层走向为北东东向，个别为北西西向，且以南倾为主（图 2-43）。断层建模分为以下三步：

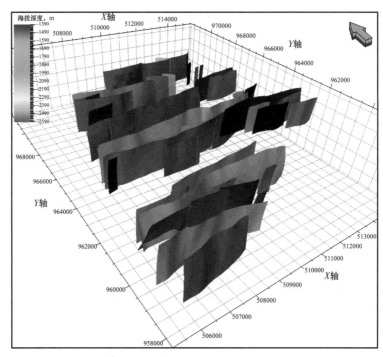

图 2-43　断层模型

（1）利用 PETREL 软件提供的编辑工具对断层柱进行编辑和处理，通过井上的断点及地震解释的断层线在三维视窗里进行校正，以确保断层空间位置的准确性；

（2）断层柱的网格化，是一个空间网格生成的过程，平面上网格设为 50m×50m，网格化过程中运用趋势线和方向来改善生成网格的质量，生成的骨架网格定义了油藏的空间结构；

（3）在 Make Horizon 过程中生成断层面。

2. 构造层面模型

构造层面模型是整个地质模型的地层格架，是后续相模型及属性模型的基础（图 2-44）。

（1）在断层模型的基础上，利用地震解释提供的层面数据约束各小层的构造形态，利用地层对比提供的井点分层数据对构造层面进行校正，建立 6 个地震解释层面模型。地震解释层面以及井点分层数据是层面模拟的重要依据和条件。

（2）细分亚层是对上述层面模型进一步细分。根据各小层地层等厚图，以邻近的地震解释层面作为趋势面，建立其他小层顶面的层面模型，共 9 个层位。并对各小层垂向网格进行细分，垂向上网格步长平均为 1m 左右。

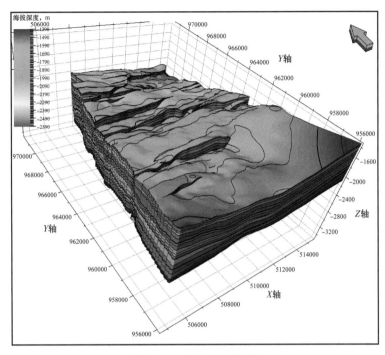

图 2-44　构造层面模型

三、沉积相和物性建模

沉积相建模是通过描述不同相类型在三维空间的分布，来定量表征不同类型砂体的规模、几何形态等，为储层属性模拟奠定基础。

1. 模拟对象

MPE3 区块目的层系为一套辫状河三角洲平原、三角洲前缘沉积，主要物源方向为近南北方向，有效储层发育在辫状河道和心滩中。由于河道微相与心滩微相均发育高孔隙度、高渗透率储层，在沉积体系模拟时，将沉积微相简化为砂泥岩两种岩相。

2. 反演体约束岩相模型

应用序贯指示模拟方法得到岩性的空间展布成果。研究区以水平井为主，平均直井井距为 1000～2000m，研究区采用平台式布井方式，从东到西共部署三排水平井，水平井轨迹均呈近东西向，生产井距为 300m 或 600m，平台间距为 1200～1400m。研究区为辫状河平原沉积，河道的快速侧向迁移导致砂体横向变化快，井间砂体的变化必须借助地震资料的横向预测作用，本次将地震反演资料作为井间模拟的约束条件。

根据时深转换后的反演属性体分析波阻抗与不同岩相的关系，认为波阻抗可较好地区分岩相，分别建立了砂岩相与泥岩相的概率曲线，并将其作为序贯指示模拟的约束条件。岩相模拟结果在井点处忠实于井点的岩性数据，在空间上受地震反演体的约束，同时遵从于井统计的岩性变差函数的规律（图 2-45、图 2-46）。

通过剖面的方式对比反演属性体到岩相精细模型，从图 2-47 中可以看出，采用地震反演属性体约束建立的岩相模型不仅较好地反映了地层岩相的横向变化规律，还在井资料的控制下精细刻画了井间隔夹层的形态（图 2-47）。

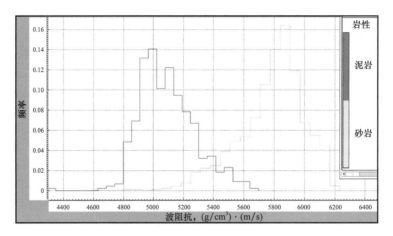

图 2-45 MPE3 区块不同岩相波阻抗分布特征

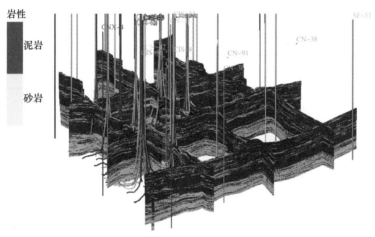

图 2-46 MPE3 区块岩相三维模型

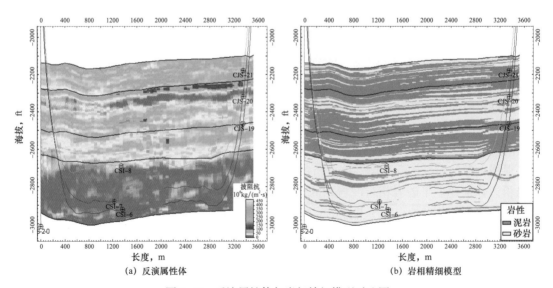

（a）反演属性体

（b）岩相精细模型

图 2-47 反演属性体与岩相精细模型对比图

3. 相控物性参数模型

在建立岩相模型的基础上，根据不同岩相的储层属性参数定量分布规律，分相进行井间随机模拟，建立参数分布模型。参数建模采用序贯高斯模拟方法。高斯随机域是最经典的随机函数模型，该模型的最大特征是随机变量符合高斯分布。序贯高斯模拟的输入参数主要为变量统计参数、变差函数参数及条件数据等。本次研究采用相控参数建模，因此还需输入三维相模型，并且对每一种相均应输入相应的变量统计参数和变差函数参数。需要说明的是，建立孔隙度、渗透率、饱和度模型之前要进行一系列的数据变换，主要包括输入数据变换、实现数据变换、对数变换和正态得分变换。

（1）输入数据变换：主要为截断变换，即截除一些由于测井解释造成的异常低值和异常高值，使井参数符合正常分布。

（2）实现数据变换：主要为截断变换，使各模拟实现的参数分布符合正常分布，特别是对于泥岩相，无须进行参数模拟，只进行数据变换使其参数值为指定低值即可。

（3）对数变换：对于渗透率而言，一般不呈正态分布，而将其进行对数变换后，其分布可接近正态分布。因此，建模前一般要对渗透率进行对数变换，建模后再进行反变换。

（4）正态得分变换：通过变换，使各参数符合高斯分布，以能应用高斯模拟方法进行建模；建模后进行反变换。

数据变换后采用相控条件下的序贯高斯模拟方法建立了三维孔隙度、渗透率模型，整体上，研究区目的层段渗透率均较高，对于孔隙度而言，Morichal 段明显较大，过井参数切片显示有效储层主要分布在 Morichal 段，可以通过在模型中做任意过井切片，为下一步井位部署提供了可靠的参数三维模型。

利用水平井参与建模可以明显提高储层内部物性和非均质性的描述精度。建模过程中，在岩相模型的约束下，首先分析岩相与物性的相关关系，仅利用直井采样点求取储层物性参数概率分布和变差函数，然后将水平井和直井数据共同用于建模过程，既在垂向上保持了砂体韵律特征，又充分发挥了水平井精细刻画储层内部物性分布的特点。水平井和直井相比，模型的孔隙度在水平井轨迹附近变化较快，能真实地反映储层内部物性变化（图 2-48）。

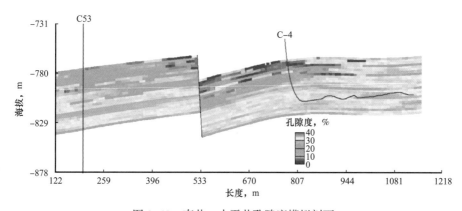

图 2-48 直井 + 水平井孔隙度模拟剖面

1）孔隙度模型

三维模型揭示了主力储层孔隙度的分布是沿着河道带或心滩出现高值的。各小层砂体孔隙度分布规律与砂体厚度分布规律相吻合，沿河道主流线方向砂体孔隙度最发育，河道两翼及河道间孔隙度较差，但总体而言，砂体连通性好，胶结程度差（图 2-49、图 2-50）。

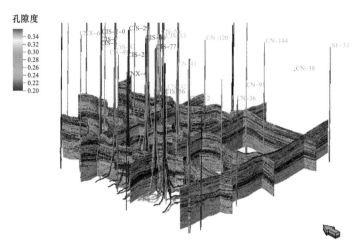

图 2-49　孔隙度栅状图

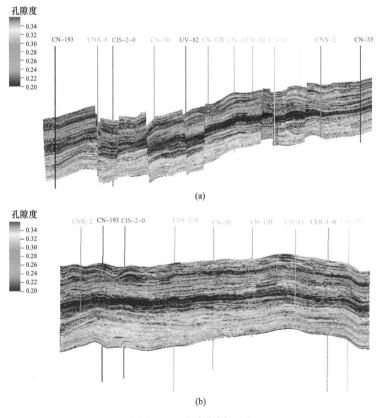

图 2-50　孔隙度剖面图

2）渗透率模型

主力储层总体表现为一套特高渗透储层。根据模拟的渗透率模型可以看出，渗透率的分布与孔隙度的分布有较好的相似性，孔隙度大的区域，渗透率一般也相对较大

（图 2-51、图 2-52）。与孔隙度模型一样，渗透率高值区分布与沉积相带的分布有较好的相关性。根据渗透率模型的横、纵剖面图（图 2-52）可以看出，在小层内部，渗透率的高值区域分布相对比较连续，常呈板状和连片状的分布形式，使得在小层内部表现出较弱的非均质性。

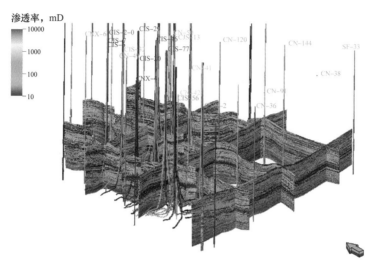

图 2-51　MPE3 区块渗透率栅状图

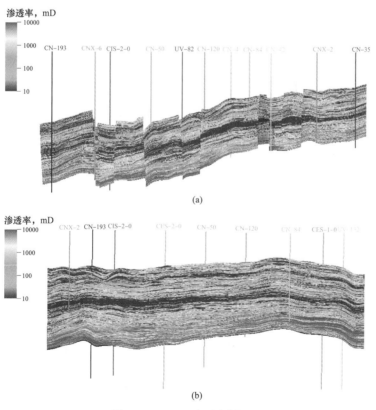

(a)

(b)

图 2-52　MPE3 渗透率剖面图

3）隔夹层模型

研究区的渗流屏障主要为泥岩和物性隔夹层，其中隔层以泥岩隔层为主，夹层以物性夹层为主。在地质模型建立过程中，根据反演研究对隔夹层分布特征的预测结果，定量刻画了泥岩隔夹层在空间上的展布（图2-53至图2-55）。

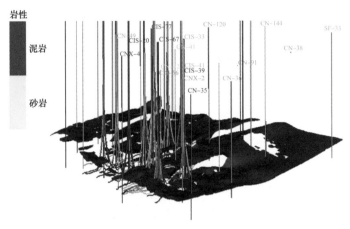

图 2-53　O-11 和 O-12S 之间隔层分布图

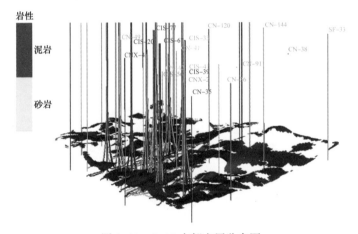

图 2-54　O-11 内部夹层分布图

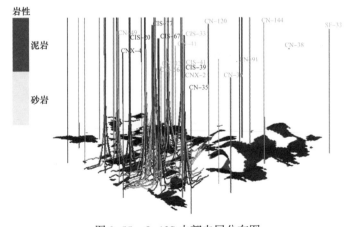

图 2-55　O-12S 内部夹层分布图

参 考 文 献

［1］Croce，J D.East Venezuela Basin：Sequence stratigaphy and structural evolution［D］.Texas：Rice University，1996.

［2］Callec Y，Deville E，Desaubliaux G，et al. The Orinoco Turbidite System：Tectonic Controls on Seafloor Morphology and Sedimentation［J］. AAPG Bulletin，2010，94（6）：869-887.

［3］Beets D J，Maresch W V，Klaver G T，et al. Magmatic rock series and High-pressure Metamorphism as Constraints on the Tectonic History of the Southern Caribbean［J］. Geological Society of America Memoirs，1984，162：95-130.

［4］Maloney N J.Continental shelf sediments off eastern Venezuela［J］Bulletin American Association of Petroleum Geologists，1968，52（3）：539.

［5］Martinius A W，Hegner J，Kaas I，et al.Sedimentology and Depositional Model for the Early Miocene Oficina Formation in the PetroCedeño Field（Orinoco heavy-oil belt，Venezuela）［J］.Marine and Petroleum Geology，2012，35：352-380.

［6］Soto D，Mann P，Escalona A.Miocene-to-Recent Structure and Basinal Architecture along the Central Range Strike-slip Fault Zone，Eastern Offshore Trinidad［J］.Marine and Petroleum Geology，2011，28：212-234.

［7］徐睿. 旋回对比技术在河流相地层细分对比中的认识：以南美 E 油田白垩系储层为例［J］.地质科技情报，2015，34（2）：36-41.

［8］徐文明，叶德燎，陈荣林.委内瑞拉油气资源及勘探开发潜力分析［J］.石油实验地质，2005，27（5）：473-478.

［9］侯君，戴国汗，危杰，等.委内瑞拉奥里诺科重油带油藏特征及开发潜力［J］.石油实验地质，2014，36（6）：725-730.

第三章 超重油冷采特征

超重油冷采主要有两种方式：一种是泡沫油携砂冷采技术（Cold Heavy Oil Production with Sand，CHOPS），主要应用于加拿大超重油和油砂区块；另一种是利用泡沫油机理的非携砂冷采技术——泡沫油水平井冷采技术，主要应用在委内瑞拉奥里诺科重油带超重油区块。本章以加拿大和委内瑞拉奥里诺科重油带超重油典型已开发区块为例，分析了超重油冷采开发特征。

加拿大出砂冷采和委内瑞拉非出砂冷采油藏条件不同，冷采特征也存在差异。虽然二者均为未胶结砂岩，但同样深度下，加拿大出砂冷采油藏压力要低很多，其地层流体中溶解的气体含量也低很多。同样地，两个地区的原油溶解气的泡点压力与地层压力的关系也相差很多。委内瑞拉超重油油藏溶解气泡点压力与其地层压力较为接近，在生产过程中能形成大量的泡沫油。而加拿大重油油藏由于地层压力较低，原油远未达到饱和状态。因此，由于地层普遍处于未压实的状态以及较低的泡点压力，溶解气的驱动能量相对弱。

第一节 超重油泡沫油携砂冷采特征及矿场实例

泡沫油携砂冷采（简称出砂冷采）生产过程中，不采取防砂措施并且不向油藏注入热量，利用螺杆泵将原油和砂一起采出。此方式突出的优点是开采成本低，产能高，风险小。目前是加拿大一种较为普遍的超重油冷采开发方式。

一、出砂冷采特征

出砂冷采在生产初期，出砂量很大，可以达到井口产出液体积的 15%～40%。之后的一段时间，出砂量会逐渐下降至 1%～3%，并趋于稳定。这个阶段持续的时间不定，短则几天，长至数月。同时，产油量会逐渐上升，在产量达到峰值后，由于油藏天然能量逐渐衰竭，产量会逐渐降低。另外，在出砂冷采过程中，一直伴随着气体的产出，因此地面井口产出液会含有甲烷和泡沫。生产过程中，实时产液量变化幅度较大，平均产量变化趋势如图 3-1 所示。

二、出砂冷采生产实例

目前，出砂冷采主要应用于加拿大的超重油区块，也在阿尔及利亚、苏丹等国家进行过多种实践。出砂冷采代表性项目的油藏特征和生产参数见表 3-1。

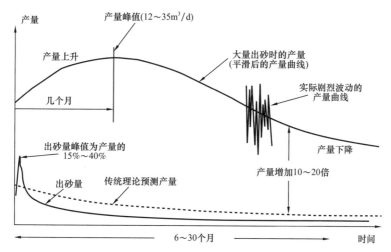

图 3-1 CHOPS 生产井的典型生产特征曲线

表 3-1 出砂冷采项目的油藏特征和生产参数

油藏名称	Celtic	Luseland	Burnt Lake	Elk Point	Frog Lake	Patos-Marinza
埋深，m	450	730	500	550	424～600	875～2000
油层厚度，m	3～5	5～15	20	11～14	—	250（累计层厚）
孔隙度，%	33	～30	34	34	30～33	25～30
渗透率，mD	500～4000	2000～4000	＞2000	—	1000～5000	100～2000
地下原油黏度 mPa·s	1200～3000	1400	26000	2000～55000	20000～50000	50～50000（40℃）
溶解气油比，m^3/m^3	24	—	7.5	26～36	—	25～30
产量，m^3/d	10～20	21.6	20	10～30	16	—
初期含砂量，%	—	—	30	40	30	10～40
稳定含砂量，%	2～3	—	＜5	0.5～1	2～4	1
采收率，%	14	16	—	—	—	—

1. Frog Lake 油田

加拿大的 Frog Lake 油田地处埃德蒙顿以东约 240km，位于南艾伯塔重油带的北部、艾伯塔省和萨斯喀彻温省交界处 Lloydminister 的西北部。Frog Lake 油田在早白垩世的 Manville 地层有 Waseca、McLaren 和 Dina 3 个主力产层，其中 McLaren 和 Dina 两层是河道沉积，Waseca 层为坝沉积，整个区域具有良好的连续性。根据 Waseca 层的测井解释，可以将其划分为上、下两个小层。下 Waseca 层是一个 5m 厚的多孔可渗透砂层，由浅海环境中沉积而来，呈现出向上变粗的层序。上 Waseca 层是一个具有良好孔隙度的较厚地层，但测井结果显示其中有一些泥砂淤塞。Frog Lake 油田油藏埋深 424～600m，孔隙度为 30%～35%，渗透率为 1000～5000mD，地下原油黏度为 25000～50000mPa·s。

油田在下 Waseca 层前后共开钻了 10 口水平井，本来计划作为电加热的试验井，但一次衰竭开采效果较好，因此采用出砂冷采的方式进行生产。平台采用翼状布井，每个平台左翼 2 口井、右翼 3 口井（图 3-2）。从开发效果来看，10 口井呈现典型的出砂冷采生产剖面。投产初期，单井日产量达到了 16m³，出砂量超过 30%，随后含砂量降低、产液量增加。生产一段时间后，含砂量很快地降低到 2%～4%，并保持稳定。除具有较高的产油量以外，该项目的水平井出砂冷采特征与直井出砂冷采相似，产油速度和含砂量有着相似的变化规律。

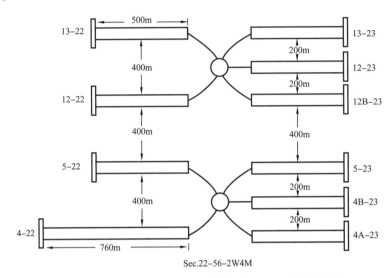

图 3-2　Frog Lake 油田 10 口水平井下 Waseca 地层井位图

2. Luseland 油田

加拿大的 Luseland 油田位于萨斯喀彻温省，是一个典型的出砂冷采项目，其储层属于未胶结并富含石英的砂岩，埋深 730m，平均孔隙度为 30%，渗透率为 2000～4000mD，油层厚度为 5～15m，地下原油黏度为 1400mPa·s。在投产约 10 年后，老直井被改造成出砂冷采井，并陆续使用螺杆泵采油。从单井产量来看，出砂冷采改造后产油量提高了 4～5倍，增加至 21.6m³/d，采收率预计可以达到 16%。在采用出砂冷采开发期间，曾经尝试采用水平井来提高冷采产量，但 6 口水平井的表现均不理想，没有经济效益。

由图 3-3 可见，整个生产过程分为 4 个阶段。

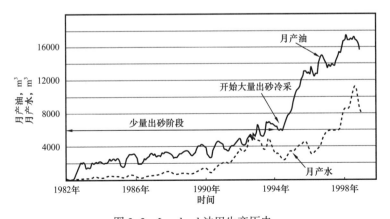

图 3-3　Luseland 油田生产历史

第一个阶段是投产后最初的 10 年，该阶段油田采用大井距布井、小孔径射孔完井，孔径为 10～12mm，射孔密度为 13 孔/m，使用活塞泵采油，产量为 3～5m³/d。尽管在 20 世纪 80 年代后期，一些井改用螺杆泵，但由于射孔并未增加且泵的效果不尽如人意，产量并不高。在这一时期，出砂量很少，产液中只含有 0.25%～2% 的砂。尽管出现了出砂过程，由于受到生产井产量和射孔大小的限制，出砂量有限，增产效果不明显，但还是可以从图 3-3 中看出，产量在缓慢提高，原因是出砂在井口周围慢慢形成了一个高渗透区。

第二个阶段钻了 6 口采用割缝衬管或裸眼完井的水平井，水平段长度为 500m，这 6 口井分布在不同的位置，其中一口井部署在区块的中心，靠近最初的 30 口直井所在的位置。从这 6 口井的生产数据可以得知，其中一口井从未有油流产出，另外 5 口井虽有产出，但产量并不高。由此可见，该油田的水平井出砂冷采试验不成功。

第三个阶段是 Luseland 油田的出砂冷采阶段。在该阶段最初投产的 30 余口直井采用了更大的孔径（20～22mm）和更加密集的射孔（26 孔/m），用螺杆泵替换了活塞泵，并将泵下至最下端射孔 1m 以下的位置。在这些措施的作用下，大量的油和砂一起流入井筒，油井开始大量出砂。之后陆续在出砂冷采效果较好的井中更换了更大排量的螺杆泵，进一步提高了产量。

1997—1998 年，通过优化现有直井，产量得到了显著提高，整体产量相较于 1982—1992 年增长了 4～5 倍。从单井产量来看，1992 年以前，平均单井产量在 4.5m³/d 左右；而在 1997 年以后，平均单井产量增至 21.6m³/d。

第四个阶段从 20 世纪 90 年代中期开始，油田尝试由区块中间向边缘加钻扩边井，但这些井的效果有好有坏。部分井的出砂冷采效果很好，但有些井因为靠近底水很快就发生了水窜变成了产水井。之后油田产量一直保持在较好的水平。截至 2002 年，油田月产油量超过 20000m³ 并保持稳定。鉴于出砂冷采井的生产效果良好，油田中开发效果最好的中间区块的目标采收率在 20% 以上。

3. Celtic 油田

Celtic 油田的油层主要位于石炭系 Mannville 组，由粉砂岩、砂岩和泥岩组成，地层是在三角洲、河流和近海岸的条件下沉积而成的，属于背斜油藏。由于地层属于三角洲前缘相或滩相沉积，油层具有较好的连续性。Celtic 油藏埋深 450m，油层有效厚度为 3～5m，孔隙度为 33%，渗透率为 500～4000mD，地下原油黏度为 1200～3000mPa·s。Celtic 油田投产后，初期单井产量为 1～2m³/d，半年后产油速度逐渐上升，并稳定在 10～20m³/d，产出液含砂量为 2%～3%。投产 6～7 年后，单井采出程度达到 14%。

4. Burnt Lake 油藏

Burnt Lake 油藏是一个特重油油藏，上层有 10m 厚的水层，隔层厚度为 4～5m，无气顶和底水。油藏埋深 500m，有效厚度约 20m，孔隙度为 34%，渗透率为 2000～72000mD，地下原油黏度高达 26000mPa·s。油井投产初期，产量低；生产 2～3 个月后，产量大幅增加至 20m³/d。初期含砂量高达 30% 左右，在生产 8 个月后降至 5% 或更低。

5. EIK Point 油藏

EIK Point 油藏是一个超重油油藏，采用出砂冷采技术开发。油藏埋深 550m，平均厚度为 11～14m，孔隙度为 34%，地下原油黏度为 2000～55000mPa·s。开采过程中，平均单井产油速度为 10～30m³/d，峰值大于 40m³/d。生产初期，含砂量高达 40%，并逐渐降低；开采 10 个月以后，含砂量降至 0.5%～1%。

6. Patos-Marinza 油田

Patos-Marinza 油田位于阿尔巴尼亚南部，是多个砂体叠置的疏松砂岩油藏，原始地质储量超过 3×10⁸m³。储层埋深 875～2000m，孔隙度为 25%～30%，渗透率为 100～2000mD，黏度为 50～50000mPa·s。

Patos-Marinza 油田采用出砂冷采方式开采，最初生产的 100d 内，产油速度逐渐提高；之后稳产 800d 左右。在产量上升期，含砂量为 10% 左右，个别井含砂量超过 40%；生产 200d 左右，含砂量降至 1% 并保持稳定。

第二节　超重油泡沫油水平井冷采特征

委内瑞拉奥里诺科重油带分为博亚卡、胡宁、阿亚库乔和卡拉波波 4 个大区，每个大区的储层特征不同，埋深及流体分布特征有差异，开发程度和资料掌握情况不同。重油带目前主要的开发方式是水平井冷采，单井产能与油藏物性、埋深、原油黏度等因素密切相关。本节以奥里诺科重油带 8 个典型已开发区块为例，分析了超重油水平井冷采开发特征及影响冷采产量的因素。

一、重油带部分已开发区块概况

1. 重油带储层特征和流体分布

奥里诺科重油带胡宁区、阿亚库乔区和卡拉波波区的 8 个已开发区块分布如图 3-4 所示，油藏地质参数见表 3-2。其中，PetroCedeño 区块、Petroanzoategui 区块和胡宁 10 区块属于胡宁区；MFB-53 区块、Petropiar 区块和 A8 区块属于阿亚库乔区；Petromonagas 区块和 Bitor 区块属于卡拉波波区。

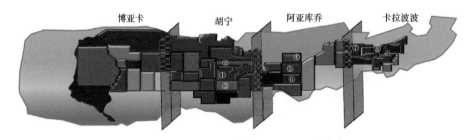

图 3-4　奥里诺科重油带典型已开发区块分布图
① PetroCedeño 区块；② Petroanzoategui 区块；③ 胡宁 10 区块；④ MFB-53 油藏；⑤ Petropiar 区块；⑥ A8 区块；
⑦ Petromonagas 区块；⑧ Bitor 区块

奥里诺科重油带发育白垩系、渐新统、中新统底部层段、下中新统和中中新统 5 套储层，不同层位储层在重油带内的分布范围不同，因此重油带几个大区的油层地质特征有一定的差异。其中，博亚卡地区主要储层为渐新统—下中新统 Chaguaramas 组；胡宁地区主要储层为中新统 Oficina 组底部砂岩段，其次为渐新统 Merecure 组和白垩系；阿亚库乔地区主要储层为下中新统 Oficina 组Ⅰ、Ⅱ段，其次为中中新统 Oficina 组Ⅲ段；卡拉波波地区主要储层为下中新统 Oficina 组的 Morichal 段，其次为中中新统。

表3-2　奥里诺科重油带典型开发区块油藏地质参数

项目/区块名称	PetroCedeño（原Sincor）	Petroanzoategui（原Petrozuata）	胡宁10	MFB-53	Petropiar	A8	Petromonagas（原Cerro Negro）	Bitor
重油带区域	胡宁	胡宁	胡宁	阿亚库乔	阿亚库乔	阿亚库乔	卡拉波波	卡拉波波
目的地层	中新统Oficina组下段	中新统Oficina组底部砂岩段	Oficina组下段Mioceno Temprano层和Arenas Básales层	下中新统Oficina组I、II段	下中新统Oficina组I、II段	下中新统Oficina组I、II段	下中新统Oficina组的Morichal段	下中新统Oficina组的Morichal段
沉积类型	河流—三角洲							
深度, m	500~600	518~716	326	853	746	304~410	685~1067	845
孔隙度, %	29~34	30~35	32	30	30	30	32	30
渗透率, mD	4~17	1~17	3	10	10	10	10	2~7
初始地层压力, MPa	4.8~5.5	4.3~6.2	4.6	8.4	6.1	3.5~4.5	6.8~10.4	8.3
地层温度, ℃	49	37.8~57.2	45.6	58.3	43~60	42~45	50~60	50
原始含油饱和度, %	80	80	—	78~84	84	75~83	88	—
原油API重度, °API	8	8.4~10	7.5	9.1	8.5	7.9	8.5	7.8~8
原油黏度, mPa·s	1800~3500	1200~6000	2900~11000	3000	3800	7700~12000	1500~4000	2000
泡点压力, MPa	4.3	5.3	4.6	6.2	5.9	4.4	—	7.6
原始溶解气油比, m³/m³	10	11	10	17	—	8~11	17	16~20
开采方式	水平井冷采	水平井+多分支井冷采	水平井冷采	直井/水平井冷采	水平井冷采	水平井冷采	水平井冷采	直井/斜井水平井冷采
水平井 水平段平均长度, m	1402	1463	975~1219		1219~2134	550~1400	1219	549~1042
水平井 井距, m	辐射状布井	550	400	450	500	300	600	600
水平井 平均初产, t/d	241	217	97	402	129~193	36.4~108.6	32~322	35~402
标定采收率, %	6.5	8	4	10	—	6.1	12	12

重油带发育的各套油层分布特征看，白垩系油层在重油带内零星分布，主要集中在博亚卡地区中偏西部，最大油层厚度在61m左右。渐新统油层分布面积较广，在胡宁地区西偏南部和博亚卡大部分地区均有分布，其中胡宁地区油层最厚在61m左右；博亚卡地区油层厚度最厚达122m。中新统底部油层主要分布在胡宁地区，油层厚度最大达64m。下中新统油层分布在卡拉波波区块大部分地区和阿亚库乔区块的西偏南部，在卡拉波波区块最大油层厚度超过122m，阿亚库乔区块最大油层厚度在91m左右。中中新统油层主要分布在卡拉波波区块的中部，油层厚度薄，平均厚度为10m，局部大于30m。

各油层温度均在38～66℃之间变化，博亚卡、胡宁地区各油层最大压力均在9.7MPa左右，阿亚库乔和卡拉波波地区下中新统油层压力在1.4～13.8MPa之间变化。

从原油API重度看，白垩系原油API重度为3～12°API，渐新统原油API度为4～13°API，两套原油的API重度均显示出博亚卡地区原油API重度小于胡宁地区原油API重度，博亚卡地区的原油遭受的改造作用更强一些。中新统底部层段的原油API重度为5～13°API，表现为由南向北增大。下中新统油层原油API重度为7～11°API，其中阿亚库乔地区在8～11°API之间，卡拉波波区块在7～10°API之间，卡拉波波地区的原油稠化程度大于阿亚库乔地区原油，且卡拉波波地区的北部原油稠化程度更强一些。

从原油黏度特征看，主要受温度变化的影响，各油层原油黏度均表现为由北向南增大的特点。白垩系和渐新统原油黏度最大在3000mPa·s左右，中新统底部层段原油黏度最大接近7000mPa·s。下中新统原油黏度最大在4000mPa·s左右。

通过对重油带典型含油层系解剖发现，含油分布总体上受构造控制，平面上水体分布集中在构造低部位；岩性也是影响油水分布的重要因素，水体分布局部受岩性控制；水动力条件，特别是淡水带的冲刷可能导致油层和水层之间以冲刷带分隔。重油带冲刷带一般为大气水在压力梯度影响下在地下不断运动冲刷油层而形成的。冲刷带与边、底水层的区别为：边、底水层残余油饱和度接近0，冲刷带可以高达70%。"冲刷"发生在油运移后，水扫油强度较低。

2. 典型已开发区块地质油藏概述

1）PetroCedeño区块

PetroCedeño区块（原Sincor项目）位于奥里诺科重油带胡宁区中部，区块面积为504.25km²，由PDVSA、道达尔、挪威国家石油公司合作开发。区块整体上为北倾单斜构造，主要目的层段为Oficina组下段，从上到下可进一步细分为A、B、C、D、E、F 6个小层，属于河流—三角洲沉积体系，储层为疏松砂岩。其中，A、B、C 3个小层为三角洲沉积，D、E、F 3个小层为河流相沉积。油藏埋深500～600m，孔隙度为29%～34%，渗透率为4000～17000mD，初始地层压力为4.8～5.5MPa，地层温度为49℃，原始含油饱和度为80%，原油API重度为8.4°API，泡点压力为4.4MPa，原始溶解气油比为10.6m³/m³，主要采用丛式辐射状水平井冷采开发（图3-5），平均水平井段长度为1372m。

区块于2000年12月投产，历史最高日产油水平为3.5×10^4t。截至2013年10月，区块投产生产井743口，日产液3.8×10^4t；日产油1.9×10^4t；综合含水率为50%；生产气油比为58m³/m³（图3-6）。区块累计产油1.1×10^8t，剩余可采储量为11.5×10^8t，地质储量采出程度为1.76%，可采储量采出程度为8.8%。

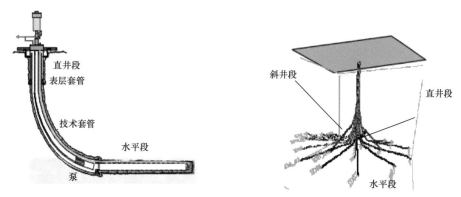

图 3-5　辐射状布井井身管柱图

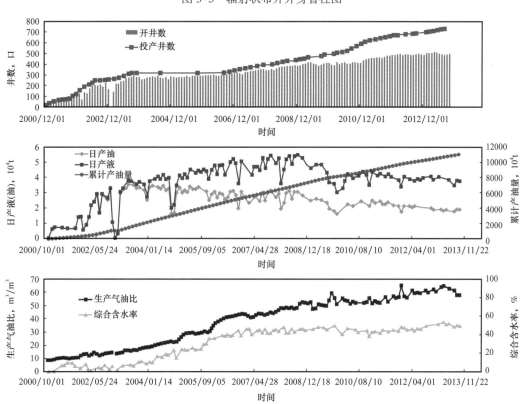

图 3-6　PetroCedeño 区块开采曲线

2）Petroanzoategui 区块

Petroanzoategui 区块（原为 Petrozuata 项目），位于胡宁区主要产油区 SanDiego 油田。区块面积为 295km²。疏松砂岩，岩石压缩系数为（11.6～13）× 10^{-6} kPa⁻¹。油藏埋深 518～716m，油层厚度为 36.6～57.9m，孔隙度为 30%～35%，渗透率为 1000～17000mD。油层温度为 37.8～57.2 ℃，原油 API 重度为 8.4～10°API，气油比为 10.6～12.4m³/m³，束缚水饱和度为 20%，油层条件下活油黏度为 1200～2500mPa·s，脱气原油黏度为 5000mPa·s，原始油藏压力为 4.3～6.2MPa。截至 2000 年，该项目完钻 137 口垂直评价井、306 口多分支水平井，是世界上最大规模应用多分支井开发的项目。Petroanzoategui 区块生产曲线如图 3-7 所示。

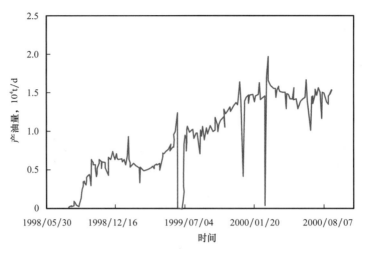

图 3-7　Petroanzoategui 区块生产曲线

3）胡宁 10 区块

胡宁 10 区块位于东委内瑞拉盆地的南翼奥里诺科重油带中部的胡宁区，胡宁 4 区块东南 23km。主要目的层为 Oficina 组下段 Mioceno Temprano 层和 Arenas B á sales 层以及 Merecure 组 Oligoceno 层。北倾平缓单斜，倾角为 0.6°～2°，全区断层不发育，局部发育高角度正断层。沉积特征为从下至上由辫状河沉积逐渐向曲流河沉积过渡，河道规模逐渐减少。原油 API 重度为 7～10.5°API，平均为 7.5°API。油藏温度下，脱气原油黏度范围为9000～14000mPa·s。区块未发现边、底水，但在西北部 Oligoceno 层底部存在冲洗带，原始含水饱和度低于 50%。

4）MFB-53 油藏

MFB-53 油藏位于奥里诺科重油带阿亚库乔区北部 Bare 油田，面积约 165km²。该油藏是一个简单的单斜构造，被一东西向的正断层切割，地层向南倾斜，倾角小于 10°。该油藏是以中—早中新统为基底的 Oficina 砂岩，平均油藏深度为 1067m。孔隙度的变化范围在 22.5%～32% 之间（平均 30%），渗透率为 2～40D（平均值为 10D），束缚水饱和度在 16% 左右。初始油藏压力和温度分别为 8.4MPa 和 58℃。原油 API 重度为 9.10°API，泡点压力为 6.86MPa，拟泡点压力为 5.7MPa，原始溶解气油比为 17m³/m³，原油地层体积系数为 1.088，在地层条件下原油黏度为 3000mPa·s。

油藏于 1992 年投入开发，到 1996 年，已完钻 164 口井，其中 45 口水平井、119 口直井。累计产油 0.11×10⁸t，地质储量采出程度为 3.6%。MFB-53 油藏地层压力和产油量曲线如图 3-8 所示。

5）Petropiar 区块

该油田位于东委内瑞拉盆地奥里诺科重油带阿亚库乔区，油田面积为 463.2km²，地质储量为 48.3×10⁸t（区块面积包含在 657km² 前 Hamaca 项目范围内）。区块属于河流—三角洲沉积环境，岩性类型为砂岩和泥岩夹层，油藏埋深 600～820m，孔隙度为 30%，渗透率为 10D。油藏原始地层压力为 6MPa，泡点压力为 5.9MPa，地下原油黏度为 3800mPa·s，原油 API 重度为 8.5°API。2012 年高峰产量达到 2.7×10⁴t。截至 2017 年 1 月，油田已钻生产井 628 口。

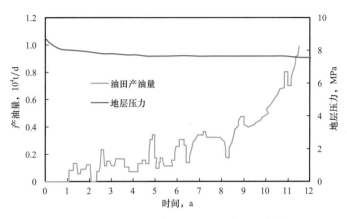

图 3-8　MFB-53 油藏地层压力和产油量曲线

6）A8 区块

A8 区块位于阿亚库乔区西南部，区块北部与已开发的 Petropiar 区块相接。A8 区块面积为 445km²。区块为西北倾单斜构造，断层为高角度正断层，断层整体不发育。主要开发目的层段为中新统 Oficina 组 Unit Ⅰ 和 Unit Ⅱ 段，属河流—三角洲沉积。正常温压系统，部分区域存在气顶和顶底水。油层中深 305～411m，油层孔隙度为 31%，渗透率为 6D，含油饱和度为 75%～83%，油层平均厚度为 20～41m，净毛比为 0.21～0.44，为浅层疏松砂岩构造—岩性超重油油藏。纵向油层多，厚度变化大，横向变化快，隔夹层发育。原油 API 重度为 7.9°API，地下原油黏度为 7700～12000mPa·s，原始溶解气油比为 8.9～11m³/m³。

区块 2015 年 4 月投产，截至 2017 年 7 月，有油井 50 口，开井 49 口，日产油 0.24×10⁴t，年产油 75×10⁴t，累计产油 120×10⁴t，生产气油比为 11.4m³/m³，单井日产油 48t，综合含水率为 1.24%（图 3-9）。

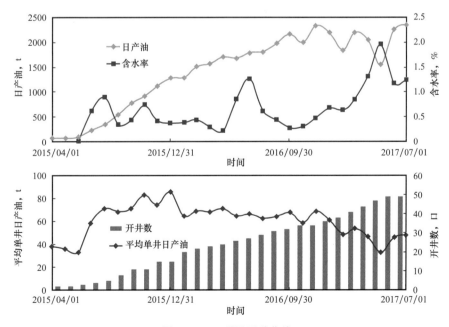

图 3-9　A8 项目开采曲线

7）Petromonagas 区块

Petromonagas 区块原为 Cerro Negro（OCN）项目，位于重油带卡拉波波区西北部，区块面积为 295km²。区块主要产油层系为 Oficina 层 Morichal 段，原始地层压力为 7MPa，油层厚度为 85m，孔隙度为 32%，平均渗透率为 12D，平均束缚水饱和度为 18%。原始溶解气油比为 15m³/m³，原油体积系数为 1.0847，原油 API 重度为 6～8°API，平均为 8.5°API。油层温度为 54℃，地下原油黏度为 2000～5500mPa·s。1997 年开始钻井，2000 年正式投产时共钻 127 口井，建成 1.9×10⁴t/d 的产能。Petromonagas 项目开采曲线如图 3-10 所示。

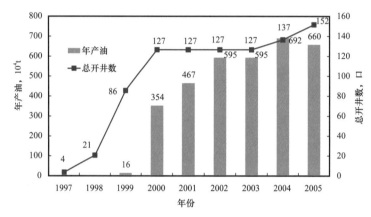

图 3-10　Petromonagas 项目开采曲线

8）Bitor 区块

Bitor 区块包含 MPE1 和 MPE2 两个区块，位于重油带卡拉波波区北部。总面积为 120km²（其中，MPE1 区块 56km²，MPE2 区块 64km²），储量为 18.7×10⁸t（其中，MPE1 区块 8.7×10⁸t，MPE2 区块 10×10⁸t）。生产层位主要是 Morichal 砂层组，油藏平均深度为 845m，油层温度为 50℃，地下原油黏度为 2000mPa·s。

Bitor 项目于 1983 年进行试采；1984 年开始利用泡沫油开发并生产乳化油。截至 2005 年底，总井数 422 口，生产能力超过 1.13×10⁴t/d：MPE1 区块总钻井数 393 口，开井 200 口，生产能力为 0.8×10⁴t/d，平均单井日产油 40.4t，累计产油 4675×10⁴t，综合含水率为 15%，生产气油比已从开发初期的 12.4m³/m³ 上升到 106m³/m³ 左右；MPE-2 块总井数 29 口，开井 23 口，生产能力为 0.3×10⁴t/d，平均单井日产油 146t，累计产油 410×10⁴t。

二、水平井冷采特征及影响因素分析

从超重油水平井冷采产量、递减率、生产气油比和含水率变化特征几个方面对重油带已开发区块的开采特征进行分析。

1. 水平井冷采产量特征

（1）重油带水平井冷采具有较高的初产和累计产量，以上所述 8 个典型区块水平井冷采初产量为 30～480t/d。

PetroCedeño 区块共有 743 口生产井，其中主力层位 B 层、C 层、D 层和 E 层投产水平井 726 口，初产变化差异较大，平均初产为 193t/d（图 3-11）。

PetroCedeño 区块 B 层、C 层为三角洲沉积体系，两个层位平均单井初产油量高于 193t，但是由于 C 层部分井产水严重，产油量大幅度下降，平均单井日产油量低于 B 层（图 3-12）。

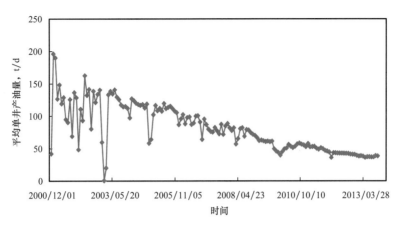

图 3-11　PetroCedeño 项目平均单井产油量曲线

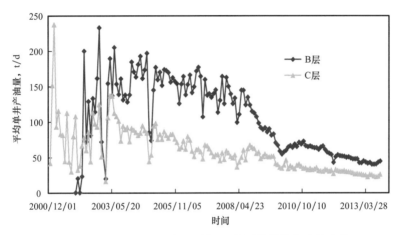

图 3-12　PetroCedeño 项目 B 层、C 层平均单井产油量曲线

PetroCedeño 区块 D 层、E 层为河流相沉积，油层底部靠近水体和冲刷带，两层生产井出水均比较多，含水率普遍较高。E 层埋深大于 D 层，油层初始压力较大，平均单井初始产油量大于 402t/d，高于初期产油量为 161t/d 的 D 层，但是投产后因为含水率升高，产油量急剧下降，与 D 层接近（图 3-13）。

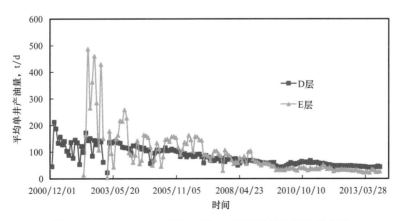

图 3-13　PetroCedeño 区块 D 层、E 层平均单井产油量曲线

PetroCedeño 区块 B 层、C 层、D 层和 E 层生产井初产统计见表 3-3。

表 3-3　PetroCedeño 区块 B 层、C 层、D 层和 E 层生产井初产统计

层位	初产, t/d				合计井数, 口
	>240	160~240	80~160	<80	
B	10	23	25	53	108
C	0	10	21	133	160
D	26	60	117	237	432
E	1	1	5	21	26

Petroanzoategui 区块 SDZ-182 井于 1995 年 3 月投产，水平井钻遇油层段长度 384m，采用螺杆泵开采，投产初期为了避免地层压力下降过快，采用最低泵转速生产，随后逐渐增加泵转速到 260r/min，产油量随之上升并达到峰值 157t/d。该井投产 6 个月后产量稳定在 80t/d。SDZ-183 井于 1995 年 5 月投产，水平井钻遇油层段长度 481m，采用螺杆泵开采，泵转速逐渐升高到 230r/min，对应峰值产量为 92t/d，投产 4 个月后产量稳定在 26t/d（图 3-14）。

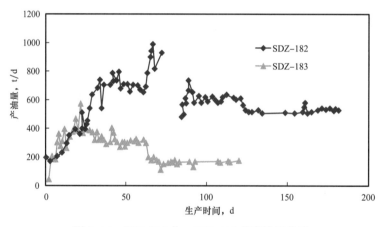

图 3-14　SDZ-182 井、SDZ-183 井产油量曲线

胡宁 10 区块于 2012 年投产，其中 18 口水平井具有生产动态数据，生产层位为 Oligoceno 层，埋深 330~395m，水平井段长度为 1000~1200m，水平井排距为 400m，水平井初产为 111~150t/d，平均初产为 128t/d（图 3-15、图 3-16）。

MFB-53 油藏投产初期采用直井冷采开发，平均初产为 80t/d。为了提高产油速度，投产水平井冷采开发，排距为 450m。水平井大幅度改善了油藏的生产动态，水平井初产能够达到 402t/d（图 3-17）。

Petropiar 区块采用水平井冷采开发，井型包括单分支水平井、多分支水平井和鱼骨状水平井，井深 1829~3353m，水平段长度为 1219~2438m，平均水平段长度为 1829m。水平井初产最大超过 483t/d，平均初产为 457t/d（图 3-18）。

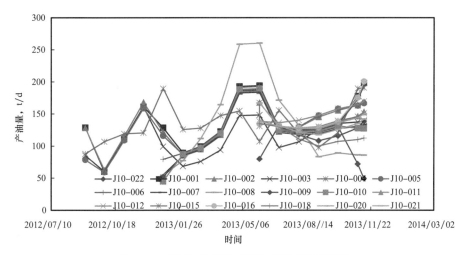

图 3-15　胡宁 10 区块水平生产井产油量曲线

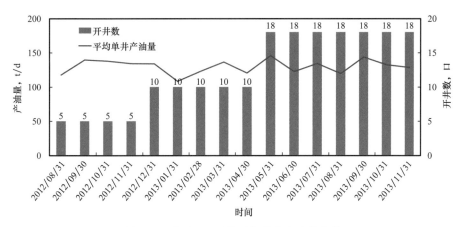

图 3-16　胡宁 10 区块平均单井产油量曲线

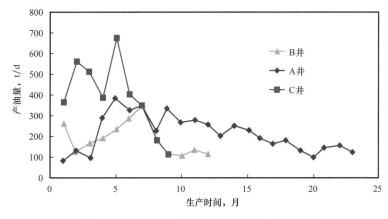

图 3-17　MFB-53 油藏典型水平井产油量曲线

A8 区块投产井生产层位于 Unit Ⅰ段，Unit Ⅰ段自上而下包括 R 层、S 层、T 层和 U 层（表 3-4）。水平井排距为 300m，平均钻遇油层段长度 884m，单井初产为 35～108t/d，平均值为 79t/d。

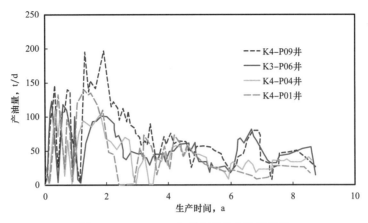

图 3-18　Petropiar 典型水平井产油量曲线

表 3-4　A8 区块水平生产井初产统计

层组	层位	井数，口	平均单井钻遇油层段长度，m	钻遇率，%	平均初产，t/d
R	R3	5	463	92	37
S	S5	3	886	97	54
	S3，S4	2	1036	98	89
	S3，S4–S5	10	824	95	66
T	S3，S4–S5–T	1	766	100	91
	T	5	1002	91	94
	T–U1	2	1092	100	80
U	U1	19	963	96	94
	U2，U3	3	1027	96	109

Petromonagas 区块采用水平井冷采开发，电潜泵和螺杆泵掺稀生产，水平井平均初产 169t/d（图 3-19、图 3-20）。

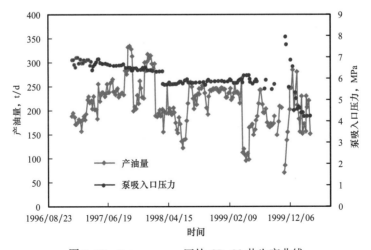

图 3-19　Petromonagas 区块 CD-38 井生产曲线

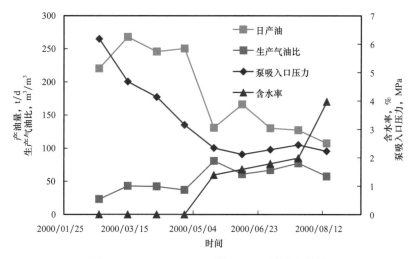

图 3-20　Petromonagas 区块 CI-233 井生产曲线

　　Bitor 公司从 MPE-1 区块与 MPE-2 区块中的 238 口生产井中，选出 33 口有代表性的井用于生产动态分析。这 33 口井水平井段长度为 354~1316m，初产为 57~372t/d，平均初产为 185t/d（表 3-5）。

表 3-5　Bitor 公司 33 口水平井初产统计

井号	水平井段长度，m	层位	初产，t/d	井号	水平井段长度，m	层位	初产，t/d
CD 38	732	O-14	322	CI 230	494	O-13	207
CD 39	497	O-14	236	CI 231	557	O-12	179
CD 40	1098	O-14	201	CI 232	667	O-14	164
CD 41	908	O-14	202	CI 233	575	O-14	164
CD 42	1286	O-14	372	CI 234	507	O-13	179
CD 43	828	O-13	372	CI 235	599	O-12	133
CD 44	1316	O-14	210	CI 236	608	O-13	156
CD 45	945	O-12	300	CI 237	597	O-12	154
CD 46	460	O-14	348	CI 238	614	O-13	257
CD 47	843	O-14	57	CI 239	354	O-13	166
CD 48	504	O-12	181	CI 299	—	—	122
CD 49	586	O-12	115	CO 06	599	O-12	207
CD 50	—	—	111	CHB 38	525	O-13	105
CI 225	555	O-13	137	CHB 40	612	O-13	153
CI 227	563	O-12	209	CHB 41	580	O-14	135
CI 228	552	O-14	199	CHB 42	585	O-13	137
CI 229	520	O-14	127	—	—	—	—

（2）水平井冷采产量受井型、油层厚度、埋深和水平段长度影响。

①井型。

a. 直井、斜井、水平井的产量对比。

Bitor区块1990年以前基本上为直井。1990年以后钻了很多丛式井（以斜井为主）。1995—1997年又钻了几口试验性质的水平井。不同类型生产井的初期产量为：水平井初产161~402t/d；斜井初产48~80t/d；垂直井初产40~80t/d。不同类型生产井的年递减率为：水平井的年递减率为13.5%~14.8%；斜井年递减率为16%~20%；垂直井年递减率为25%~30%。

阿亚库乔区Bare油田1995年以前投产165口直井，油田产油量为0.32×10^4t/d，后来投产78口水平井，油田产油量上升到最高0.97×10^4t/d，水平井大幅度提高了产油量（图3-21）。

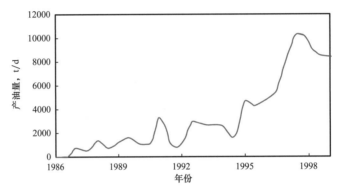

图3-21　Bare油田直井、水平井生产历史

b. 单分支水平井和多分支水平井的产量对比。

重油带冷采开发的井型包括直井、斜井和水平井，水平井又包括单分支水平井和多分支水平井。在重油开发过程中发现，地层中也有分支河道、河口沙坝等沉积。这些砂体净砂比多变，K_v/K_h低，连通性差，厚度也仅为9m，为了开发这些小层，后来又改进为多向水平井技术，如双管叠置、鸟足状、三管叠置、鸥翼状、干草叉状及鱼骨状（图3-22）。所有这些都是为了适应井下储层变化，尽可能钻遇更多目的岩层。

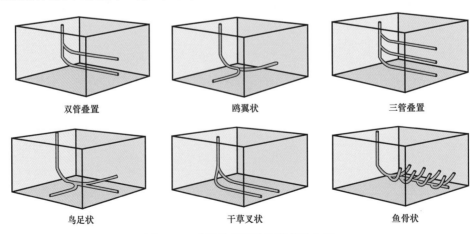

双管叠置　　　　鸥翼状　　　　三管叠置

鸟足状　　　　干草叉状　　　　鱼骨状

图3-22　水平井不同轨迹形态及实例

Petroanzoategui 区块使用多分支水平井最多，截至 2001 年底，Petroanzoategui 区块已钻 238 口水平井中，98 口为单分支水平井，88 口为双分支水平井，52 口为三分支水平井，其中许多为鱼骨式分支井。在平台上几种多分支水平井结合使用，如图 3-23 所示。

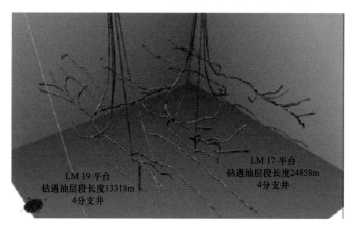

图 3-23　叠加式双侧向井、鸥翼式水平井、鸟足式水平井和鱼骨式
多侧向水平井联合开发两个相邻的井位

通过对 Petroanzoategui 区块单分支水平井与多侧向水平井产油速度的比较（图 3-24）得出，单分支水平井的平均单井产油量在 160t/d 左右，而多侧向水平井的平均单井产油量约为 274t/d。

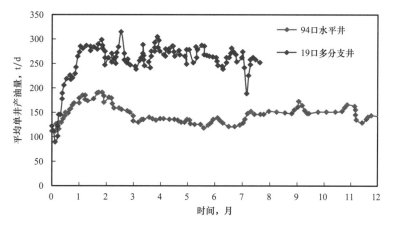

图 3-24　多分支水平井与单分支水平井产油速度对比

2 口鱼骨式分支水平井与同层的 14 口单分支水平井对比如图 3-25 所示，鱼刺式多分支水平井产能明显提高，12 个月后仍然维持较高的产能。

在 Petroanzoategui 区块完成一口 9 根鱼骨刺分支的鱼骨式多侧向井费用为一口单侧向水平井的 1.18 倍，其他多侧向井对于单侧向井费用的倍数是：叠加式双侧向井为 1.58 倍，侧翼式双侧向井为 1.67 倍，较为复杂的鸟足式三侧向井是 2.54 倍。

各种多侧向水平井可以提高产能，提高单井最终采收率，降低原油单位生产成本。鱼骨式多侧向水平井可以保持均质油藏长期高产、稳产，提高非均质油藏的最终采收率和开采速度，因为那些细小分支可以通过油藏的隔层，否则泄油会很慢。在生产后期开采速度

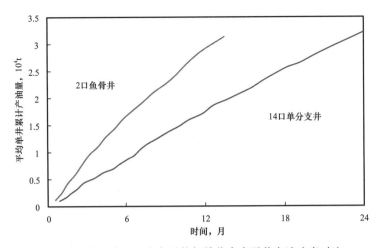

图 3-25 单分支鱼骨式水平井与单分支水平井产油速度对比

递减时，通过结合多个目的层的分支，可以长期保持油井的开采速度在经济极限速度之上，因此多侧向水平井和鱼骨式多侧向井的预期采收率高于单侧向井。

②油层厚度。

Petroanzoategui 区块 82 口水平井累计产油量与油层厚度关系表明，累计产油量随油层厚度增加而增加（图 3-26）。

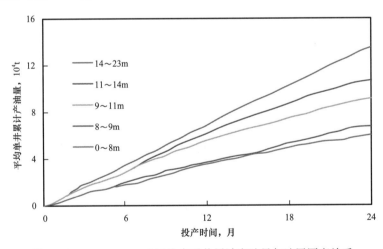

图 3-26 Petroanzoategui 区块水平井累计产油量与油层厚度关系

③埋深。

由 Petropiar 区块水平井初产与埋深的关系可知，水平井冷采初产与油层埋深呈明显的正相关关系（图 3-27）。

④水平段长度。

图 3-28 为 Petropiar 区块 183 口 AMV-125 层投产的水平井水平段长度与初产的关系可知，随着水平段长度增加，水平井初产呈线性增加趋势。

Bitor 区块水平井初产与水平段长度的关系如图 3-29 所示。整体上看，水平井初产随水平段长度增加而增加，水平段长度为 300～700m 时，初期产量在 161t/d 左右，水平段长度为 700～1300m 时，初产 241～322t/d。

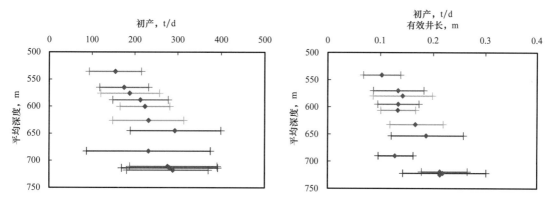

图 3-27　Petropiar 区块水平井初产与埋深的关系

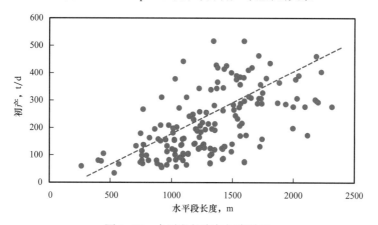

图 3-28　水平段长度与初产关系

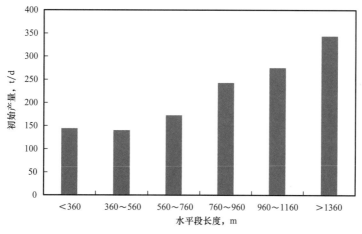

图 3-29　Bitor 区块水平井初始产量与水平段长度的关系

由 Petroanzoategui 区块水平井产量与水平段有效长度（电阻率大于 $20\Omega\cdot m$ 的水平段）关系可见，水平段长度越长，水平井累计产油量越大（图 3-30）。

2. 水平井冷采生产气油比变化特征

随着冷采开发时间延长，地层压力下降，超重油冷采的生产气油比逐渐上升；油藏埋深越浅，气油比上升越快。

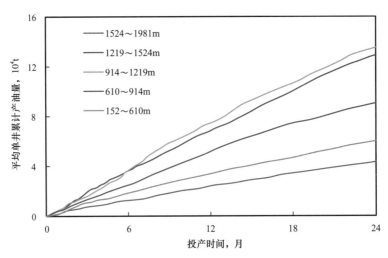

图 3-30　Petroanzoategui 区块水平井累计产油量与有效水平段的关系

PetroCedeño 项目的原始溶解气油比为 10.6m³/m³。项目投产后生产气油比开始缓慢上升。主力开发层位为 B 层至 E 层，随着埋深逐渐增加，生产气油比上升速度逐渐减缓（图 3-31）。2013 年 10 月，B 层、C 层、D 层和 E 层的生产气油比分别为 103m³/m³、62m³/m³、51m³/m³ 和 36m³/m³。

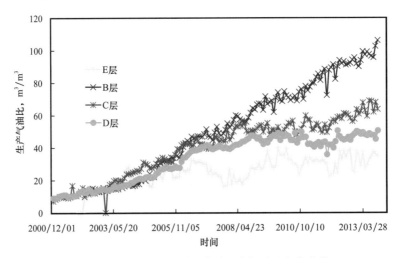

图 3-31　PetroCedeño 项目分层生产气油比变化曲线

A8 区块主力开发层位为 S 层至 U 层，埋深逐渐增加，生产气油比上升速度逐渐减缓（图 3-32）。

3. 水平井冷采递减特征

重油带已开发区块处于冷采开发的不同阶段，以 A8 区块和 PetroCedeño 区块为例分析水平井冷采递减特征：递减率随着油层埋深增加逐渐降低，随冷采开发时间延长，呈分段递减趋势。

A8 区块各层递减特征明显，S 层月递减率为 5.3%，T 层月递减率为 4.3%，U 层月递减率为 4%。从 S 层到 U 层，埋深逐渐增加，递减率逐渐降低（图 3-33）。

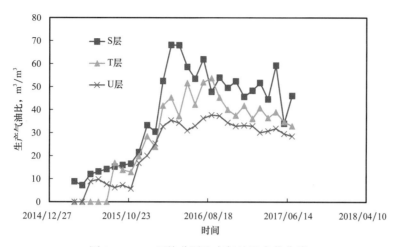

图 3-32　A8 区块分层生产气油比变化曲线

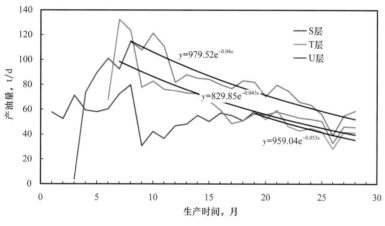

图 3-33　A8 区块分层递减率

PetroCedeño 区块 B 层为主力层，有 10 年以上生产历史，呈明显的分段递减趋势，前期月递减率为 1.4%，后期月递减率为 1.2%，后期递减率低于前期（图 3-34）。

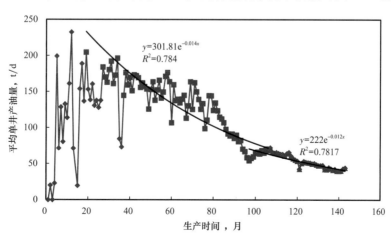

图 3-34　PetroCedeño 项目 B 层递减率

4. 水平井冷采见水特征及控水措施

重油带部分区块水平井冷采开发过程中出现油井大量见水、含水率快速升高的情况。

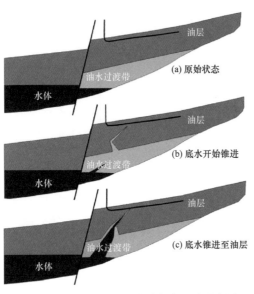

图3-35 超重油水平井冷采底水锥进示意图

由于重油黏度较高，水油流度比大，含水率上升会引起产油量快速递减，并降低冷采最终采收率。因此，有必要分析重油带水平井冷采开发过程中的见水原因和含水率变化特征，并提出有效的控水措施。

1）见水原因分析

超重油水平井冷采见水主要有以下几个原因：一是对于不含有边、底水或冲刷带的油藏，水平井冷采时出水主要来源于地层束缚水，这种情况下含水率保持在较低水平；二是对于靠近边、底水或钻遇冲刷带的生产井，由于水的流度远大于超重油的流度，水锥侵进水平井，引起含水率快速升高（图3-35）；三是由于固井质量问题发生浅层地表水窜流引起的出水，造成生产井含水率升高。

2）含水率变化特征

A8区块工区范围内无边、底水和冲刷带存在，已投产井含水率保持在较低水平，主力开发层位整体含水率在0.2%～1.2%范围内（图3-36）。

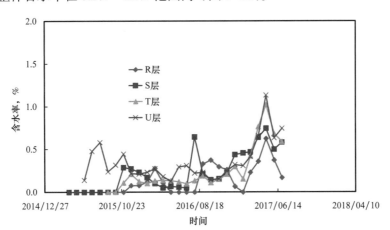

图3-36 A8区块分层含水率曲线

PetroCedeño区块主力开发层位D层、E层靠近冲刷带/水体（图3-37），含水率高，为60%左右；B层、C层距离冲刷带/水体较远，含水率较低；A层距离冲刷带/水体最远，含水率最低，为10%左右（图3-38）。

PetroCedeño区块B层80%的生产井含水率低于20%，46%的生产井含水率低于10%；C层80%的生产井含水率低于20%；D层生产井数最多，46%的生产井含水率大于50%，整体含水率高；E层离冲刷带/水体最近，部署生产井数少，40%的生产井含水率超过50%，整体含水率高（表3-6）。

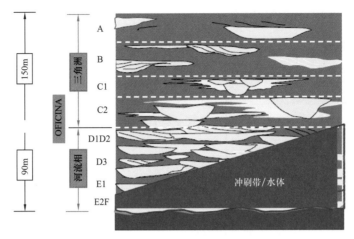

图 3-37 PetroCedeño 区块沉积特征

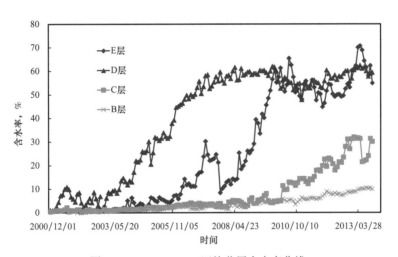

图 3-38 PetroCedeño 区块分层含水率曲线

表 3-6 PetroCedeño 区块分层含水率统计

层位	生产井，口					合计井数，口
	<10%	10%～20%	20%～30%	30%～50%	＞50%	
B	52	37	19	3	1	112
C	112	19	4	9	19	163
D	118	59	31	20	196	424
E	6	4	2	5	10	27

3）控水措施及效果

（1）排水控水。

将靠近边、底水的一口高含水井作为排水井，将侵入水排出，从而降低邻井的含水率。以卡拉波波区域 I-20-4 井组为例，CI-226 井位于最靠近底水的 O-13 层，这口井含水率超过 80%，CI-226 井开井时，O-12 层 CI-227 井含水率较低；当 CI-226 井关井

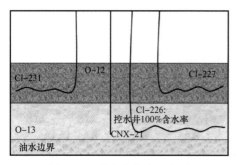

图 3-39 排水井控水示意图

时，CI-227 井含水率上升，CI-226 井作为排水井继续生产，CI-227 井含水率明显降低（图 3-39、图 3-40）。

（2）间歇开井控水

将高含水井关井一段时间，关井期内超重油和地层水会补充进泄压区，待地层压力恢复后再次开井，开始含水率虽然较高，但生产一段时间后含水率会有所降低，同时这种间歇井开井后产油量会进一步提高。以 PetroCedeño 区块 W1 井为例，这口井由于水侵含水率高后关井两年，2004 年启动间歇开井，在开井初期含水率较高，生产一段时间后含水率有所下降，产油量保持较高水平（图 3-41、图 3-42）。

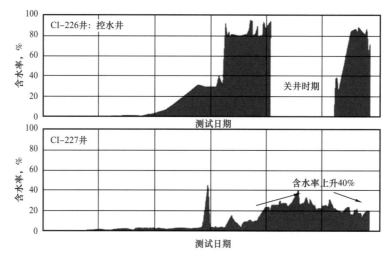

图 3-40 I-20-4 井组含水率曲线

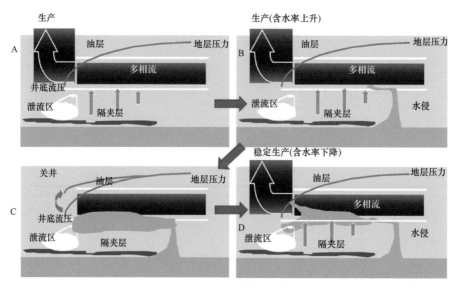

图 3-41 间歇开井控水示意图

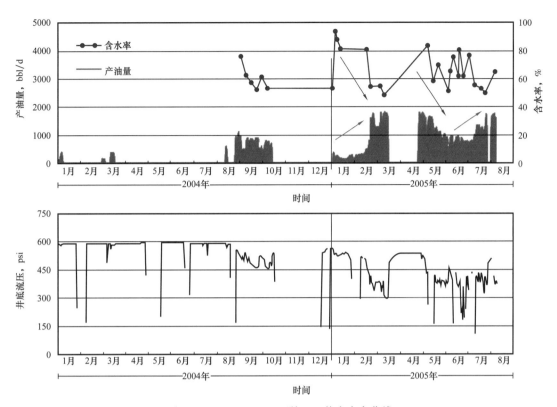

图 3-42 PetroCedeño 区块 W1 井含水率曲线

第四章 超重油泡沫油开采机理

在含有一定溶解气的油藏中，当油藏压力低于泡点压力时，溶解气开始从原油中分离，原油中形成许多微小气泡，这些微小气泡逐渐聚并扩大，最终脱离油相形成单独气相。与常规原油中气泡会立即聚并成为连续气相马上释放出来不同，在重油中黏滞力大于重力和毛细管压力，这些小气泡呈分散状态滞留在原油中，由于重油的油包气环境，分散的小气泡不容易聚合在一起形成单独的气相，而是随原油一起流动，形成所谓的"泡沫油"。"泡沫油"这一术语源于在加拿大重油油田所观察到的井口油样的起泡特性。Sarma 和 Maini 首先应用了这一术语，并定义它为连续油相中存在不连续气相的分散流动。Claridge 和 Prats 称这一术语为"泡沫重油"。一些文献中还应用了其他的一些名字。虽然有些学者对术语"泡沫油"提出了不同的意见，但是它已经被石油工业界所认可，同时这个术语恰好可以将这种特殊的稠油溶解气驱两相流与常规的油气两相流体区别开来。

泡沫油中含有大量的分散微气泡，且能够较长时间地滞留在油相中，显著地增加流体的压缩性，提高弹性驱动能量。具有"泡沫油"驱油作用的超重油油藏，其相对的冷采产量较高，油藏压力下降较慢，采收率较高，其一次采收率最高可以达到12%以上。若没有"泡沫油"作用，该类重油油藏的一次采收率一般小于5%。

利用泡沫油溶解气驱开发重油油藏在委内瑞拉和加拿大已得到了成功的应用。与中国稠油相比，重油带超重油原油组分构成具有独特性，沥青质含量高，是其能够就地形成相对稳定的泡沫油流的重要内因。泡沫油中含有大量的分散气泡，是冷采开发奥里诺科重油带超重油油藏的重要生产机理。

针对超重油上述特殊的流体性质和流动特征，研发了泡沫油驱油物理模拟实验体系，包括非常规 PVT 装置与流程、泡沫油稳定性测定实验装置与流程、泡沫油流变特征测试实验装置与流程等；并通过室内物理模拟等手段研究超重油泡沫油的形成机制、稳定性及其影响因素、非常规 PVT 特征、流变特征、驱替特征，以及影响其驱油效率的主要因素等，对于这类超重油油藏开发方式的选择和开采策略的制定至关重要。

第一节 泡沫油微观形成机制

一、泡沫油基本物理特征参数

泡沫油流作为油包气的分散相，性质与常规泡沫具有一定的相似性，均属于热动力学不稳定体系[1]。但两者仍然存在一些重要的差别，其中一个差别就是气泡在泡沫油中的体积分数比常规泡沫要低很多。由于油包气分散相的形成以及最终油气两相的分离都是动态过程，泡沫油的性质不仅依赖于压力、温度，还依赖于其所处的流动条件以及流动过程。下面对泡沫油的一些重要的物理特征参数进行讨论。

1. 毛细管压力与黏滞力

油藏中的毛细管压力是岩石和流体的表面张力、内部张力、孔隙大小、几何形态以及系统润湿性的共同作用。当两种互不相溶的流体相接触时，两种流体的压力存在非连续性，两种流体压力差称为毛细管压力，用 p_c 来表示。

$$p_c = p_o - p_g = \frac{2\sigma\cos\theta}{r} \tag{4-1}$$

式中　p_o——油相压力，MPa；

　　　p_g——气相压力，MPa；

　　　σ——油气交界面表面张力，mN/m；

　　　θ——交界面与孔壁的接触角，(°)；

　　　r——交界面的曲率半径，m。

多孔介质的黏滞力与压降成正比，即与黏度和流速成正比。对于孔隙喉道中的气泡而言，一旦气泡两端的黏滞力差超过毛细管压力差，气泡将会移动。与常规油藏相比，在泡沫油油藏中黏滞力较高，而且形成的气泡较小，气泡尺寸小于孔隙尺寸，因此受毛细管压力影响较小。黏滞力的作用要大于毛细管压力，因此气泡可以随着油相一起流动，与常规溶解气驱油藏相比，这是一个很重要的不同。

2. 过饱和度

在一定温度和压力下，当溶解气量超过相应的平衡值时，气体在液相体系中处于过饱和状态。在多孔介质中，过饱和度 S 可以定义为，相应于溶解气量的平衡饱和压力与液体系统压力的差值。

$$S = p_e - p \tag{4-2}$$

式中　S——过饱和度，MPa；

　　　p_e——平衡压力，MPa；

　　　p——系统压力，MPa。

多孔介质中的过饱和现象有两个起因：一部分是由毛细管压力引起的，另一部分是由非平衡现象引起的。毛细管压力的作用对过饱和度的影响在低渗透油藏中非常显著。在溶解气驱过程中存在着过饱和现象，但只有过饱和度达到某一临界值时才会出现气泡成核，这一临界值被称为"临界过饱和度"。在气泡成核之后，过饱和现象随时间逐渐减弱，在溶解气驱后期过饱和现象基本消失。过饱和度的大小显然取决于相关体系的特性、操作条件以及衰竭过程。因此，实验中所测得的过饱和度数据经常会在很大范围内变化。压力衰竭速度对过饱和度的影响非常重要。实验室测试已经证实过饱和度随着压力衰竭速度的下降而急剧下降，还有其他因素影响过饱和现象，如岩石及流体的类型。Firoozabadi 等人的数据显示，小孔隙多孔介质中的过饱和度比大孔隙多孔介质的要低。过饱和度也随着毛细管压力的增大而增大，随着界面张力的增大而增大。

3. 压力衰竭速度

在溶解气驱过程中，气泡的生长有利于对油相的驱替，如果气泡相互合并形成连续相，将降低气相对油相的驱替效率。因此，采收率明显依赖于在气相变为连续相之前的气相饱和度。影响这一饱和度的因素有气泡的大小和气泡的个数。过饱和度的大小控制着气泡成核的数量，而压力衰竭速度影响着过饱和度的大小。压力衰竭速度从两个方面对气泡产生影响：一方面，高的压力衰竭速度产生高的过饱和度，高的过饱和度有利于产生更多的气泡；另一方面，压力衰竭速度越大，压力梯度也就越高，这有利于气泡分裂成更小的气泡。因此，压力衰竭速度有利于气相保持分散状态，从而有利于提高原油采收率[2]。

同时，球形气泡通过孔喉需要压力差 Δp，它取决于弯曲液面在互相垂直的两交切面内的曲率半径 r_1 和 r_2，压力差表达式为：

$$\Delta p = 2\sigma\left(\frac{1}{r_1} - \frac{1}{r_2}\right) \quad\quad (4-3)$$

式中 σ——表面张力。

如果实际的压力差小于式（4-3）中的计算值，气泡就会阻塞孔喉。因此，要使气泡在经过逐步的变形和克服流动阻力后通过孔喉，压力梯度必须足够大。只有在压力衰竭速度大的情况下，压力梯度才会高。

4. 临界含气饱和度

临界含气饱和度是溶解气驱的一个重要参数，但是临界含气饱和度在概念上仍然存在分歧。常用的定义是气体达到临界含气饱和度时，其相对渗透率仍然为零。一些研究者基于不同的实验技术和数据分析，定义了不同的临界含气饱和度。Moulu 和 Longeron 定义临界含气饱和度为气体流动发生之前的最大气相饱和度。Li 和 Yortsos 定义临界含气饱和度为气体第一次达到岩心出口端时的含气饱和度。Kamath 和 Boyer 定义临界含气饱和度为当生产气油比从原始溶解气油比开始上升时的气相饱和度。通常可以通过两种不同的方法得到临界含气饱和度：由油田生产数据估算或实验室测量。对于实际油田，可以应用生产数据通过物质平衡法估算临界含气饱和度。通过这种方法估算到的临界含气饱和度反映了整个油藏的动态，但缺点是只有得到原油生产数据后才能进行估算。更常用的方法是用岩心样品在实验室中测量临界含气饱和度。由于不同的研究者应用了不同的临界含气饱和度定义，其数值不同，这取决于实验技术和数据分析方法。临界含气饱和度随着压力衰竭速度的增加而增加，这是因为压力衰竭速度越大，成核气泡就会越多，这导致临界含气饱和度增大。随着过饱和现象的减弱，临界含气饱和度也下降。Abgrall 和 Iffly 表明，当溶解气油比较高时，临界含气饱和度也比较高。气油界面张力的增大导致临界含气饱和度降低。在粒间孔隙度的情况下，当孔隙更规则，当渗透率增加或当隙间水饱和度更高时，临界含气饱和度才会增加。

5. 稳定性

泡沫油体系属于热力学不稳定体系，泡沫油中分散的气泡对其异常的生产特性起着重要作用，气泡的稳定性是泡沫油稳定性的前提。气泡成核、生长、合并和破裂过程均对泡沫油的稳定性有影响，影响泡沫油稳定性的主要因素有原油组成、表面张力、原油黏度、温度、压力以及压力衰竭速度等。大量实验结果证明，当原油黏度增加、溶解气含量增加或压力衰竭速度增大时，泡沫油的稳定性都会增加。Sheng 曾做过研究泡沫油稳定性的实验。其实验过程在一个高压容器中进行，通过观察不同压降条件下泡沫油的稳定性，得到如下结论：泡沫油稳定性受原油黏度、溶解气含量及压力衰竭速度的影响较大；没有观察到沥青质含量对泡沫油的稳定性有显著影响；气泡分散于油中的时间较短，寿命只有数十分钟。但由于该组实验在测量时没有考虑多孔介质的影响，因此其测量的结果不能用于描述多孔介质中泡沫油的稳定性。Dusseault 等人认为，溶解气油比越高，泡沫油的稳定性越好。Bora 等人通过实验发现，沥青组分在一定程度上阻止了气泡的合并，从而有利于泡沫油流的稳定性。温度对泡沫油流的影响主要体现在对原油黏度的改变，温度提高一方面降低了原油的黏度，气相容易形成连续相，从而失去了泡沫油流的特性；另一方面，原油黏度的降低有利于提高原油流动性。由此可见，高采收率不一定发生在最高温度处；相反，最高采收率对应着较低的温度值。

6. 压缩性

含分散气泡原油的压缩性要比单相原油的压缩性大。由于气体压缩性比液体压缩性大很多，一旦有大体积含量的气体析出且分散在油中时，分散体系的压缩性就完全取决于气体。泡沫油压缩系数可以由气相的体积分数及油气两相的压缩系数来计算。这样泡沫油压缩系数的预测就归结为分散气泡体积分数的预测。显然，这一体积含量是从在压力为气泡成核门限压力值时的零到泡沫分散体系完全发展时的某一油藏特定值之间变化。假定分散气泡最终从油中脱离，分散体积含量在达到最大值后会减小。

7. 黏度

泡沫油是拟单相液体的气—液分散流，在模拟流动状态时，其表观黏度是一个重要的参数。由于该分散体系的不稳定性及流动几何形态的影响，在实验室进行测量也同样存在着较大的困难。分散理论表明，分散相黏度应该比连续相黏度高。然而，将这些理论应用到多孔介质中的泡沫油流时仍然存在很多问题。Smith 曾用改进的压力恢复分析方法推导矿场条件下泡沫油的表观黏度仅为室内测试黏度的 1/8 左右，从而认定泡沫油表观黏度低于活油黏度。Claridge 和 Prats 推断原油中存在的沥青质吸附于成核气泡的表面，这一方面使气泡稳定在一个较小的尺寸；另一方面，沥青质从油相中转移到气泡表面降低了油相的黏度，但是这一假设并没有得到实验性的证明。Maini 等人利用 Lloydminster 原油进行的实验认为，泡沫油黏度将增加。Bora 通过旋转黏度计测得泡沫油分散相的黏度要比连续油相的黏度高。因此，关于泡沫油的黏度，学术界还没有一致的认识。对常规溶解气驱而言，采收率会随着原油黏度的上升而下降。而在泡沫油溶解气驱条件下，对于特定的快速生产，原油采收率甚至会随着原油黏度的增加而增大。因此，泡沫油溶解气驱中原油黏度对采收率的影响与常规溶解气驱的不同。

二、多孔介质中泡沫油形成机理

常规溶解气驱与泡沫油溶解气驱的区别见表 4-1。对常规溶解气驱油藏而言，当油藏压力低于泡点压力时，气泡开始在孔隙中形成，一般情况下，气相是非润湿相，在油藏衰竭过程早期，它们分散在油相中，占据着大的孔隙。当达到临界气体饱和度时，气体变成独立气相，气相的流动性远高于油相的流动性，产气速度比产油速度高很多，产气速度高导致油藏压力快速下降。

泡沫油溶解气驱油藏与常规溶解气驱油藏有很多相似的机理，随着油藏压力降到泡点压力以下，原油过饱和，一旦过饱和度超过一个极限值，溶解气以成核气泡的形式从油相中脱出。随着压力进一步下降，这些气泡逐渐生长。生长过程受油相的质量传递和由于压降引起的体积膨胀控制。小气泡可以和油相一起流动，而大气泡会停留在孔喉中。停留的气泡会继续生长，占据几个孔隙体积，气泡的进一步生长和相邻气泡的合并最终导致连续气相的形成，气体开始加速流入生产井。泡沫油油藏开采最重要的机理是泡沫油的膨胀做功。因为泡沫油的高黏度，气体不能迅速地从油相中脱出，而是逐渐膨胀，为驱替原油提供能量。

两种过程都是由原油中溶解气过饱和驱动气泡成核开始的，成核过程被认为发生在孔隙壁的粗糙处，由于毛细管压力阻止气泡生长，有少量气泡脱离孔壁。以上过程，两种成核过程非常相似，不同是正在生长的气泡在长到比孔径大后所发生的过程。对于常规溶解气驱，气泡仍然被束缚并继续生长，从来不会离开它生长的孔隙，它会长到足够大占据了几个孔隙体，然后和其他孔隙中的气泡接触；最后，连续的气相形成并流向生产井。而对于泡沫溶解气驱，气泡在长到一定体积后开始随原油运移；注意，此时并不意味着气泡和原油会有相同的平均隙间速度。气泡体积取决于毛细管束缚力与黏滞动力的相对大小。运移中的气泡继续生长，但倾向于分裂成小气泡，根据剪切成核理论，这可能是由于速度不同而引起的剪切力造成的结果，气泡分裂受到气泡合并效应的反作用。

表4-1 两种溶解气驱对比

常规溶解气驱	泡沫油溶解气驱
压降形成过饱和状态	压降形成过饱和状态
气泡成核发生在孔壁的粗糙空腔中	气泡成核发生在孔壁的粗糙空腔中
一些气泡脱离并开始在孔隙中生长	一些气泡脱离并开始在孔隙中生长
气泡继续在原地生长而不会离开它们生长的孔隙	气泡在生长到一定体积后开始随着原油运移
不同孔隙中的不同气泡在长到足够大时相互接触	运移中的气泡不断地分裂成更小的气泡
气泡合并形成连续气相	大气泡分成小气泡而形成分散流
一旦气体开始作为连续相流动，生产气油比便迅速增加	生产气油比仍然低，直至气液最终分离

泡沫油溶解气驱中气泡的形成包括过饱和状态、气泡成核、气泡生长、气泡合并与气泡分裂5个过程。

1. 过饱和状态

液相过饱和是新的气相形成的必要条件，在油气系统中过饱和是新气泡形成的驱动力。过饱和的程度越高，气泡形成的数目就越多，过饱和度取决于压力衰竭速度。在溶解气驱过程中存在着过饱和现象，但只有过饱和度达到某一临界值时才会出现气泡成核，这一临界值被称为临界过饱和度。

2. 气泡成核

随着系统压力下降，液体达到过饱和状态，液体内部将产生气泡核胚，压力进一步下降，气泡核胚转变为气泡核，进而产生微气泡。

在气泡核出现之前，液体为单相体系。气泡核的出现显示出液体中气体相的存在，含有气泡核的液体为两相流体。为了与宏观意义上的具有气相特征的气泡核区别开来，采用"气泡核胚"的概念来描述具有气相特征的气泡核出现之前的萌芽状态，定义"气泡核胚"

为不具有气相特征的多个气体分子在聚合物分子自由空间中的聚集体，这些气体分子尚不能形成宏观意义上的气相；在气泡核胚出现阶段液体中还没有气相存在，气泡核胚与液体间还不存在气液界面，但气泡核胚的进一步发展即为具有气相特征的初始气泡核，初始气泡核的进一步生长即为可以成为最终气泡的通常意义上的气泡核。

固相颗粒表面以及多孔介质壁面可作为气泡成核的位置，对于水湿模型，水滴位置也可以形成气泡核。

根据经典成核理论，气泡核形成所需的能量取决于表面张力和气泡核的大小，可由式（4-4）计算。

$$W = \frac{1}{3}\pi r_{\mathrm{n}}^2 \sigma = \frac{1}{3}A_{\mathrm{n}}\sigma = \frac{16\pi\sigma^3}{3(p_{\mathrm{n}}-p_{\mathrm{L}})^2} \tag{4-4}$$

式中　r_{n}——气泡核的半径，m；

　　　A_{n}——气泡核的表面积，m^2；

　　　V_{n}——气泡核的体积，m^3；

　　　σ——根据外部液体温度所估算的界面张力，mN/m；

　　　p_{n}——气泡核的压力，MPa；

　　　p_{L}——外部液相的压力，MPa。

多孔介质中，气泡成核速度与过饱和度大小密切相关，可用式（4-5）表示。

$$J = K_{\mathrm{het}}\exp\left[-B/(\Delta p_{\mathrm{s}}^2 f)\right] \tag{4-5}$$

式中　J——气泡成核速度，$\mathrm{m}^{-3}\mathrm{s}^{-1}$；

　　　K_{het}——动力学常数，$\mathrm{m}^{-3}\mathrm{s}^{-1}$；

　　　B——热动力学参数，Pa^2；

　　　f——成核点的润湿性和几何尺寸函数；

　　　Δp_{s}——在某一压力下的过饱和度，Pa。

3. 气泡生长

气泡的生长过程包括两种情况：一是气泡核形成后，在成核位置处逐渐成长为微气泡；二是成核位置处的微气泡在水动力的作用下摆脱毛细管压力的束缚随液相一起流动，随着压力的不断下降，气泡体积不断膨胀（图4-1）。影响孔隙介质中气泡生长的因素包括液体惯性、黏度、表面张力和压力。对于泡沫油油藏，黏滞力对控制气泡生长影响很明显。原油的黏度越大，生长速度可能就越慢。

4. 气泡合并

在气泡形成导致气相出现的过程中的最后阶段是气泡合并。一旦一个气泡形成了，周围液体中的气泡就会向这个气泡扩散。气泡合并过程分为3个步骤：第一步，气泡相互靠近，这种现象发生在快速衰竭实验的气泡运移过程以及慢速衰竭实验的两个相邻气泡变大的过程；第二步，当气泡相互接触时，气泡开始合并，这一过程中两气泡的液膜不断变薄；第三步，当气泡液膜达到临界厚度时，如果水动力没有使气泡摆脱毛细管压力的束缚，那么两相邻气泡的合并就会发生。在快速衰竭实验中，水动力较强，因此发生气泡合并的概率要比慢速衰竭实验中低得多。

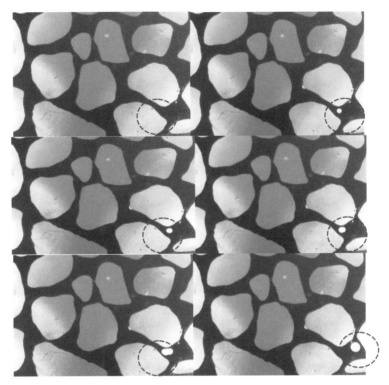

图 4-1　微观实验气泡生长过程

　　气泡合并最终会导致连续气相的形成，当超过了临界含气饱和度时，气体开始流动。通过二维微观实验，观察到泡沫聚并的两种机制：（1）平滑的孔隙内壁使得气泡破碎频率降低，合并频率增大；（2）缓慢流速导致气泡滞留，与后继的气泡合并（图 4-2）。

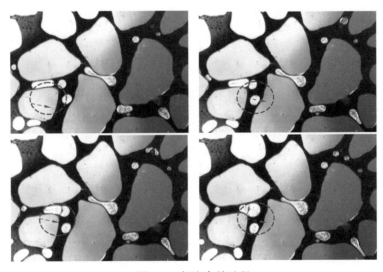

图 4-2　气泡合并过程

　　5. 气泡分裂

　　传统的溶解气驱油藏中，这些微气泡会很快合并为大气泡，形成连续气相，导致气油比迅速升高。而在泡沫油驱动油藏中，气泡的合并速度相对较低，并同时伴随气泡的分裂，可以在一定时间内达到动态平衡，从而保持一种气泡分散流动的状态。气泡破碎受黏滞力和毛细管压力支配。为了使气泡破碎，黏滞力必须克服毛细管压力。当黏滞力大于毛细管压力时，气泡就会破碎。气泡的不断形成和边聚并边破碎的过程决定了气泡的大小及其分布状态。

微观实验中观察到气泡破碎的 4 种机制：（1）细小孔喉毛细管压力产生的捕集截断作用［图 4-3（a）］；（2）大气泡通过粗糙不平的孔隙内表面来不及绕流［图 4-3（b）］；（3）高流速压力脉冲；（4）压差作用产生的流线反转使得部分气泡流动方向与主流线方向产生一定夹角，从而使得两个方向的气泡高速碰撞破碎。

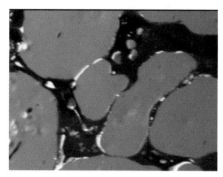 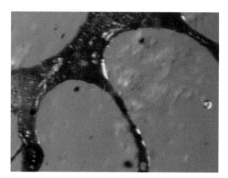

(a) 细小孔喉毛细管压力捕集截断机制　　　　(b) 大气泡通过粗糙孔隙内表面破裂机制

图 4-3　气泡破碎的机制

第二节　泡沫油稳定性的影响因素

能否形成稳定的泡沫油流取决于多种因素。利用高温高压泡沫油可视化稳定性测定装置研究了温度、溶解气油比、压力衰竭速度、多孔介质尺寸对泡沫油稳定性的影响[3]，利用二维微观驱油实验研究了原油黏度对泡沫油稳定性的影响，利用岩心驱替实验研究了渗透率对泡沫油稳定性的影响，并分析了原油组成和孔隙介质复杂程度对泡沫油稳定性的影响。

一、高温高压泡沫油可视化稳定性测试装置与流程

1. 实验设备

高温高压泡沫油可视化稳定性测试装置主要由原油配样器、注入系统、恒温箱、可视化模型本体以及回压控制系统组成，实验流程如图 4-4 所示。注入系统采用 ISCO 泵抽真空吸入法注入，模型本体尺寸 $\phi 46mm \times 1060mm$，内部可充填透明钢化玻璃珠，最高工作压力为 20MPa，最高工作温度 200℃，模型本体竖直放置于恒温箱中，从上到下在模型本体左右两边设置 8 个连续交错排列的高温高压钢化玻璃视窗，模型本体上设置刻度，可适时读取泡沫的高度；回压控制系统由回压阀、JB-3 型手动泵、ZR-2 型缓冲容器、压力表、冷却器等组成，回压阀最高工作压力 25MPa。

2. 实验原理

在一定温度条件下，回压控制在原始油藏压力，将复配的原油注入充满甲烷的高压模

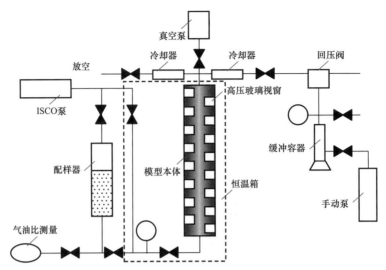

图 4-4　高温高压泡沫油可视化稳定性测试装置

型本体，注入 0.08PV 原油后，关闭注入端，以瞬间压降和线性压降两种方式降低出口回压，建立压差，模型本体内的含气原油由于压力下降将膨胀产生泡沫，泡沫的增多使得泡沫油的液柱开始升高；随着出口压力的不断下降，当压力下降到泡点与拟泡点之间时，由于在此阶段泡沫的生成频率大于破灭频率，因此泡沫越来越多，泡沫油的液柱高度越来越高；当出口压力下降到泡点以后时，泡沫的破灭频率大于生成频率，此时泡沫油液柱的高度逐渐下降，最终回到（或略低于）原始液柱高度。任意时刻泡沫油液柱的高度减去原始液柱高度即为产生的泡沫此刻的高度，泡沫的存在时间为液柱开始上升到最后液柱下降到最初水平的时间。通过改变单因素连续观测不同时刻泡沫的高度，可以量化该因素对泡沫稳定性的影响程度。

3. 实验条件

实验用油样为 MPE3 区块的脱气原油，实验用水为 $NaHCO_3$ 水型，总矿化度为 12500mg/L，HCO_3^- 含量为 2450mg/L，Cl^- 含量 10350mg/L，pH 值为 7.35～7.75，实验用气体为甲烷。

为表征孔隙结构，同时兼顾可视化，利用不同粒径透明钢化玻璃珠填充模型本体，开展孔隙尺寸对泡沫油现象的影响实验，通过玻璃珠由大到小的趋势，来表征储层孔隙由大到小的变化趋势；为分析单因素对"泡沫油现象"的影响，利用不填充玻璃珠的模型本体，开展不同温度、不同压力衰竭速度以及不同溶解气油比的影响规律实验。

4. 实验步骤

实验步骤为：（1）根据油藏压力、温度以及溶解气油比配油，为实现甲烷在超稠油中更均匀分布，配样器旋转的时间在 20d 以上；（2）将模型本体抽真空，恒温箱温度控制在原始油藏温度；（3）从竖直放置的模型本体底部注入甲烷，使得模型本体中充满甲烷，控制回压在油藏压力 8.5MPa；（4）用配制好的地层油从模型本体底部注入，注入体积 0.08PV（初始液面高度为 84.8mm），回压控制在原始油藏压力 8.5MPa；（5）关闭模型本体入口，以一定的压力衰竭速度释放模型本体出口回压，回压最低值不低于该温度条件下的饱和蒸汽压力（参考实际油藏井底流压，本次实验设定回压最低值为 2.0MPa）；（6）利用高温高压视窗连续观测泡沫上升、稳定、下降的全过程，连续记录不同时刻泡沫抬升的液面高度；（7）对实验数据进行理论分析。

二、泡沫油稳定性影响因素分析

1. 温度

在溶解气油比为 19m³/m³、压降方式为瞬间压降（回压从 8.5MPa 直接下降到 2.0MPa）、孔隙介质为未充填玻璃珠的模型本体的实验条件下，分别测试了相同油样在 50.5℃、60℃、70℃、80℃和 90℃下的泡沫油稳定性。泡沫油的起泡高度和稳定时间随温度升高而减小（图 4-5）。这是因为低温、高黏度能有效减小气体分子扩散活性，减缓了微气泡聚并成大气泡的频率，因此脱气时间延长；同时，高黏度原油黏滞力较大，有效降低了起泡后气泡的破灭频率，在气泡的生成频率大于破灭频率条件下，气泡将不断生成，因此低温下起泡高度较高，而随着温度升高原油黏度降低、黏滞力下降，气泡破灭频率大于生成频率，因此形成的气泡破灭成为自由气的速率增加。

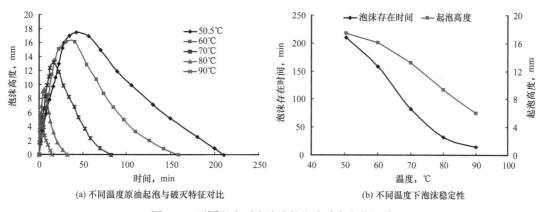

(a) 不同温度原油起泡与破灭特征对比　　(b) 不同温度下泡沫稳定性

图 4-5　不同温度下泡沫油的泡沫动态变化规律

2. 溶解气油比

在实验温度为 50.5℃、压降方式为瞬间压降（回压从 8.5MPa 直接下降到 2.0MPa）、孔隙介质为未充填玻璃珠的模型本体的实验条件下，分别测试了溶解气油比为 19m³/m³、15m³/m³、10m³/m³ 和 5m³/m³ 的泡沫油稳定性。随着溶解气油比降低，泡沫高度与存在时间随之降低（图 4-6），该认识对于该油藏开发的指导意义在于，在泡沫油冷采过程中，可以采取注天然气保压开采，延缓原油中溶解气的脱气时间，稳定溶解气油比，延长泡沫油发挥作用的时间。

3. 压力衰竭速度

在溶解气油比为 19m³/m³、实验温度为 50.5℃、孔隙介质为未充填玻璃珠的模型本体的实验条件下，分别测试了 5 种压降方式：瞬间压降（回压从 8.5MPa 直接下降到 2.0MPa），压力衰竭速度分别以 0.08MPa/min、0.06MPa/min、0.04MPa/min 及 0.02MPa/min 下降到 2MPa。压力衰竭速度越高，泡沫越稳定，这是因为泡沫油的泡沫存在时间取决于气泡的产生与破灭的频率（图 4-7）。而当压力衰竭速度较低时，分子活性能较低，因此气泡产生的频率较低，此时气泡破灭频率相对较高；当压力衰竭速度较高时，则气泡产生的频率高于破灭频率，因此能维持气泡的动态稳定性。该认识对于该油藏开发的指导意义在于，

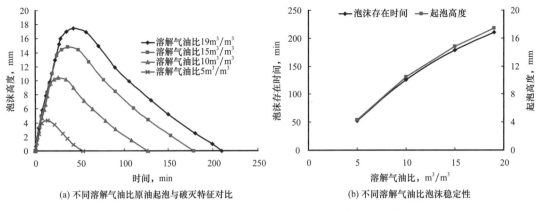

(a) 不同溶解气油比原油起泡与破灭特征对比　　(b) 不同溶解气油比泡沫稳定性

图4-6　不同溶解气油比泡沫油的泡沫动态变化规律

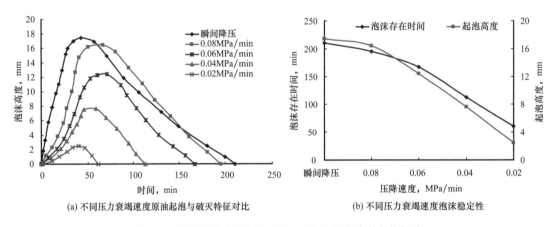

(a) 不同压力衰竭速度原油起泡与破灭特征对比　　(b) 不同压力衰竭速度泡沫稳定性

图4-7　不同压力衰竭速度下泡沫油的泡沫动态变化规律

在泡沫油冷采开发过程中，在避免油藏压力过快下降的前提下，生产井可采取较高的压差生产，使近井地带保持较高的压力衰竭速度，充分发挥泡沫油作用，提高单井产能。

4. 多孔介质尺寸

为了研究油藏孔隙尺寸对泡沫的存在时间和起泡高度的影响，在溶解气油比为19m³/m³、实验温度为50.5℃、瞬间压降等实验条件下，开展了3组实验（向模型本体中充填粒径分别为0.2mm、1mm、10mm的钢化玻璃珠），并对比分析了4种情况下的实验结果（未充填钢化玻璃珠；充填0.2mm粒径钢化玻璃珠；充填1mm粒径钢化玻璃珠；充填10mm粒径钢化玻璃珠）。相比模型本体中没有充填钢化玻璃珠的实验，充填钢化玻璃珠后的模型本体中泡沫高度变化不大，但存在时间明显延长［图4-8（a）］；随着钢化玻璃珠粒径的下降，多孔介质中的孔隙尺寸逐渐减小，泡沫的存在时间越来越长，其稳定性在充填0.2mm钢化玻璃珠的孔隙介质中最好［图4-8（b）］。

5. 渗透率

泡沫油现象通常发生在高渗透重油油藏中，并且生产过程中通常伴随油藏出砂，形成蚯蚓洞，从而进一步提高油藏的渗透性。因此，油藏渗透率是影响泡沫油现象的一个主要参数。

通过一维岩心溶解气驱实验研究了渗透率对泡沫油溶解气驱的影响。

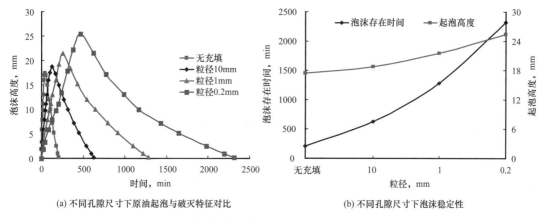

(a) 不同孔隙尺寸下原油起泡与破灭特征对比　　(b) 不同孔隙尺寸下泡沫稳定性

图 4-8　不同孔隙尺寸下泡沫油的泡沫动态变化规律

实验结果表明，随着渗透率的增大，临界含气饱和度升高，原油脱气速度减缓，累计气油比越低，泡沫油的作用时间延长，采收率越高（图 4-9、图 4-10）。这是由两方面造成的，一方面在渗透率高的岩心中原油流动的阻力小；另一方面，在渗透率高的岩心中原油容易被分散的气泡带动，与气泡一起流动，形成泡沫油，从而提高原油采收率。

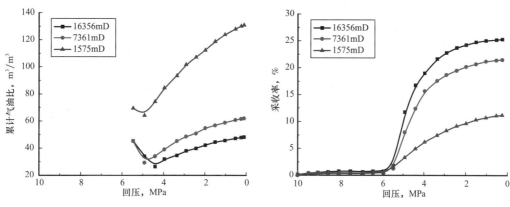

图 4-9　不同渗透率岩心泡沫油溶解气驱累计气　　图 4-10　不同渗透率岩心泡沫油溶解气驱采收
　　　　油比随压力变化关系　　　　　　　　　　　　　　率随压力变化关系

6. 原油黏度

原油黏度是影响泡沫油冷采最终采收率的一个重要因素，通常情况下，原油黏度增加会导致其流动性降低，采收率下降。通过二维微观可视化实验对比超重油泡沫油和轻质油泡沫油的形成和稳定性，分析原油黏度对泡沫形成的影响（表 4-2）。

表 4-2　泡沫油微观实验结果（原油黏度的影响）

序号	实验温度 ℃	原油	压力衰竭速度 kPa/min	气油比 m³/m³	饱和压力 MPa	气泡脱出压力 MPa	气泡开始移动压力 MPa
1	54	超重油	62.6	18.0	6.20	5.71	5.41
2	54	轻质油	62.9	18.0	3.70	3.62	3.58

对比超重油和上述轻质油实验结果（图4-11、图4-12），由于轻质油黏度很小，溶解气流速很快，气体大部分以大气泡窜流的形式流出模型，很难形成气相分散较好的泡沫油。

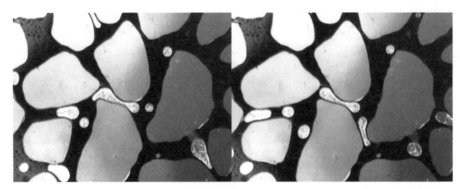

图4-11　超重油溶解气驱实验结果

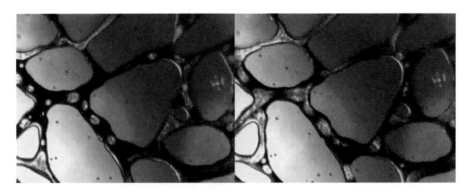

图4-12　轻质油溶解气驱实验结果

这是因为泡沫油是以原油为液膜的泡沫流体，超重油泡沫油之所以能够稳定，不易发生油气分离，主要是由于超重油的黏度比较大。另外，超重油中的胶质、沥青质含量比较高，这些因素都有利于泡沫油液膜的稳定，使得气泡能够很好地分散在原油中，不易产生气泡的合并，从而降低了气相的渗透率，使得气相能够和原油一起流动，而不易发生气相窜流。而轻质油的黏度较低，并且胶质、沥青质含量相对较低，这都会导致泡沫油的不稳定，使得油气分离现象容易发生，气相窜流现象增加，最终形成类似于常规溶解气驱的现象，这都不利于泡沫油的形成。

7. 原油组成

沥青质和胶质对重油成泡性能影响的室内实验研究结果表明，当沥青质含量大于10%（质量分数）时，起泡能力、液膜寿命、界面黏度及弹性模量均显著提高。这一现象可用聚合物成簇机理解释，沥青质在界面吸附和重新排列，导致界面张力降低和弹性模量增大，增加了泡沫稳定性。而胶质的存在，会溶解沥青质，降低沥青质在油气界面的吸附，界面张力降低幅度减小，界面弹性模量增加幅度降低，影响泡沫的稳定性。委内瑞拉超重油沥青质含量高、胶质含量少，这也是该油品更易于形成泡沫油的重要的内在机制之一。

8. 孔隙结构

孔隙结构越复杂，泡沫稳定时间越长。分析原因认为，孔隙结构越复杂，则毛细管压力越大，大气泡在通过时容易分散成微小气泡，形成分散流。当泡沫运移时，会以缩径突变形式产生泡沫。其过程是：当气泡从一个孔隙穿过狭窄的喉道进入另一个孔隙时，随着气泡的扩张，毛细管压力递减，液体产生的压力梯度使流体从周围进入喉道。当毛细管压力降得足够低时，液体便回流而充满喉道，气泡则被液体所断开，形成两个气泡。由此可见，以这种机理形成泡沫，要求毛细管压力较低才行。另外，当毛细管压力很高时，泡沫的液膜会耗散流失和断裂。研究表明，存在一个临界毛细管压力 p_c，在 p_c 的一个微小邻域（$p_c-\varepsilon$，$p_c+\varepsilon$）的两侧，泡沫的性质会发生突变，毛细管压力高于这个邻域，不会形成泡沫，低于该邻域，所形成泡沫的强度会很高。

在实际生产中，较大的井眼直径、高密度射孔及负压射孔等措施可以一定程度上提高泡沫油驱油效果。但是，泡沫油的生产也并非生产压差越大越好，生产压差过大，会造成井底附近地层大量出砂，同时油藏近井地带脱气也会严重，从而影响泵效，降低排液量。

第三节　泡沫油非常规 PVT 特征

泡沫油具有非常规的 PVT 特性，即泡沫油存在泡点压力和拟泡点压力[4]。由于气体分散在油中形成分散体系以及气体最终合并形成单独分离的气相都是动态过程，泡沫油的 PVT 特征不仅与压力、温度因素有关，而且取决于局部的流动条件以及流动过程。为此采用了非稳态测试方法开展泡沫油 PVT 测试，即开展不同压力衰竭速度下（不同平衡时间）的衰竭实验，同时泡沫油的黏度测试采用了毛细管黏度计，以克服旋转黏度计在测试过程中对泡沫油中分散气泡存在状态的破坏。

一、实验设计

1. 实验样品

为模拟地层原油性质，实验测试样品采用 MPE3 区块 CIS-1-0 井地面脱气原油油样与天然气在油藏条件（温度为 53.7℃，压力不低于 8.9MPa）下复配油样。其中，脱气原油密度为 1016kg/m³，油藏温度下脱气原油黏度为 14488mPa·s，原油中饱和烃、芳香烃、胶质和沥青质的含量分别为 22.25%、42.51%、21.73% 和 13.51%；天然气组分与原油溶解气相同，CO_2、N_2、C_1、C_2、C_3 和 C_4 的摩尔分数分别为 10.7%、0.53%、86.69%、0.33%、0.19% 和 1.56%。由表 4-3 可见，复配原油性质与地层原油性质吻合度较高。

表 4-3　委内瑞拉 MPE3 区块原油与复配原油性质对比

原油类别	泡点压力，MPa	溶解气油比	体积系数	黏度，mPa·s	密度，g/cm³
脱气原油	—	—	—	14488	1.016
地层原油	5.68	16.8	1.08	5516	0.957
复配原油	5.64	16.8	1.08	5623.2	0.958

2. 实验方法

对于常规原油，当压力下降到泡点压力以下时，部分溶解气会脱出且迅速聚并而实现油气分离（图 4-13）。泡沫油与常规原油的最大区别就是，在部分溶解气脱出时并不是气泡马上聚并实现油气分离，而是脱出的天然气以微气泡的形式长时间滞留在原油中，随着时间的推移，逐渐聚并且油气分离，这是一个非常漫长的过程。

泡沫油中微气泡聚并速度与时间、原油性质、实验压力以及实验中有无搅拌等因素有关，因此若想测试泡沫油的性质，就不能像常规测试过程中为了加速油气分离而人为搅拌，因为搅拌能够加速气泡聚并迅速实现油气分离。特设置了常规方法和非常规方法进行泡沫油的PVT测试分析与对比（图4-14）。常规方法是进行充分的搅拌，使得气泡聚并且在油气分离后测试；而非常规方法是在不搅拌条件下测试泡沫油的PVT物性。通过两种方法测试得到的PVT物性进行对比分析，从而准确表征泡沫油在不同操作参数条件下的PVT特性。

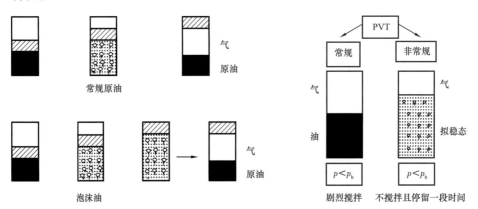

图4-13　常规原油和泡沫油的油气分离特点　　图4-14　常规原油和泡沫油测试方法

3. 实验流程

为满足高温高压油藏条件下超重油相态及活油黏温特性研究需求，自主设计并加工制造了高温高压超重油PVT分析仪（图4-15），主要用于常规稀油、超重油、凝析油和干（湿）天然气以及地层流体物性测定和相态研究。设备的特色在于：（1）样品池耐高温高压；（2）独特的摆动和旋转搅拌机构，使得样品搅拌效率高，确保样品池内原油物性均匀，相平衡较好，提高了分析精度；（3）样品池具有透明可视化窗口，可使泡点测试可视化；（4）系统采用无汞操作，可手动、电动、微型计算机操作主泵，主泵操作与摆动搅拌可同时进行，提高测试效率。主要技术指标：最高实验压力为70MPa，最高实验温度为200℃。

由于泡沫油的形成比较复杂，且超重油溶解气脱出过程缓慢，大气压下泡沫油稳定30min后仍然有游离气脱出。为了在闪蒸过程中较快地实现油气分离并准确计量，设置了PVT泡沫油测试的辅助设备闪蒸分离器。此设备可进行加热和搅拌，这样可以使泡沫油中的溶解气泡沫迅速聚并且实现油气分离，以便于准确计量脱出气量。对于泡沫油黏度测试，由于泡沫油测试属于非常规测试，不能搅拌，因此不能使用实验室常用的落球黏度计。由于球的搅拌能加速脱出气泡的聚并变成游离气，因此必须使用无搅拌功能的毛细管黏度计进行泡沫油黏度测试。

为了研究泡沫油的高压物性特点，设置常规测试和非常规测试两种测试模式进行研究。其中，常规测试是指每个测量点平衡时间1h，同时进行充分搅拌。非常规测试采用了快速衰竭和中速衰竭两种测试方法，快速衰竭是指每个测量点平衡时间2h，不进行搅拌；中速衰竭是指每个测量点平衡时间2d，不进行搅拌。

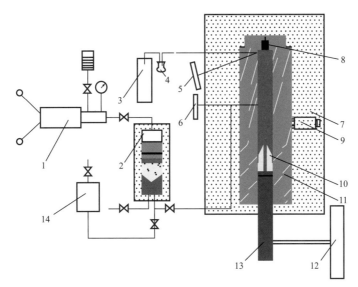

图 4-15　泡沫油 PVT 实验设备流程图

1—高压计量泵；2—配样器；3—气量计；4—分离器；5—排出阀；6—注入阀；7—主釜保温套；8—黑油堵头；
9—压力传感器；10—搅拌器；11—PVT 筒；12—位移传感器；13—活塞；14—高温高压落球黏度计

二、实验结果分析

1. 泡沫油的泡点压力、拟泡点压力

首先提及泡沫油 PVT 实验中的一个重要概念，即拟泡点压力。常规溶解气驱过程中，气体在压力达到泡点以后将迅速聚集、合并，形成连续气相。而在泡沫油快速衰竭实验中，气体的分散流动在达到某一临界压力点时维持了相对较长的一段时间，该临界压力即为拟泡点压力。拟泡点压力可以定义为：在泡沫油流动过程中，微气泡开始大量聚并，产生连续气相的压力点。拟泡点压力是区分泡沫油与普通溶解气驱的一个重要概念。

图 4-16 为泡沫油 PVT 实验中压力—体积特性曲线。由图 4-16 可以看出，常规测试中的泡点压力比非常规测试压力—体积曲线拐点大约高出 1.6MPa。这表明，非常规测试时，溶解气脱出后仍旧分散于油相中，压力继续降低到某一压力时，气泡会逐渐变大并结合形成连续气相，此时压力—体积曲线表现出变化的特点，该点压力即为拟泡点压力。由图 4-16 还可以看出，压力衰竭速度不同，拟泡点压力也不相同，压力衰竭速度越大，拟泡点压力越小。

2. 体积系数

体积系数是影响泡沫油性质的最明显的特性之一，被认为是提高溶解气驱采收率的最主要因素。不同测试方式下原油地层体积系数与压力的关系曲线如图 4-17 所示。无论是常规测试还是不同压力衰竭速度下的非常规测试，当压力在泡点压力以上时，表现出单一相原油地层体积系数的线性增加，这表明原油体积增大，气体仍然溶解在油中。低于泡点压力时，常规测试时原油体积系数减小，非常规测试时体积系数表现出非常复杂的行为，此时体积系数开始增大，表明非常规测试中脱出的溶解气大量存在于原油中，而不是快速聚并形成游离气，因此表现出体积膨胀的特点；当压力低于拟泡点压力时，原油体积系数迅速减小，表明脱析出溶解气开始聚并形成游离气，但仍有一部分

脱出气体以分散相的形式存在于原油中，此时测试出的体积系数大于相同压力条件下常规测试时的体积系数。因此，也可以根据非常规测试中曲线的最高点判断拟泡点压力的大小。

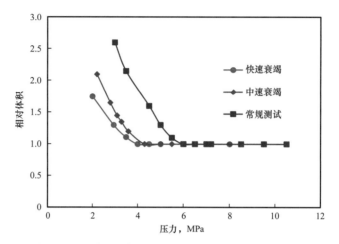

图 4-16   不同压力衰竭速度下相对体积与压力关系曲线

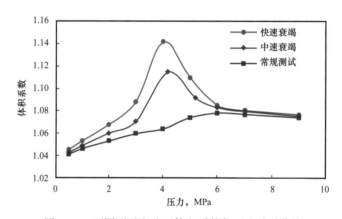

图 4-17   不同测试方法下体积系数与压力关系曲线

3. 溶解气油比

不同测试方法下溶解气油比与压力关系曲线如图 4-18 所示。在泡点压力以上，由于无溶解气脱出，无论是常规测试还是非常规测试，溶解气油比为同一值，在泡点压力以下，常规测试溶解气油比与测量的压力在某种程度上呈线性下降关系；在非常规测试中，由于溶解气油比是在非平衡状态下测定的，快速膨胀使得溶解气没有马上脱出油相而是以分散气泡的形式留在原油中，溶解气油比没有明显降低；当压力降低到拟泡点压力以下时，溶解气油比与压力呈线性下降关系。压力衰竭速度的不同会导致微气泡形成游离气的速度不同，非常规测试中，压力在拟泡点压力和泡点压力之间，中速衰竭测试的溶解气油比低于快速衰竭的溶解气油比，但明显高于常规测试的溶解气油比。

4. 原油密度

原油的密度和地层体积成反比，不同测试方法下的原油密度随压力变化曲线也验证了这一点。在泡点压力以上，泡沫油和非泡沫油的密度变化特点都相同（图 4-19）。在泡点

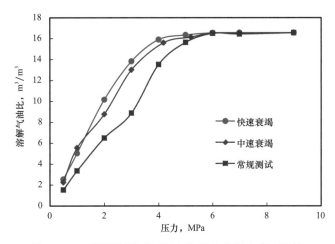

图 4-18　不同测试方法下溶解气油比与压力关系曲线

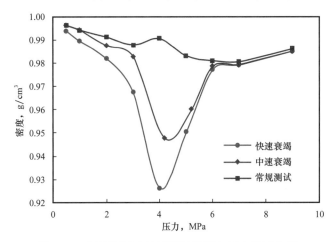

图 4-19　不同测试方法下原油密度与压力关系曲线

压力以下，对于常规测试，密度增加是由于溶解气脱出并迅速成为游离气相。但是，对于泡沫油，由于脱出溶解气以微气泡形式分散在原油中，此时表现为密度下降；当压力降低至拟泡点压力时，原油密度迅速增大，表明脱出溶解气开始聚并形成游离气，但仍有一部分脱出气体以分散相的形式存在于原油中，因此，此时测试出的原油密度小于相同压力条件下常规测试时的原油密度。总之随着压力下降，微气泡的形成对溶解气驱采收率提高起很大作用。

第四节　泡沫油流变特征及影响因素

流变性指物质在外力作用下流动与形变的性质。原油的流变性取决于原油的组成，即取决于原油中溶解气、液体和固体物质的含量以及固体物质的分散程度。对各类流体的流变性研究表明，流变学上各类流体流变性的类型有多个划分标准。按照流体是否符合牛顿内摩擦定律，分为牛顿流体和非牛顿流体。流变性符合牛顿定律的流体称为牛顿流体。牛顿流体是一种与时间无关的纯黏性流体。流变性不符合牛顿定律的流体称为非牛顿流体。

非牛顿流体又包括各种类型，与时间无关和有关的流体、黏弹性流体等。其中，与时间无关的非牛顿流体包括假塑性流体、胀流型流体、宾汉姆流体、屈服—假塑性流体、卡森流体。

超重油胶质、沥青质含量高，其轻馏分含量少，且含硫、氧、氮等元素的化合物和镍、钒等金属含量也较高，因而原油密度大、黏度高、凝点较低，它不仅在常温下黏度大，即使在较高的温度下也具有很高的黏度。

泡沫油在超重油衰竭开采过程中具有独特的流动特征，由于油相中分散气泡的生成和运移，泡沫油的黏度变化非常复杂。R.Bora 采用高压锥板式黏度计测试了不同温度、气泡尺寸、溶解气和沥青含量条件下的泡沫油黏度，研究发现高压下泡沫油黏度与剪切速率无关，低压下泡沫油黏度与剪切速率有关，具有一定的非牛顿流体特性，泡沫油黏度比活油黏度略高。A.B.Alshmakhy 采用剑桥电磁黏度计、毛细管黏度计和细管3种不同设备测量了泡沫油黏度，研究表明，测试设备对泡沫油黏度影响较大，泡沫油视黏度与剪切速率有关。Patrice Abivin 以超重油在管流中流动形成的泡沫油流为研究对象，采用控制应力型流变仪测试了泡沫油的流变性，并通过 X 射线研究了气泡形状对泡沫油流变性的影响，研究表明，剪切速率对泡沫油视黏度有较大影响，在低剪切速率下气泡保持圆球形状，增加了原油的黏度，而在高剪切速率下气泡变为细长形状，使得原油在流动方向上的黏度有所降低。

泡沫油的黏度和流变性是影响开发效果的重要的基本性质，通过研究其流变特性及影响因素，可以掌握其流动规律，采取措施改善原油的流动性，提高原油的采收率，以便经济高效地开采泡沫油超重油。

一、泡沫油流变特征测试流程

1. 实验设备

对石油天然气行业标准 SY/T 6282—1997《稠油油藏流体物性分析方法——原油渗流流变特性测试》进行了改进，得到了测试泡沫油流变性的实验方法。

脱气原油和活油流变性测试实验设备和流程如图 4-20（a）所示，主要包括原油配样系统（由高压计量泵、配样器、天然气气源组成）、注入系统（由平流泵、中间容器组成）、恒温系统、毛细管（长度 1000mm，内径 6mm）、观察装置、回压阀 B、产出液收集

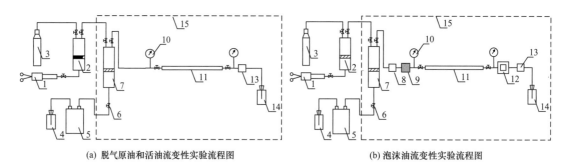

(a) 脱气原油和活油流变性实验流程图　　(b) 泡沫油流变性实验流程图

图 4-20　实验流程图

1—高压计量泵；2—配样器；3—天然气气源；4—蒸馏水；5—平流泵；6—开关；7—中间容器；8—回压阀 A；
9—泡沫油发生器；10—压力表；11—毛细管；12—观察装置；13—回压阀 B；14—产出液收集装置；15—恒温系统

装置。如图 4-20（b）所示，泡沫油流变性测试实验装置在图 4-20（a）的基础上增加了回压阀 A 和泡沫油发生器。回压阀 A 用于控制中间容器内压力，回压阀 B 用于控制毛细管内压力。泡沫油发生器是用 60～80 目的石英砂填制而成，目的是使原油与气体充分混合，从而形成稳定的泡沫油状态。

观察装置由玻璃模型、高倍显微镜、彩色摄像头和计算机组成，用于观测毛细管内是否为稳定的泡沫油流动状态。

2. 实验原理

当流体以恒速通过毛细管时，测定进、出口两端的流量和压差，在忽略滑脱效应和端点效应的前提下，应用 Rabinowitsch 理论，计算剪切应力、剪切速率、流度、渗流速度和压力梯度，以描述该流体的流变行为。

流体在圆管内层流流动时的视黏度为：

$$\mu_e = K\left(\frac{3n+1}{4n}\right)^n\left(\frac{8v}{D}\right)^{n-1} \tag{4-6}$$

或

$$\mu_e = \frac{\Delta p D}{4L}\Big/\left(\frac{8v}{D}\right) \tag{4-7}$$

式中　μ_e——流体在圆管内层流流动时管壁处的表观黏度，Pa·s；

Δp——毛细管两端的压差，Pa；

D——毛细管直径，m；

L——毛细管长度，m；

K——稠度系数；

n——流动特性指数；

v——截面平均流速，m/s。

需要测量的参数包括毛细管的内径和长度，以及不同流速下原油流过毛细管的压降。

3. 实验步骤

根据图 4-20（b）所示实验流程，泡沫油流变性测试实验步骤为：

（1）通过原油配样系统复配 MPE3 区块的活油油样，活油配制参数见表 4-4；

表 4-4　活油配制参数

项目	单位	数值
温度	℃	53.7
泡点压力	MPa	6.0
溶解气油比	m³/m³	16.0
溶解气 CO_2 摩尔分数	%	13.0
溶解气 CH_4 摩尔分数	%	87.0

（2）将恒温系统升温至测试温度，并恒温4h，将复配好的活油注入中间容器，为了使天然气处于饱和溶解状态，调节回压阀A压力大于泡点压力；

（3）调节回压阀B至测试压力（低于泡点压力），设置平流泵流速，活油进入毛细管后，由于压力低于泡点压力，溶解气逐渐脱出，油气经过泡沫油发生器的充分混合，形成稳定的泡沫油状态，从低到高测试不同流速下毛细管两端压差，记录流速、温度、系统压力和压差；

（4）降低回压阀B压力，重复步骤（3），得到不同压力下泡沫油流变性实验数据。

根据图4-20（a）所示实验流程，脱气原油和活油流变性测试实验步骤为：

（1）将恒温系统升温至指定温度，并恒温4h，将脱气原油或活油置于中间容器内。

（2）对于脱气原油流变性实验，调节回压阀B至测试压力；对于活油流变性实验，调节回压阀B至饱和压力。然后设置平流泵流速，从低到高测试不同流速下毛细管两端压差，记录流速、温度、压力和压差。

（3）对于脱气原油流变性实验，降低回压阀B压力，重复步骤（2），得到不同压力下脱气原油流变性实验数据；对于活油流变性实验，配制不同饱和压力下活油，重复步骤（2），得到不同饱和压力下活油流变性实验数据。

将实验温度分别设定为50℃、53.7℃、60℃、70℃、80℃、90℃和100℃，在该地层温度条件下按照以上实验步骤测量不同压力下脱气原油、活油和泡沫油黏度变化规律。

二、泡沫油毛细管流变特征及其影响因素

1. 泡沫油流变特征

在一定的温度和压力下，泡沫油黏度随剪切速率的增大而逐渐降低，表现出明显的剪切变稀特性（图4-21）。这是因为泡沫油的黏度来源于相对移动的分散介质（活油）液层的内摩擦以及分散相（气泡）的碰撞和挤压，并且分散气泡的碰撞和挤压起着重要作用。随着剪切速率的增大，气泡会因变形过大而破裂形成小气泡，使得气泡在分散介质内的分布更为均匀，气泡相互接触的机会减少，碰撞与挤压作用有限，因此泡沫油黏度降低。

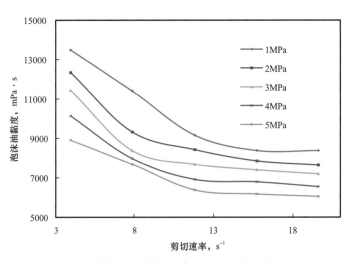

图4-21 不同压力和剪切速率下泡沫油的黏度（50℃）

2. 压力对泡沫油流变性的影响

随着压力变化，泡沫油的泡沫质量随之变化。泡沫质量是指泡沫油体系内气体体积与泡沫油体积之比，其表达式为：

$$\varGamma_i = \frac{(R_{so} - R_{si})p_{atm}}{(R_{so} - R_{si})p_{atm} + p_i} \tag{4-8}$$

式中　$\varGamma_i$——测试压力为 p_i 时的泡沫质量；

　　　R_{so}——原始溶解气油比，m^3/m^3；

　　　R_{si}——测试压力为 p_i 时的溶解气油比，m^3/m^3；

　　　p_{atm}——大气压，MPa；

　　　p_i——测试压力，MPa。

根据油样的 PVT 性质和式（4-8），可以计算得到不同压力下泡沫油的泡沫质量；根据式（4-6），可以计算得到不同压力下泡沫油的流动特性指数。

在压力低于泡点压力情况下，泡沫油黏度随着压力的降低而逐渐升高（图4-22）。由图4-22可见，随着压力逐渐下降，气体在原油中的溶解度逐渐降低，分散介质（活油）的黏度随之升高；泡沫质量逐渐增大，原油中的分散气泡逐渐增多，分散相和分散介质的摩擦和碰撞使得泡沫油黏度升高，这就是随着压力下降泡沫油黏度升高的原因。同时，随着泡沫质量的增大，分散气泡的体积和数目逐渐增多，剪切速率对于气泡的破裂和分散作用更明显，流动特性指数变小，流动特性指数反映了流体的非牛顿流体特性，流动特性指数越小，说明流体的剪切变稀特征越明显，非牛顿流体特性越强。

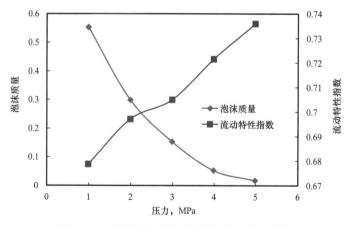

图4-22　不同压力下泡沫质量和流动特性指数

3. 温度对泡沫油流变性的影响

在压力为 4MPa，温度分别为 50℃、53.7℃、60℃、70℃、80℃、90℃和100℃情况下，不同剪切速率条件下泡沫油黏度如图4-23所示，泡沫油流动特性指数及有效黏度表达式见表4-5。在温度为50℃和53.7℃情况下，泡沫油的黏度随着剪切速率的升高而降低，表现出明显的剪切变稀特性。而在温度为60℃情况下，流动特性指数增加，泡沫油的剪切变稀特性减弱，同时泡沫油的黏度较50℃时也有所下降。在温度分别为70℃、80℃、90℃和100℃情况下，流动特性指数逐渐升高，剪切变稀特性越来越不明显。

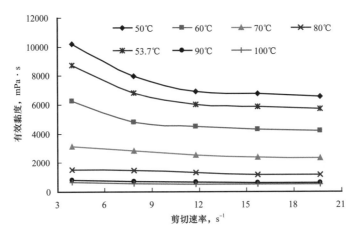

图 4-23　不同温度、剪切速率下泡沫油有效黏度（4MPa）

表 4-5　不同温度下泡沫油流变参数及有效黏度表达式（4MPa）

温度，℃	流动特性指数 n	稠度系数 K	泡沫油有效黏度表达式
50	0.7219	12.18	$\mu_e = 13.016\dot{\gamma}^{-0.278}$
53.7	0.7303	10.45	$\mu_e = 11.146\dot{\gamma}^{-0.270}$
60	0.7534	7.46	$\mu_e = 7.915\dot{\gamma}^{-0.247}$
70	0.8047	3.88	$\mu_e = 4.068\dot{\gamma}^{-0.195}$
80	0.8102	1.96	$\mu_e = 2.052\dot{\gamma}^{-0.190}$
90	0.8132	1.02	$\mu_e = 1.067\dot{\gamma}^{-0.187}$
100	0.8146	0.82	$\mu_e = 0.858\dot{\gamma}^{-0.185}$

4. 脱气原油、活油与泡沫油流变特性对比

1）脱气原油、活油与泡沫油有效黏度对比

50℃时不同压力下脱气原油、活油与泡沫油的有效黏度如图 4-24 所示。由图 4-24 可以看出，脱气原油黏度明显高于泡沫油黏度与活油黏度，并且随着压力的增加而增大。当压力低于泡点压力时，活油黏度随着压力的增大而逐渐降低，当压力高于泡点压力时，活油黏度随着压力的增大而逐渐增大。泡沫油黏度随着压力的增大而逐渐降低，该规律与压力低于泡点压力时，活油黏度随压力变化规律一致。当压力较低时，泡沫油黏度要明显高于活油黏度，随着压力的逐渐增大，泡沫油黏度与活油的相近。

2）脱气原油、活油与泡沫油流变参数对比

不同压力（50℃）和不同温度（4MPa）条件下，脱气原油、活油和泡沫油流动特性指数分别如图 4-25 和图 4-26 所示。由图 4-25 和图 4-26 可以看出，泡沫油的流动指数要明显低于脱气原油和活油的流动指数，也就是说，泡沫油的非牛顿特性更强，随着压力和温度的升高，泡沫油非牛顿特性逐渐减弱。

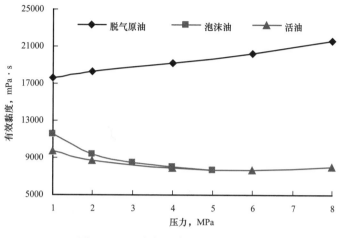

图 4-24　压力与黏度的关系（50℃）

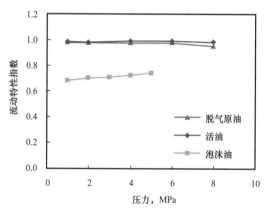

图 4-25　不同压力下流动特性指数对比（50℃）

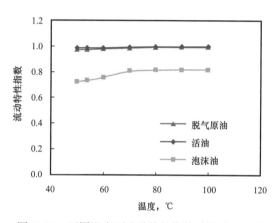

图 4-26　不同温度下流动特性指数对比（4MPa）

第五节　泡沫油驱替特征及影响因素

　　泡沫油溶解气驱开发过程中，随着压力的降低，溶解气逐渐从原油中脱出，并以极小气泡的形式分散在油中。随着压力进一步降低，气泡会逐渐扩大，当含气饱和度达到临界含气饱和度时，气泡聚集成连续相后气体才形成游离气从油相中分离出去。

　　Kumar 等人研究了压力衰竭速度对泡沫油溶解气驱开发效果的影响，认为气体流度随压力衰竭速度增大而降低。F. Javadpour 开展了压力衰竭速度对原油流度和临界含气饱和度的影响实验，表明压力衰竭速度越快，临界含气饱和度越大；同时，气相相对渗透率越小，脱气速度越慢，气液流度比越小，原油流动能力相对更高，开采效果更好[5]。Ostos 等人开展了长岩心泡沫油衰竭开采实验，研究发现毛细管数会影响采收率和临界含气饱和度。Alshmakhy 等人研究了发泡能力对泡沫油溶解气驱的影响，研究表明泡沫的稳定性越强，泡沫油溶解气驱效果也好。Busahmin 等人研究了气油比、饱和压力、压力衰竭速度、生产压差和气体介质对泡沫油溶解气驱开发效果的影响，实验结果表明，在一定的压力衰竭速度下，饱和甲烷的溶解气驱效果要好于饱和二氧化碳溶解气驱效果，同时发现生产压差是影响开发效果的最重要因素。A. Turta 开展了温度对泡沫油形成及稳定性影响的实验，结果表明采收率最高值并非出现在温度最高点或黏度最低点[6]。当温度高于100℃以后，尽管黏度降低，但是泡沫油现象不存在了，衰竭开采的采收率反而降低，70℃左右为高温降黏和泡沫油同时发挥作用的最佳区间。

一、实验流程

1. 泡沫油一维岩心溶解气驱实验流程

泡沫油一维岩心溶解气驱实验装置主要包括双柱塞计量泵、压力变送器、天平、填砂模型管、回压泵、回压阀及压力容器（图4-27）。实验流程包括以下几个步骤：

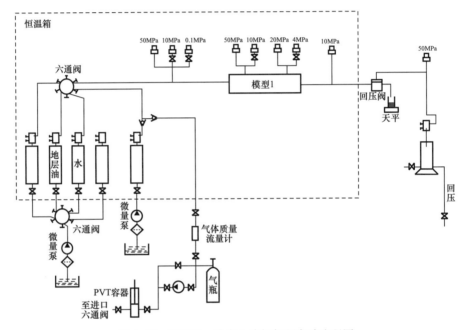

图 4-27　泡沫油一维岩心溶解气驱实验流程图

（1）模拟实际地层条件，用石英砂填制岩心，称取岩心干重；

（2）将填砂岩心模型抽真空4h后，饱和水，称取湿重，计算孔隙度；

（3）将饱和好的填砂岩心模型放置到恒温箱内，恒温4h；

（4）水驱岩心，测填砂岩心的水测渗透率；

（5）按照要求在配样器内配制活油；

（6）岩心饱和活油（回压大于原油饱和压力），计算含油饱和度；

（7）恒温箱温度设置为地层温度，稳定12h，使得原油在岩心中达到平衡状态；

（8）模拟超重油溶解气驱衰竭式开采过程，逐渐降低回压（回压阀用氮气控制压力），记录岩心回压、岩心入口和中检测点的压力、产油量及产气量随时间的变化关系；

（9）处理实验数据，得到超重油溶解气驱过程的压力、产油量和采收率等开采规律。

2. 泡沫油二维微观实验流程

泡沫油二维微观模型主要包括微观仿真光刻玻璃模型（刻蚀范围为40mm×40mm，模型边缘最大尺寸为100mm×85mm，模型注入端和产出端两个孔的距离为91mm）、微观模型夹持器（可视范围直径为68mm）、加热系统、数字显微摄像系统、双柱塞计量泵和计算机成像软件（图4-28）。

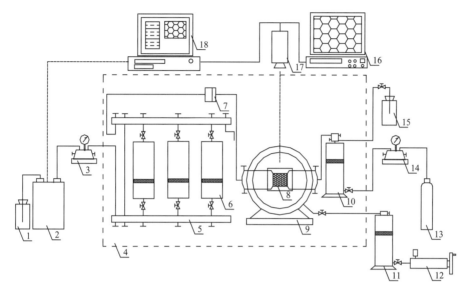

图4-28 泡沫油二维微观实验流程图

1—蒸馏水；2—QUZIX泵；3，14—六通阀；4—恒温系统；5—多通道阀组；6—（模拟油、蒸馏水、清洗液）中间容器；
7—过滤器；8—玻璃模型；9—模型环压系统；10—中间容器；11—中间容器；12—平流泵；13—氮气源；15—排出液；
16—显示、录像系统；17—数字显微摄像系统；18—微型计算机控制系统

泡沫油二维微观实验参数及实验步骤如下：

（1）根据原油饱和压力、地层温度、原始气油比、溶解天然气组分，在PVT桶内配制活油；

（2）将仿真光刻玻璃模型装入夹持器中，加围压，温度设置为地层温度，稳定2h；

（3）将模型抽真空；

（4）将模型饱和水；

（5）将模型饱和活油，设置回压大于原油饱和压力，设定流量；

（6）关闭模型入口阀门，设置回压压力衰竭速度，模拟泡沫油压力衰竭开采过程，用数字显微摄像系统以视频的形式记录下实验过程；

（7）后续视频和图片处理，得到泡沫油压力衰竭开采的相关规律。

二、泡沫油驱替特征

复配MPE3区块活油油样利用一维填砂管驱替实验研究了泡沫油驱替特征。实验结果如图4-29所示。由图4-29可见，泡沫油一次衰竭驱替过程存在两个压力拐点，即泡点压力和拟泡点压力；存在三个驱替阶段，即单相油流阶段、泡沫油流阶段和油气两相流阶段。泡沫油的存在延长了衰竭式开采的时间，提高了冷采采收率。

（1）第一阶段：油藏压力高于泡点压力时的单相油流阶段。该阶段依靠地层弹性能量开采，生产气油比近似于原始溶解气油比，阶段采出程度在2%左右。

（2）第二阶段：油藏压力介于泡点压力和拟泡点压力之间的泡沫油流阶段。由于泡沫油的存在，生产气油比仍然维持在一个较低的水平，该阶段靠气泡膨胀和分散气泡的运移

来推动油的流动，阶段采出程度在11%左右。

（3）第三阶段：油藏压力低于拟泡点压力的油气两相流阶段。分散气泡聚并破裂后形成自由气相，生产气油比大幅度上升，同时由于原油脱气油相黏度也急剧上升，油相渗流能力急剧下降，地层压力快速下降，导致此阶段驱油效率低，大概在2%左右。

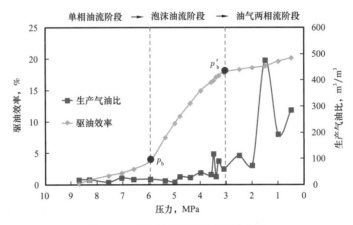

图4-29　泡沫油驱替特征实验曲线

三、压力衰竭速度对泡沫油驱油效果的影响

1. 压力衰竭速度对泡沫油微观渗流特征的影响

利用二维微观模型研究了3种压降速度情况下泡沫油溶解气驱过程中气泡的形成、流动变化等过程。实验结果见表4-6以及图4-30至图4-32。

表4-6　压力衰竭速度对泡沫油形成的影响（二维微观实验）

实验编号	实验温度 ℃	压力衰竭速度 kPa/min	原始溶解气油比 m³/m³	气泡脱出压力 MPa	气泡开始移动压力 MPa
1	54	27.3	18.0	5.82	5.60
2	54	62.6	18.0	5.71	5.41
3	54	86.1	18.0	5.52	5.22

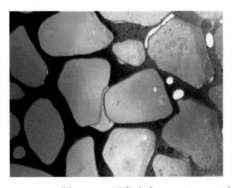
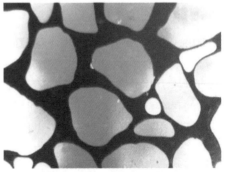

图4-30　压降速为27.3kPa/min时泡沫油中形成的气泡（气泡很少）

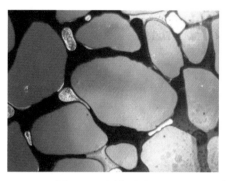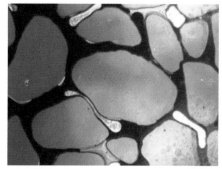

图 4-31　压降速为 62.6kPa/min 时泡沫油中形成的气泡（气泡较少）

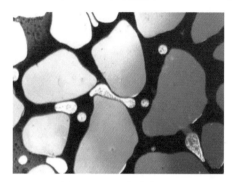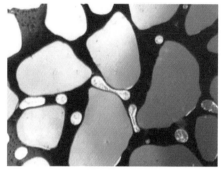

图 4-32　压降速为 86.1kPa/min 时泡沫油中形成的气泡（气泡较多）

实验结果表明，压力衰竭速度越快，开始形成气泡的压力越低，气泡数量越多，气泡开始移动的压力也相应较低，表明压力衰竭速度越快，泡沫油现象越明显。

分析了不同压力衰竭速度下，气泡形成与运移的微观过程。在慢速衰竭实验下，当压力降低到泡点压力下一定程度后，在孔隙壁中间有一个微气泡形成，随着压力的降低，这个气泡在原地生长，逐渐占据多个孔隙空间，在此期间，在其他地方有少量气泡形成，气泡的生长朝出口端优势较明显。在快速衰竭实验下，起初与慢速衰竭实验相同，当压力降低到泡点压力下一定程度后，在孔隙中间有一个微气泡形成，随着压力的降低，这个气泡在原地生长，并占满整个孔隙，随后就与慢速衰竭实验出现了不同，这个气泡不是继续长大占据多个孔隙，而是朝出口方向开始发生运移，运移过程中这个气泡分裂，变成两个气泡，这两个气泡在运移过程中又继续分裂，在此过程中其他地方又有新的气泡产生，并重复以上分裂过程，很快模型中形成大量的分散气泡，它们与原油一起流动，当压力衰竭到一定程度后，气泡运移速度减小并停止，气泡开始长大并合并。

2. 压力衰竭速度对泡沫油驱替特征的影响

采用一维岩心开展了压力衰竭速度分别为 15.3kPa/min、7.6kPa/min、3.1kPa/min 和 2.4kPa/min 条件下泡沫油溶解气驱实验，实验参数见表 4-7。

压力衰竭速度越快，泡沫油现象越明显，表现为气体滞留在原油中，生产气油比较低，相应泡沫油溶解气驱的驱油效率越高（图 4-33、图 4-34）。实际生产中，油井附近压力衰竭速度快，远离井筒的区域压力下降缓慢，因此在井筒附近泡沫油强，在远处泡沫油弱，为了提高泡沫油的生产效果，井距不应该太大，如果太大，距离较远处原油压力衰竭速度慢，容易形成连续流动的气体，不利于发挥泡沫油驱油效应；同时，合理地提高泵转速可以提高压力衰竭速度，激励泡沫油驱油作用，提高泡沫油冷采开发效果。

表 4-7 不同压力衰竭速度条件下泡沫油溶解气驱实验参数

编号	岩心长度 cm	岩心直径 cm	孔隙度 %	渗透率 mD	初始含油饱和度 %	压力衰竭速度 kPa/min	温度 ℃	气油比 m³/m³	驱油效率 %
1	60	2.54	40.5	7249	89.6	15.3	53.7	16.0	24.3
2	60	2.54	41.2	7361	91.3	7.6	53.7	16.0	21.5
3	60	2.54	42.2	7116	90.1	3.1	53.7	16.0	14.5
4	60	2.54	41.8	7416	90.7	2.4	53.7	16.0	12.1

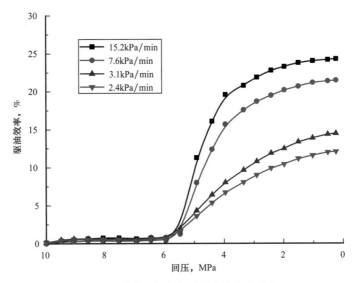

图 4-33 不同压降速度下驱油效率变化曲线

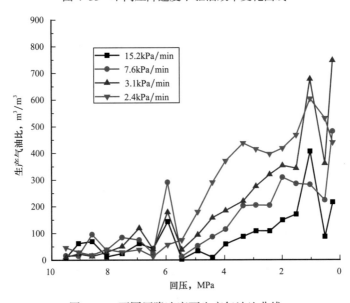

图 4-34 不同压降速度下生产气油比曲线

四、温度对泡沫油驱油效果的影响

1. 温度对泡沫油微观渗流特征的影响

泡沫油溶解气驱在温度为53.7℃、100℃和150℃条件下的微观渗流特征如图4-35、图4-36和图4-37所示。由图4-35和图4-36可以看出，泡沫油溶解气驱在53.7℃和100℃下的微观渗流特征相似，可以分为单相渗流阶段、泡沫油渗流阶段和油气两相渗流阶段。

(a) 6.2MPa　　　　　(b) 4.5MPa　　　　　(c) 1.0MPa

图4-35　不同压力下溶解气驱微观渗流图片（53.7℃）

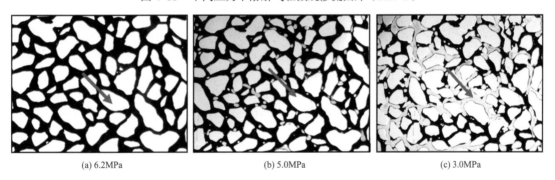

(a) 6.2MPa　　　　　(b) 5.0MPa　　　　　(c) 3.0MPa

图4-36　不同压力下溶解气驱微观渗流图片（100℃）

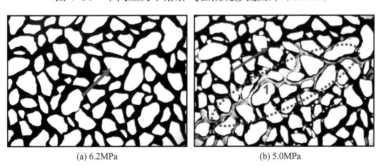

(a) 6.2MPa　　　　　(b) 5.0MPa

图4-37　不同压力下溶解气驱微观渗流图片（150℃）

（1）单相渗流阶段。当压力高于泡点压力时，没有气体从原油中脱出，该阶段为仅有油相流动的单相渗流阶段。

（2）泡沫油渗流阶段。当压力低于泡点压力时，气体逐渐从原油中脱出，并且以小气泡形式分散于原油中，气泡随着原油流动，形成泡沫油渗流状态。随着泡沫体积的增大，在53.7℃和100℃下均观察到了明显的气泡变形、聚并和分裂现象。因此，在泡沫油渗流阶段，气体是以分散相存在于原油中，这会减缓连续气相的形成和气窜的发生。

（3）油气两相渗流阶段。随着压力的进一步降低，更多的溶解气从油相中脱出，同时分散气泡逐渐聚并形成连续相。这是由于当压力较低时，油气界面张力较高，泡沫油体系不稳定，气泡很容易发生聚并，从而导致连续气相发育，最终形成了油气两相渗流状态。

与53.7℃和100℃下泡沫油微观渗流特征不同，150℃条件下的微观渗流不存在泡沫油渗流阶段，如图4-37所示，在150℃下压力低于泡点压力后，气体很快脱出并形成连续气相，没有气泡的聚并和分裂现象，单相渗流阶段后直接进入油气两相渗流阶段，泡沫油特征不明显。这一方面是由于温度越高，原油黏度越低。分散理论表明，连续相的黏度对分散相的聚并、沉降及液膜的排液影响较大，对分散体系的稳定性起着重要作用。原油黏度越低，气体越容易突破油膜而发生聚并，从而降低了泡沫油体系的稳定性。另一方面，油气界面张力随着温度的增大而增加，也就表明温度越高，泡沫油体系越不稳定，气体越容易形成连续气相。

2. 温度对泡沫油驱替特征的影响

在53.7℃、75℃、85℃、100℃、120℃和150℃条件下泡沫油一维衰竭开采实验的驱油效率如图4-38所示。由图4-38可以看出，53.7℃、75℃、85℃、100℃和120℃下泡沫油溶解气驱衰竭开采呈现出明显的"三段式"，即弹性驱阶段、泡沫油流阶段和油气两相流阶段。而150℃条件下没有明显的泡沫油"三段式"驱油特征。同时可见温度为100℃时整个衰竭开采过程的驱油效率最高。

造成这种现象的原因比较复杂，一方面随着温度的上升，界面张力升高，气泡稳定性下降（图4-39），气相流动性增强，泡沫油流阶段在整个衰竭开采阶段的贡献减少。尤其是当温度大于100℃时，泡沫油流阶段的驱油效率明显下降；而当温度低于100℃时，随着温度的上升，泡沫油流阶段的驱油效率会小幅度增加（图4-40），这可能与泡点压力随温度的上升而增加有关。另一方面，温度升高，拟泡点压力随之增加，油相黏度大幅度下降，说明油气两相流的压力区间增加，同时油气流度比降低，从而导致油气两相流阶段的驱油效率有所升高（图4-41）。

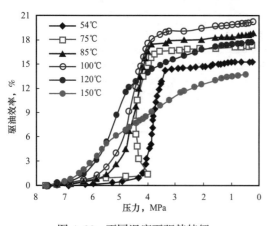

图4-38 不同温度下驱替特征

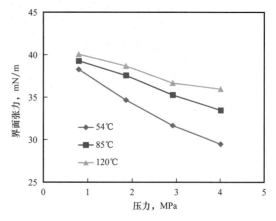

图4-39 不同温度下界面张力与压力的关系

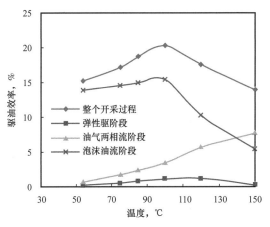

图 4-40　不同温度下各驱油阶段的驱油效率　　图 4-41　温度与泡点压力、拟泡点压力关系

五、溶解气油比对泡沫油驱油效果的影响

1. 溶解气油比对泡沫油微观渗流特征的影响

在温度为 53.7℃，溶解气油比分别为 5.0m³/m³、16.0m³/m³ 和 26m³/m³ 条件下，压力区间在泡点压力和拟泡点压力之间（泡沫油流阶段）的微观图片和渗流特征参数见图 4-42 和表 4-8。从图 4-42 中可以看出，随着溶解气油比的增加，泡沫油中的气泡数量逐渐增加，气泡的移动速度也迅速增加。

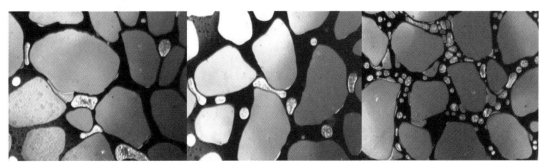

(a) 5.0m³/m³(1.5MPa)　　　　　　(b) 16.0m³/m³(3.0MPa)　　　　　　(c) 26.0m³/m³(4.0MPa)

图 4-42　不同溶解气油比情况下泡沫油微观渗流特征

表 4-8　溶解气油比对微观渗流特征的影响

实验编号	气油比，m³/m³	压力衰竭速度，kPa/min	气泡移动速度，μm/s
6	5.0	20.0	0.11
7	16.0	20.0	0.51
8	26.0	20.0	4.21

2. 溶解气油比对驱替特征的影响

不同溶解气油比条件下泡沫油一维衰竭实验驱油效率如图 4-43 所示，从衰竭开采过程可见明显的"三段式"驱油特征。随着溶解气油比的增加，衰竭实验的驱油效率随之升高。

不同溶解气油比下衰竭实验的拟泡点
压力、泡点压力和驱油效率如图4-44和图
4-45所示。可以发现，驱油效率随着溶解气
油比的减小而明显降低，泡点压力和拟泡点
压力的差值随着溶解气油比的降低而减小，
泡沫油的作用区间在减小。上述现象主要可
以从驱替能量和原油黏度两方面考虑：一方
面，泡沫油溶解气驱的驱动能量主要是溶解
气的弹性能量，溶解气油比的降低使得溶解
气驱过程中释放的弹性能减小，导致膨胀出
油减少；另一方面，泡沫油的黏度与溶解气

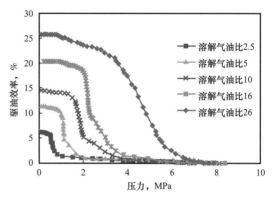

图4-43　不同溶解气油比下泡沫油驱替特征

量有较大关系，溶解气越多，黏度越小，因而溶解气油比的降低使得原油黏度增大，驱油
效率降低。

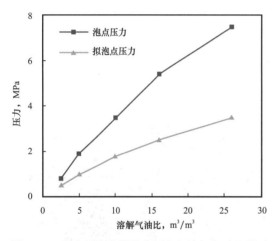

图4-44　泡点压力和拟泡点压力与溶解气油比关系

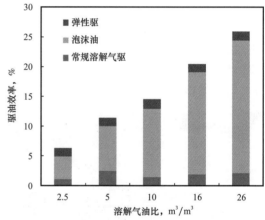

图4-45　驱油效率与溶解气油比的关系

第六节　泡沫油油气相对渗透率特征及影响因素

　　杨立民、秦积舜通过泡沫油油气相对渗透率实验发现泡沫油油气相对渗透率具有独特
性，即气相相对渗透率值很低，以油相渗流为主，存在较大的临界含气饱和度[7]。Pooladi
等人认为泡沫油低气相相对渗透率有利于提高泡沫油冷采开发效果。Tang、Busahmin、
Kumar、李松岩等通过实验研究认为压力衰竭速度、含水饱和度、溶解气油比、原油黏度
以及温度等是油气相对渗透率特征的影响因素[8-10]。通过复配MPE3区块的活油油样，开
展了泡沫油油气相对渗透率测试及其影响因素研究。

一、泡沫油一次衰竭油气相对渗透率测试方法

　　常规油气相对渗透率通常是利用气体驱替原油的非稳态法测定。对于常规溶解气驱，
当油藏压力降低到泡点压力以下时，溶解气从油相中快速脱出成为连续气相，气驱油的非

稳态法适用于测定油气相对渗透率。对于泡沫油衰竭开采，溶解气从油相中脱出后并没有立刻形成连续气相，而是以分散气泡的形式存在于油相中，生产特征表现为产油量高、生产气油比低和压降速度慢等非常规泡沫油溶解气驱的特点。为真实地模拟泡沫油衰竭开采过程中油气两相的渗流规律，采用一维长岩心填砂模型测试泡沫油油气相对渗透率。

1. 实验步骤

（1）根据原油饱和压力（6.0MPa）、地层温度（53.7℃）、原始气油比（16m³/m³）、溶解天然气组分（C1 87%，CO_2 13%），在PVT桶内配制活油。

（2）模拟实际地层条件，用石英砂填制岩心，称取岩心干重。

（3）将填砂岩心模型抽真空2h后，饱和水，称取湿重，计算孔隙度。

（4）将饱和好的填砂岩心模型放置到恒温箱内，恒温4h。

（5）水驱岩心，测填砂岩心的水测渗透率。

（6）岩心饱和活油，设置回压大于原油饱和压力，计算含油饱和度。

（7）岩心初始压力为8.6MPa，恒温箱温度设置为所测温度，稳定12h，使得原油在岩心中达到平衡状态。

（8）模拟超重油溶解气驱衰竭式开采过程，逐渐降低回压（回压阀用氮气控制压力），记录岩心回压、岩心入口和沿程测压点的压力、产油量及产气量随时间的变化关系。

（9）配制含不同溶解气油比（26m³/m³、10m³/m³、5m³/m³、2.5m³/m³）的活油，在测试温度为53.7℃条件下，重复实验步骤（2）至（8）；在溶解气油比为16m³/m³条件下，重复实验步骤（2）至（8），测试温度分别为53.7℃、75℃、85℃、100℃、120℃和150℃。

（10）处理实验数据，得到不同温度（溶解气油比为16m³/m³时，温度分别为53.7℃、75℃、85℃、100℃、120℃和150℃）和不同溶解气油比（温度为53.7℃时，溶解气油比分别为26m³/m³、16m³/m³、10m³/m³、5m³/m³和2.5m³/m³）条件下泡沫油溶解气驱驱油效率、驱替特征和相对渗透率特征等。

2. 泡沫油油气相对渗透率计算模型

基于泡沫油一维长岩心衰竭开采过程物理模拟，Tang建立了计算泡沫油油气相对渗透率的模型，Tang公式有如下假设：

（1）在一定压力衰竭速度下，填砂管的沿程压差是恒定的，因此认为油气的流动为拟稳态。

（2）填砂管沿程的含气饱和度和含油饱和度是均匀的。

（3）泡沫油的流动是一维的。

Tang计算泡沫油油气相对渗透率公式为：

$$\begin{cases} K_{ro} = \dfrac{\mu_o q_o L}{2KA(\Delta p)} \\ K_{rg} = \dfrac{\mu_g q_g L}{2KA(\Delta p)} \end{cases} \tag{4-9}$$

式中　K——绝对渗透率，mD；

K_{ro}——油相相对渗透率；

K_{rg}——气相相对渗透率；

μ_o——油相黏度，mPa·s；

μ_g——气相黏度，mPa·s；

q_o——产油速度，mL/s；

q_g——产气速度，cm³/s；

L——填砂管长度，cm；

A——填砂管截面积，cm²；

Δp——压差，MPa。

3. 临界含气饱和度的确定

泡沫油溶解气驱衰竭开采过程中，当压力下降到泡点压力以下后，溶解气在油相中脱出以分散微气泡的形式与油一起流动，这些分散气泡随着压力的下降逐渐增多，尺寸逐渐变大，含气饱和度随之增加，但是由于没有形成连续气相，此时的生产气油比近似于原始溶解气油比，当气泡尺寸达到一定程度后会聚并在一起成为连续气相，在多孔介质中形成油气两相流。由于气相的流度远远大于油相，气体会突破油相导致生产气油比快速升高。在此，将泡沫油溶解气驱过程中生产气油比超过原始溶解气油比时的含气饱和度值定义为临界含气饱和度（图4-46）。

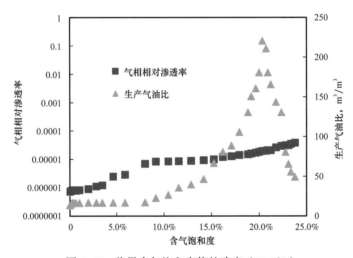

图4-46 临界含气饱和度值的确定（53.7℃）

二、泡沫油油气相对渗透率特征

油藏温度下（53.7℃）泡沫油油气相对渗透率如图4-47所示，泡沫油的油气相对渗透率关系显示出其独特性，含气饱和度低；气相相对渗透率值很低；气相相对渗透率值比油相相对渗透率低2～3个数量级，油气两相相对渗透率曲线没有交点，在测试结束点，气相相对渗透率值会迅速增大。泡沫油油气相对渗透率曲线可以分为以下4个阶段：

（1）地层压力高于泡点压力阶段。模型中没有气相存在，为单纯油相的弹性渗流，油相相对渗透率接近1，气相相对渗透率为0。

（2）地层压力低于泡点压力的初期阶段。气体开始从油中脱出并以微小气泡的形式分散在油中。微小气泡产生的贾敏效应使得油相渗透率降低，因为气体分散在油中没有单独流动，气相渗透率仍然为0，此阶段模型中的气体饱和度很低。

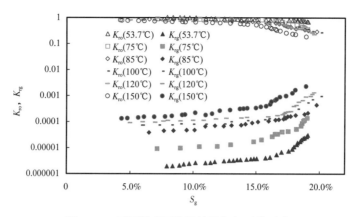

图 4-47　不同温度下泡沫油油气相对渗透率

（3）地层压力低于泡点压力的扩展阶段。随着地层压力缓慢降低，气泡体积缓慢增加，气泡移动过程发生气泡聚集、破灭、再生成，含气饱和度逐渐升高，直至达到临界含气饱和度后，少量的连续气相开始形成，此时气相渗透率值极低，介于 $10^{-5} \sim 10^{-3}$ 之间。随着地层压力进一步降低，气泡开始大量聚并破裂并逐步形成气体通道，气相渗透率开始缓慢增加，油相渗透率持续缓慢降低。这样的过程一直持续到岩心压力接近拟泡点压力。

（4）地层压力低于拟泡点压力阶段。随着地层压力进一步降低，气泡聚并破裂速率加快，快速聚合的气泡形成连续、相对稳定的气体通道，溶解气携带少量的油到达模型出口，气相渗透率迅速增长，油相对渗透率透率继续降低。

三、影响因素

1. 温度

对不同温度下衰竭开采生产实验数据进行数学处理，得到不同温度下泡沫油油气相对渗透率规律（图 4-47）。泡沫油的油气相对渗透率关系显示出独特性，含气饱和度低；气相相对渗透率值很低；气相相对渗透率值比油相相对渗透率低 2～3 个数量级，油气两相曲线没有交点，在测试结束点，气相相对渗透率值会迅速增大。随着温度的升高，油相相对渗透率变化不大，气相相对渗透率逐渐升高，53.7℃、75℃、85℃、100℃、120℃和150℃条件下的临界含气饱和度分别为 8%、7.2%、6.5%、5.9%、5.0% 和 4.2%，即随着温度的升高，临界含气饱和度随之上升。这是因为随着温度的升高，原油和溶解气的界面张力增加，整个体系会向着总表面能最低的方向变化，这会使得气泡不稳定，气泡的聚并速率增加，同时由于温度升高油相黏度降低，气体在油相中更容易流动，因此温度升高，气相相对渗透率上升，临界含气饱和度下降。

2. 溶解气油比

溶解气油比分别为 $2.5m^3/m^3$、$5m^3/m^3$、$10m^3/m^3$、$16m^3/m^3$ 和 $26m^3/m^3$ 条件下泡沫油一维岩心衰竭开采实验油气相对渗透率如图 4-48 所示。随着溶解气油比的增加，油相相对渗透率没有明显的变化，一定含气饱和度下，气相相对渗透率随着溶解气油比的增加而上升，但是仍然比油相相对渗透率低几个数量级。同时，溶解气油比为 $2.5m^3/m^3$、$5m^3/m^3$、$10m^3/m^3$、$16m^3/m^3$ 和 $26m^3/m^3$ 条件下的临界含气饱和度分别为 2.2%、3.0%、4.6%、6.0%

和8.0%，可以看出，随着溶解气油比的增加，临界含气饱和度相应升高。

溶解气油比上升，泡点压力随之升高，因为油气界面张力随着压力的升高而降低（图4-48），所以气泡可以在更高的压力下成核，同时低油气界面张力可以增强气泡的稳定性，从而临界含气饱和度随着溶解气油比的增加而上升。

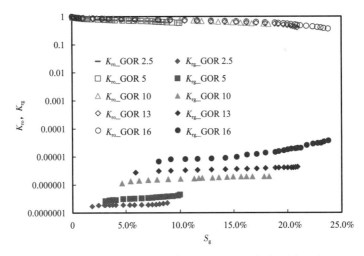

图4-48　不同溶解气油比条件下泡沫油油气相对渗透率

参 考 文 献

［1］李兆敏. 泡沫流体在油气开采中的应用［M］. 北京：石油工业出版社，2010.

［2］Maini B B..Effect of Depletion Rate on Performance of Solution Gas Drive in Heavy Oil System［C］. SPE81114，2003.

［3］吴永彬，李晓玲，赵欣，等. 泡沫油稳定性主控因素实验研究［J］. 现代地质，212，26（1）：184-190.

［4］Douglas J R.，Belkis Fernandez，Gonzalo Rojas. Thermodynamic Characterization of a PVT of Foamy Oil［C］. SPE 69724，2001.

［5］Javadpour F，Maini B B，Jeje A. Bubble Break-up in Foamy Oil Flow［C］. CIM 2002-214，2002.

［6］Turta A，Maini B B，Jackson C. Mobility of Gas-in-Oil Dispersions in Enhanced Solution Gas Drive（Foamy Oil）Exploitation of Heavy Oil Reservoirs［C］. CIM 2001-149，2001.

［7］杨立民，秦积舜，陈兴隆. Orinoco泡沫油的油气相对渗透率测试方法［J］. 中国石油大学学报（自然科学版），2008，32（4）：68-72.

［8］Tang G，Firoozabadi A. Effect of GOR，Temperature，and Initial Water Saturation on Solution Gas Drive in Heavy-Oil Reservoirs［C］. SPE 71499，2001.

［9］Goodarzi，N N，Kantzas A. Observations of Heavy Oil Primary Production Mechanisms from Long Core Depletion Experiments［J］. Journal of Canadian Petroleum Technology，2008，47（4）：46-54.

［10］Turta A，Fisher D B，Goldman J，et al. Experimental Investigation of Gas Release and Pressure Response in Foamy-Oil Depletion Tests［C］. CIM 2002-186，2002.

第五章　超重油油藏水平井冷采特征评价方法

泡沫油冷采本质上是非常规溶解气驱，与常规溶解气驱相比，具有特殊性。基于泡沫油冷采机理，建立其冷采特征评价方法，包括物质守恒方程、产能方程、数值模拟处理方法以及流入动态关系，为这类油藏一次衰竭开采潜力评价和开发设计提供手段。

第一节　泡沫油非常规溶解气驱物质平衡方程

溶解气驱的主要驱动能量是岩石和流体的弹性能量。对于常规溶解气驱，当地层压力降到饱和压力以下时，原来呈溶解状态的气体便从原油中分离出来，并随着压力的降低，气体不断膨胀和分离，成为驱油的主要能量。常规溶解气驱具有油藏压力下降急剧、生产气油比上升快、原油采收率低的特点。由于泡沫油效应的存在，泡沫油超重油油藏表现出不同于常规溶解气驱油藏的开发特征，在此引入滞留气模型建立泡沫油非常规溶解气驱物质平衡方程研究泡沫油超重油油藏的开发特征[1]。

一、常规溶解气驱物质平衡方程

在油田开发过程中，如果不采取人工注水等方法保持地层压力，又没有充分的边水和底水供给，在开发初期地层压力将很快下降。驱动油流的主要能量将是岩石和流体的弹性能量。但当地层压力降到饱和压力以下时，原来呈溶解状态的气体便从原油中分离出来，并随着压力的降低，气体不断膨胀和分离，成为驱油的主要能量。岩石及其中的束缚水的弹性能量将不断下降到次要地位，这时的油藏为溶解气驱油藏。在开采过程中，地下流体体积的膨胀量等于油产量。

常规溶解气驱油藏物质平衡方程按体积平衡进行计算，在原始状况下，油藏内所含流体体积之和等于开发过程中任一时刻油藏内所含流体体积之和。油藏无边水或底水，又无原生气顶，且原始地层压力等于饱和压力时，该类油藏的开采主要是依靠地层压力下降所引起的孔隙流体弹性膨胀作用，将原油从地层驱替到井底。

溶解气驱物质平衡方程公式为：

$$N = \frac{N_p \left[B_o + \left(R_p - R_s \right) B_g \right]}{B_o - B_{oi} + \left(R_{si} - R_s \right) B_g} \tag{5-1}$$

式中　N_p——累计采油量，m^3；

　　　N——原油地质储量，m^3；

　　　B_o——压力为 p 时地层油体积系数；

　　　B_{oi}——原始条件下地层油体积系数；

　　　B_g——压力为 p 时气体体积系数；

R_s——压力为 p 时溶解气油比，m^3/m^3；

R_p——平均累计生产气油比，m^3/m^3；

R_{si}——原始溶解气油比，m^3/m^3。

式（5-1）中右端包含生产数据 N_p、R_p 及实验数据（PVT）资料，左端是地质数据，它们相互之间通过物质平衡方程联系在一起。

二、泡沫油非常规溶解气驱物质平衡方程的建立

1. 滞留气模型

泡沫油物性受原油中气泡含量的影响，为了研究泡沫油的物性参数，首先需要研究泡沫油中气泡的含量。

1）基本假设

（1）油藏压力高于泡点压力时为单相流，低于泡点压力、高于拟泡点压力时为拟单相流，低于拟泡点压力时为油气两相流；

（2）油藏压力低于泡点压力时，油相中脱出的溶解气全部或部分以气泡的形式存在于原油中，称为滞留气，气泡以相同的速度随原油一起流动，性质与相同温度和压力下的连续气体性质相同，满足真实气体状态方程；

（3）忽略气泡的动态结核和聚并过程，气泡浓度仅仅取决于温度和压力；

（4）泡沫油中的气泡压力与原油压力相等；

（5）流动处于稳定流动状态，忽略毛细管压力和重力作用；

（6）泡沫油包括含气原油和夹带气两种组分，体积等于含气原油体积和夹带气体积之。

2）模型建立

对于常规原油，当油藏压力低于泡点压力时，由于溶解度降低，溶解在原油中的溶解气会脱出，称为脱出气。

定义 ϕ_g 为地层条件下脱出气占脱出气和原油总体积的体积分数，则：

$$\phi_g = \frac{V_g}{V_g + V_{lo}} \tag{5-2}$$

式中　V_g——地层条件下脱出气体积，m^3；

V_{lo}——地层条件下原油体积，m^3。

实验研究发现平衡状态下天然气在常规原油中的溶解气油比与压力呈线性关系，因此常规原油的溶解气油比可以表示为：

$$R_s = \lambda(p - p_{sc}) \tag{5-3}$$

式中　R_s——某一压力下的溶解气油比，m^3/m^3；

p_{sc}——标准大气压，0.1MPa；

λ——气油比随压力的变化系数，$m^3/(m^3 \cdot MPa)$；

p——某一地层压力，MPa。

当油藏压力为泡点压力时，有：

$$R_{sb} = \lambda\left(p_b - p_{sc}\right) \tag{5-4}$$

由式（5-3）和式（5-4）可以得到：

$$R_s = \frac{p - p_{sc}}{p_b - p_{sc}} R_{sb} \tag{5-5}$$

由真实气体状态方程 $pV=ZnRT$，得到地层条件下体积为 V_g 的气体在标准状况下的体积为：

$$V_{sc} = \frac{V_g}{Z} \times \frac{p}{p_{sc}} \times \frac{T_{sc}}{T} \tag{5-6}$$

式中　V_{sc}——气体为标准状况下的体积，m^3；

$\quad\quad T_{sc}$——标准状况下温度，20 ℃ ；

$\quad\quad T$——油藏温度，℃ ；

$\quad\quad Z$——气体压缩因子。

当油藏压力为 p 时，由气体质量守恒定律得到：

$$V_{do}R_s + \frac{V_g}{Z} \times \frac{p}{p_{sc}} \times \frac{T_{sc}}{T} = V_{do}R_{sb} \tag{5-7}$$

式中　V_{do}——脱气原油的体积，m^3。

将式（5-5）代入式（5-7）得：

$$V_{do}\frac{p - p_{sc}}{p_b - p_{sc}}R_{sb} + \frac{V_g}{Z} \times \frac{p}{p_{sc}} \times \frac{T_{sc}}{T} = V_{do}R_{sb} \tag{5-8}$$

整理式（5-8）可得：

$$V_g = ZR_{sb}\frac{p_{sc}}{p} \times \frac{T}{T_{sc}} \times \frac{p_b - p}{p_b - p_{sc}}V_{do} \tag{5-9}$$

当油藏压力为 p 时，地层条件下含气原油体积为：

$$V_{lo} = V_{do}B_{lo} \tag{5-10}$$

式中　V_{lo}——地层条件下含气原油体积，m^3；

$\quad\quad B_{lo}$——含气原油体积系数。

由式（5-2）、式（5-9）和式（5-10）可得任一油藏压力下脱出气体积分数为：

$$\phi_g = \frac{V_g}{V_g + V_{lo}} = \frac{\dfrac{p_b - p}{p_b - p_{sc}}}{\dfrac{B_{lo}}{ZR_{sb}} \times \dfrac{T_{sc}}{T} \times \dfrac{p}{p_{sc}} + \dfrac{p_b - p}{p_b - p_{sc}}} \tag{5-11}$$

在泡沫油油藏中，有一部分脱出气不能脱出形成自由气，而是以气泡的形式留在原油中成为滞留气随原油流动，定义 f_g 为滞留气占泡沫油的体积分数，则有：

$$f_g = \frac{V_{eg}}{V_{eg} + V_{lo}} \quad (5-12)$$

式中 V_{eg}——地层条件下滞留气的体积，m^3。

当油藏压力低于泡点压力、高于拟泡点压力时，脱出的气体全部滞留在原油中，因此 $f_g = \phi_g$。当油藏压力低于拟泡点压力时，脱出的气体部分滞留在原油中，部分成为自由气，假设当油藏压力从泡点压力降到拟泡点压力时，含气原油脱出的气体在拟泡点压力下的体积为 V_{pb}，则由物质守恒可得：

$$V_{pb} = \frac{Z_{pb}T}{T_{sc}} \times \frac{p_{sc}}{p_{pb}} \times \frac{p_b - p_{pb}}{p_b - p_{sc}} R_{sb} V_{do} \quad (5-13)$$

式中 Z_{pb}——泡点压力时气体压缩因子。

当油藏压力低于拟泡点压力时，滞留气体积占 V_{pb} 的比例为 α_g，设 α_g 与压力呈指数关系，则：

$$\alpha_g(p) = \alpha_g^{sc} e^{\frac{-\ln \alpha_g^{sc}}{p_{pb} - p_{sc}}(p - p_{sc})} \quad (5-14)$$

式中 α_g^{sc}——标准状况下滞留气体积占 V_{pb} 的比例，由实验数据拟合得到。

则有：

$$f_g = \frac{V_{eg}}{V_{eg} + V_{lo}} = \frac{V_{pb}\alpha_g}{V_{pb}\alpha_g + V_{lo}} \quad (5-15)$$

将式（5-2）、式（5-9）和式（5-13）代入式（5-15），整理可以得到当压力低于拟泡点压力时滞留气占泡沫油的体积分数：

$$f_g = \frac{V_{eg}}{V_{eg} + V_{lo}} = \frac{\alpha_g \phi_g p Z_{pb}(p_b - p_{pb})}{(1 - \phi_g)(p_b - p) Z p_{pb} + \alpha_g \phi_g p Z_{pb}(p_b - p_{pb})} \quad (5-16)$$

2. 原油物性模型

在得到滞留气模型的基础上，考虑滞留气对原油物性的影响，通过对常规原油物性进行修正可以获得泡沫油的物性模型。

1）溶解气油比

原油溶解气油比为单位体积地面原油在地层温度和地层压力条件下所溶解的天然气在标准状态下的体积，一般可以在实验室或地面分离器中进行脱气后计算得到。对于泡沫油而言，地层条件下，原油中含有溶解气和滞留气，为了考虑滞留气对溶解气油比的影响，泡沫油的溶解气油比应该为单位体积地面原油在地层温度和地层压力下含有的溶解气和滞留气在标准状态下的体积。

泡沫油含有的滞留气在标准状态下的体积为：

$$V_{egsc} = \alpha_g \frac{Z_{pb}}{Z} \times \frac{p}{p_{pb}} \times \frac{p_b - p_{pb}}{p_b - p_{sc}} R_{sb} \quad (5-17)$$

式中 V_{egsc}——泡沫油中含有的滞留气在标准状况下的体积，m^3。

因此，泡沫油的气油比可以表示为：

$$R_{fo} = R_s + \alpha_g \frac{Z_{pb}}{Z} \times \frac{p}{p_{pb}} \times \frac{p_b - p_{pb}}{p_b - p_{sc}} R_{sb}$$ （5–18）

2）原油体积系数

原油体积系数是原油在地层温度和地层压力下的体积（含气原油体积）与其在地面条件下的体积（脱气原油体积）之比，其计算公式为：

$$B_{fo} = \frac{V_{of}}{V_{os}}$$ （5–19）

式中　V_{of}——泡沫油在地层条件下的体积，m^3；

V_{os}——泡沫油在标准状态下的体积，m^3。

3）原油压缩系数

原油压缩系数是原油在地层温度下的体积随压力变化的变化率，其计算公式为：

$$C_{fo} = -\frac{1}{V_{of}}\left(\frac{dV_{of}}{dp}\right)$$ （5–20）

由式（5–19）和式（5–20）可以得到当油藏压力高于泡点压力时，泡沫油体积系数为：

$$B_{fo} = B_{ob}e^{\int_{p_b}^{p} -C_{fo}dp}$$ （5–21）

式中　B_{ob}——泡沫油在泡点压力下的体积系数；

C_{fo}——泡沫油的压缩系数。

当压力高于泡点压力时，由于原油中没有滞留气存在，泡沫油压缩系数等于常规原油压缩系数，R.Kumar 和 T.Ahmed 通过实验研究得出了计算常规原油压缩系数的经验公式：

$$C_{fo} = \frac{-1433 + 28.09R_{sb} + 17.2(1.8T - 460) - 1180\gamma_g + 12.61\left(\frac{141.5}{\gamma_o} - 131.5\right)}{10^5 p}$$ （5–22）

其中，$\gamma_{gs} = \gamma_g\left[1 + 5.912 \times 10^{-5} \times \left(\frac{141.5}{\gamma_o} - 131.5\right)(1.8T_{sc} - 460)\lg\left(\frac{145p_{sc}}{114.7}\right)\right]$。

当压力低于泡点压力时，由物质守恒可得：

$$B_{fo} = \frac{62.4\gamma_{fo} + 0.0764R_{fo}\gamma_g}{62.4\rho_{fo}}$$ （5–23）

式中　ρ_{fo}——地层条件下泡沫油密度，g/cm^3；

γ_{fo}——泡沫油相对密度；

γ_g——气体相对密度。

4）泡沫油密度

泡沫油中包括含气原油和滞留气两种组分，由物质守恒可以得到泡沫油的相对密度为：

$$\gamma_{fo} = \frac{\rho_{los}(1-f_{gs}) + \rho_{gs}f_{gs}}{\rho_w} = \gamma_{lo}(1-f_{gs}) + \frac{\rho_{gs}f_{gs}}{\rho_w} \qquad (5-24)$$

式中　ρ_w——大气压下 15.6℃时水的密度，大约为 0.99 g/cm³；

　　　ρ_{gs}——大气压下 15.6℃时脱出气的密度，g/cm³；

　　　ρ_{los}——含气原油在标准状况下的密度，g/cm³；

　　　f_{gs}——大气压下的滞留气体积分数；

　　　γ_{lo}——含气原油相对密度。

泡沫油的密度可以由含气原油和滞留气两种组分的密度混合得到：

$$\rho_{fo} = \rho_{lo}(1-f_g) + \rho_g f_g \qquad (5-25)$$

R. Kumar 和 T. Ahmed 通过实验回归得出了一定温度和压力下含气原油密度的经验公式：

$$\rho_{lo} = \frac{62.4\gamma_o + 0.0764R_s\gamma_g}{60.6528 + 0.009172\left[5.6180R_s\left(\dfrac{\gamma_g}{\gamma_o}\right)^{0.5} + 1.25(1.8T-460)\right]^{1.175}} \qquad (5-26)$$

由真实气体状态方程可以得到一定温度和压力下气体的密度为：

$$\rho_g = \frac{pM}{1000ZRT_g} \qquad (5-27)$$

式中　R——通用气体常数，R=0.008314MPa·m³/（kmol·K）；

　　　p——气体的绝对压力，MPa；

　　　T_g——天然气的热力学温度，K；

　　　M——天然气的摩尔质量，kg/kmol。

3. 泡沫油物质平衡方程

由于滞留气的存在，泡沫油重油油藏的开发特征与常规溶解气驱油藏不同，因此需要研究泡沫油重油油藏的开发特征。

泡沫油重油油藏的开发分为油藏压力高于泡点压力、油藏压力在泡点压力和拟泡点压力之间和油藏压力低于泡点压力三个阶段。三个阶段原油的流动形态不同，因此需要分别考虑。

（1）当油藏压力高于泡点压力时，流动为单相流动，主要依靠原油的弹性能开采。当油藏压力由原始地层压力降到压力 p_1 时，原油体积 V_{fo1} 可以由式（5-20）进行积分得到。

$$V_{fo1} = V_{foi}e^{\int_p^{P_i}C_{fo}dp} \qquad (5-28)$$

式中　V_{foi}——原始油藏压力下的原油体积，m³；

　　　p_i——原始油藏压力，MPa。

因此累计产油量为：

$$N_{\mathrm{p1}} = \frac{\Delta V_{\mathrm{fo}}}{B_{\mathrm{fo}}} = \frac{V_{\mathrm{fo1}} - V_{\mathrm{foi}}}{B_{\mathrm{fo}}} = N B_{\mathrm{foi}} \frac{\mathrm{e}^{\int_{p}^{p_i} C_{\mathrm{fo}} \mathrm{d}p} - 1}{B_{\mathrm{fo}}} \qquad (5\text{-}29)$$

式中 N——原始地质储量，m^3；

$\quad\quad B_{\mathrm{foi}}$——原始地层压力下的原油体积系数。

（2）当油藏压力大于拟泡点压力、小于泡点压力时，流动变为拟单相流动，仍可以用式（5-29）来计算累计产油量。但是由于 C_{fo} 在压力高于泡点压力时的计算方法与压力在泡点压力和拟泡点压力之间时的计算方法不同，因此需要将式（5-29）重新整理，得到式（5-30）。

$$N_{\mathrm{p2}} = N B_{\mathrm{oi}} \frac{\mathrm{e}^{(\int_{p}^{p_i} C_{\mathrm{fo}} \mathrm{d}p + \int_{p_b}^{p_i} C_{\mathrm{fo}} \mathrm{d}p)} - 1}{B_{\mathrm{fo}}} \qquad (5\text{-}30)$$

当压力高于泡点压力时，C_{fo} 可以由式（5-22）计算得到。

当压力在泡点压力和拟泡点压力之间时，C_{fo} 由式（5-31）计算得到：

$$C_{\mathrm{fo}} = -\frac{1}{V_{\mathrm{fo}}} \frac{\partial V_{\mathrm{fo}}}{\partial p} = -\frac{1}{\frac{m_{\mathrm{fo}}}{\rho_{\mathrm{fo}}}} \frac{\partial \dfrac{m_{\mathrm{fo}}}{\rho_{\mathrm{fo}}}}{\partial p} = \frac{1}{\rho_{\mathrm{fo}}} \frac{\partial p_{\mathrm{fo}}}{\partial p} \qquad (5\text{-}31)$$

由式（5-25）得：

$$\begin{aligned}
\frac{\partial \rho_{\mathrm{fo}}}{\partial p} &= \frac{\partial \left[\rho_{\mathrm{lo}}(1 - f_{\mathrm{g}}) + \rho_{\mathrm{g}} f_{\mathrm{g}} \right]}{\partial p} \\
&= (1 - f_{\mathrm{g}}) \frac{\partial \rho_{\mathrm{lo}}}{\partial p} + f_{\mathrm{g}} \frac{\partial \rho_{\mathrm{g}}}{\partial p} + (\rho_{\mathrm{g}} - \rho_{\mathrm{lo}}) \frac{\partial f_{\mathrm{g}}}{\partial p}
\end{aligned} \qquad (5\text{-}32)$$

当压力在拟泡点压力和泡点压力之间时，$f_{\mathrm{g}} = \phi_{\mathrm{g}}$。

因此，$\dfrac{\partial \rho_{\mathrm{fo}}}{\partial p} = \dfrac{\partial \left[\rho_{\mathrm{lo}}(1 - f_{\mathrm{g}}) + \rho_{\mathrm{g}} f_{\mathrm{g}} \right]}{\partial p} = (1 - \phi_{\mathrm{g}}) \dfrac{\partial \rho_{\mathrm{lo}}}{\partial p} + \phi_{\mathrm{g}} \dfrac{\partial \rho_{\mathrm{g}}}{\partial p} + (\rho_{\mathrm{g}} - \rho_{\mathrm{lo}}) \dfrac{\partial \phi_{\mathrm{g}}}{\partial p}$。

由式（5-26）得：

$$\frac{\partial \rho_{\mathrm{lo}}}{\partial p} = \frac{0.0764 \times (60.6528 + 0.009172 a^{1.175}) \gamma_{\mathrm{g}} \dfrac{\partial R_{\mathrm{s}}}{\partial p} - 0.0605 b a^{0.175} \left(\dfrac{\gamma_{\mathrm{g}}}{\gamma_{\mathrm{o}}} \right)^{0.5} \dfrac{\partial R_{\mathrm{s}}}{\partial p}}{(60.6528 + 0.009172 a^{1.175})^2}$$

$$(5\text{-}33)$$

其中：

$$\begin{aligned}
a &= 5.6180 R_{\mathrm{s}} \left(\frac{\gamma_{\mathrm{g}}}{\gamma_{\mathrm{o}}} \right)^{0.5} + 1.25(1.8T - 460) \\
b &= 62.4 \gamma_{\mathrm{o}} + 0.0764 R_{\mathrm{s}} \gamma_{\mathrm{g}}
\end{aligned} \qquad (5\text{-}34)$$

由式（5-11）得：

$$\frac{\partial \phi_{\mathrm{g}}}{\partial p} = \partial \left(\frac{\dfrac{p_{\mathrm{b}} - p}{p}}{\dfrac{B_{\mathrm{lo}}}{ZR_{\mathrm{sb}}} \times \dfrac{T_{\mathrm{sc}}}{T} \times \dfrac{p_{\mathrm{b}} - p_{\mathrm{sc}}}{p_{\mathrm{sc}}} + \dfrac{p_{\mathrm{b}} - p}{p}} \right) / \partial p$$

$$= \frac{-\dfrac{p_{\mathrm{b}}}{p^2}\left(\dfrac{B_{\mathrm{lo}}}{ZR_{\mathrm{sb}}} \times \dfrac{T_{\mathrm{sc}}}{T} \times \dfrac{p_{\mathrm{b}} - p_{\mathrm{sc}}}{p_{\mathrm{sc}}} + \dfrac{p_{\mathrm{b}} - p}{p} \right) - \dfrac{p_{\mathrm{b}} - p}{p}\left(\dfrac{T_{\mathrm{sc}}}{T} \times \dfrac{p_{\mathrm{b}} - p_{\mathrm{sc}}}{R_{\mathrm{sb}} p_{\mathrm{sc}}} \times \dfrac{Z\dfrac{\partial B_{\mathrm{lo}}}{\partial p} - B_{\mathrm{lo}}\dfrac{\partial Z}{\partial p}}{Z^2} - \dfrac{p_{\mathrm{b}}}{p^2} \right)}{\left(\dfrac{B_{\mathrm{lo}}}{ZR_{\mathrm{sb}}} \times \dfrac{T_{\mathrm{sc}}}{T} \times \dfrac{p_{\mathrm{b}} - p_{\mathrm{sc}}}{p_{\mathrm{sc}}} + \dfrac{p_{\mathrm{b}} - p}{p} \right)^2}$$

$$（5-35）$$

令 $m = \dfrac{B_{\mathrm{lo}}}{ZR_{\mathrm{sb}}} \times \dfrac{T_{\mathrm{sc}}}{T} \times \dfrac{p_{\mathrm{b}} - p_{\mathrm{sc}}}{p_{\mathrm{sc}}}$, $n = \dfrac{p_{\mathrm{b}} - p}{p}$ 。

则式（5-35）可以变为：

$$\frac{\partial \phi_{\mathrm{g}}}{\partial p} = \frac{-\dfrac{p_{\mathrm{b}}}{p^2}(m+n) - n\left(\dfrac{mR_{\mathrm{sb}}}{B_{\mathrm{lo}}} \times \dfrac{Z\dfrac{\partial B_{\mathrm{lo}}}{\partial p} - B_{\mathrm{lo}}\dfrac{\partial Z}{\partial p}}{Z} - \dfrac{p_{\mathrm{b}}}{p^2} \right)}{(m+n)^2}$$

$$（5-36）$$

对于含气原油，由物质守恒得：

$$B_{\mathrm{lo}} = \frac{62.4\gamma_{\mathrm{lo}} + 0.0764 R_{\mathrm{lo}}\gamma_{\mathrm{g}}}{62.4\rho_{\mathrm{lo}}}$$

$$（5-37）$$

所以有：

$$\frac{\partial B_{\mathrm{lo}}}{\partial p} = \frac{0.0764\gamma_{\mathrm{g}}\rho_{\mathrm{lo}}\dfrac{\partial R_{\mathrm{s}}}{\partial p} - b\dfrac{\partial \rho_{\mathrm{lo}}}{\partial p}}{62.4\rho_{\mathrm{lo}}{}^2}$$

$$（5-38）$$

将式（5-24）代入式（5-37）得：

$$\frac{\partial B_{\mathrm{lo}}}{\partial p} = \frac{0.0764\gamma_{\mathrm{g}}\rho_{\mathrm{lo}}\dfrac{\partial R_{\mathrm{s}}}{\partial p} - \dfrac{0.0764 \times (60.6528 + 0.009172a^{1.175})\gamma_{\mathrm{g}}\rho_{\mathrm{lo}}\dfrac{\partial R_{\mathrm{s}}}{\partial p} - 0.0605\rho_{\mathrm{lo}}ba^{0.175}\left(\dfrac{\gamma_{\mathrm{g}}}{\gamma_{\mathrm{o}}}\right)^{0.5}\dfrac{\partial R_{\mathrm{s}}}{\partial p}}{60.6528 + 0.009172a^{1.175}}}{62.4\rho_{\mathrm{lo}}{}^2}$$

$$= \frac{0.0605ba^{0.175}\left(\dfrac{\gamma_{\mathrm{g}}}{\gamma_{\mathrm{o}}}\right)^{0.5}\dfrac{\partial R_{\mathrm{s}}}{\partial p}}{62.4\rho_{\mathrm{lo}}(60.6528 + 0.009172a^{1.175})} = 0.00096955a^{0.175}\left(\dfrac{\gamma_{\mathrm{g}}}{\gamma_{\mathrm{o}}}\right)^{0.5}\dfrac{\partial R_{\mathrm{s}}}{\partial p}$$

$$= 0.00096955\lambda a^{0.175}\left(\dfrac{\gamma_{\mathrm{g}}}{\gamma_{\mathrm{o}}}\right)^{0.5}$$

$$（5-39）$$

由真实气体状态方程可以得到：

$$\frac{\partial \rho_{\mathrm{g}}}{\partial p} = \frac{M}{1000ZRT} \tag{5-40}$$

（3）当油藏压力低于拟泡点压力时，流动变为气液两相流，物质平衡方程变为：

$$N_{\mathrm{p3}}R_{\mathrm{p}} = \frac{N_{\mathrm{pb}}(B_{\mathrm{t}} - B_{\mathrm{tpb}}) - N_{\mathrm{p3}}(B_{\mathrm{t}} - R_{\mathrm{spb}}B_{\mathrm{g}})}{B_{\mathrm{g}}} \tag{5-41}$$

式中　N_{p3}——两相流阶段的累计产油量，m^3；

$\qquad R_{\mathrm{p}}$——两相流阶段累计生产气油比，$\mathrm{m}^3/\mathrm{m}^3$；

$\qquad N_{\mathrm{pb}}$——油藏在拟泡点压力时的地质储量，m^3；

$\qquad B_{\mathrm{tpb}}$——拟泡点压力下两相体积系数；

$\qquad B_{\mathrm{t}}$——某一压力下两相体积系数；

$\qquad R_{\mathrm{spb}}$——拟泡点压力时的溶解气油比，$\mathrm{m}^3/\mathrm{m}^3$；

$\qquad B_{\mathrm{g}}$——某一压力下气体体积系数。

某一压力下的瞬时生产气油比为：

$$R = R_{\mathrm{s}} + \frac{K_{\mathrm{rg}}\mu_{\mathrm{o}}B_{\mathrm{o}}}{K_{\mathrm{ro}}\mu_{\mathrm{g}}B_{\mathrm{g}}} \tag{5-42}$$

式中　R——某一压力下的瞬时生产气油比，$\mathrm{m}^3/\mathrm{m}^3$；

$\qquad R_{\mathrm{s}}$——某一压力下的溶解气油比，$\mathrm{m}^3/\mathrm{m}^3$。

某一压力下的含油饱和度为：

$$S_{\mathrm{o}} = \frac{N_{\mathrm{pb}} - N_{\mathrm{p3}}}{N_{\mathrm{pb}}}(1 - S_{\mathrm{wc}})\frac{B_{\mathrm{o}}}{B_{\mathrm{opb}}} \tag{5-43}$$

式中　S_{o}——某一压力下的含油饱和度；

$\qquad B_{\mathrm{opb}}$——拟泡点压力下的原油体积系数。

两相流阶段累计产油量的预测步骤如下：

（1）设油藏压力降到 p_{a}，此时油藏累计产油量为 N_{a}，由式（5-41）可以计算出累计产气量 G_{a}。

（2）由式（5-43）计算出压力为 p_{a} 时的含油饱和度，由相对渗透率曲线计算出 $K_{\mathrm{rg}}/K_{\mathrm{ro}}$，从而由式（5-42）计算出瞬时气油比 R_{a}。

（3）油藏压力由 p_{pb} 降到 p_{a} 的累计产气量可以近似表示为：

$$G_1 = \frac{R_{\mathrm{spb}} + R_{\mathrm{a}}}{2}N_{\mathrm{a}} \tag{5-44}$$

$$\frac{R_{\mathrm{spb}} + R_{\mathrm{a}}}{2} = R_{\mathrm{pa}} \tag{5-45}$$

（4）比较 G_{a} 和 G_1，如果两者相等，则说明所设的 N_{a} 值合适；如果不相等，则重设一个 N_{a}，直到两式计算的产气量相等。

（5）选定第二个油藏压力 p_b，此时油藏累计产油量为 N_b，由压力 p_a 到压力 p_b 的阶段总产气量为：

$$G_b = N_b R_{pb} - N_a R_{pa}$$
$$= \frac{N_{pb}(B_t - B_{tpb}) - N_b(B_t - R_{spb}B_g)}{B_g} - N_a R_{pa} \quad （5-46）$$

（6）由式（5-43）计算出压力为 p_b 时的含油饱和度，由相对渗透率曲线计算出 K_{rg}/K_{ro}，从而由式（5-42）计算出瞬时气油比 R_b。

（7）油藏压力由 p_a 降到 p_b 的累计产气量可以近似表示为：

$$G_2 = \frac{R_a + R_b}{2}(N_b - N_a) \quad （5-47）$$

$$\frac{R_a + R_b}{2} = R_{pb} \quad （5-48）$$

（8）如果 G_2 和 G_b 相等，则说明所设 N_b 正确；否则重设 N_b，直到 G_2 等于 G_b。

（9）重复上述步骤直至达到油田废弃压力，可以计算出两相流阶段的产油量，加上单相流和拟单相流阶段的产油量可以计算出总产油量，从而求得油藏的采收率。

第二节　泡沫油冷采数值模拟方法

如前所述，泡沫油是重油油藏在一次开采过程中发生的分散气—液两相流动现象，泡沫油的驱油过程即为泡沫的动态形成、生长、聚并与破碎的过程。泡沫油渗流存在较高的临界含气饱和度，通常在气体饱和度低于 10%～15% 时，气相相对渗透率非常低，几乎没有流动性。同时，泡沫油存在拟泡点压力，泡点压力至拟泡点压力之间油相体积系数显著增大。

常规溶解气驱用黑油模型模拟即可。黑油模型设定油藏烃类只含有油、气两个组分，油组分是指将地层原油在地面标准状况下经分离后所残存的液体，而气组分是指全部分离出来的天然气。在油藏状况下，油、气两种组分可能形成油、气两相，油组分完全存在于油相中，气组分则可以自由气的形式存在于气相内，也可以溶解气的形式存在于油相中，这取决于油气的 PVT 性质和油藏压力水平。黑油模型同时设定油藏中的气体溶解与溢出是瞬间完成的，即认为油藏中油、气两相瞬时地达到相平衡状态。对黑油模型而言，关键的流体参数包括油的体积系数、黏度和溶解气油比随压力的变化以及气体的体积系数和黏度随压力的变化等。

泡沫油油藏的数值模拟仍以常规溶解气驱模型为基础。但由于泡沫油驱油机理与常规溶解气驱不同，因此在数值模拟中，必须对某些参数做特殊考虑，如原油泡点压力、油相体积系数、油相黏度和气体流度等，泡沫油数值模拟处理方法应考虑以下几点：

（1）泡沫油常规 PVT 测试与非常规 PVT 测试结果差别很大，特别是泡点压力。一般情况下，非常规 PVT 分析得到的泡点压力值较小，称为拟泡点压力，在数值模拟中需考虑拟泡点压力。

（2）临界含气饱和度较高，室内实验条件下，泡沫油临界气饱和度一般可达到

10%～15%。

（3）毛细管黏度计比旋转黏度计测得的原油黏度在数值模拟中更有代表性，更能反映泡沫油的特性。在使用旋转黏度计的情况下，因搅拌油样所产生的拉伸破坏了油气的扩散，更易释放出气泡，形成连续的自由气流。

（4）原油压缩系数比常规稠油要大。

一、泡沫油数值模拟方法概述

目前，泡沫油数值模拟方法包括拟泡点模型、改进的分相流动模型、黏度校正模型和动力模型等。

1. 拟泡点模型

Kraus 等人提出了一个泡沫油藏一次采油"拟泡点"模型，该方法利用常规室内 PVT（压力、体积、温度）数据计算泡沫油流体特性，其中拟泡点压力在流体特性描述中是可调参数，油藏压力降至拟泡点压力之前，逸出的溶解气全部存在于油相中；低于拟泡点压力时，只有一部分逸散气存在于油相，可根据游离气的值估算其摩尔体积和压缩系数。该模拟方法预测结果与泡沫油藏的典型生产特性吻合：采收率高，生产气油比低，原始压力下降慢。拟泡点模型可以反映泡沫油流的某些重要特征，可解释流动流体视压缩系数高的机理。

2. 改进的分相流动模型

该模型考虑随着含气饱和度不断提高，气体分相流度随饱和度呈直线上升，直至达到滞留气饱和度极限值，超过滞留气饱和度极限值后进一步提高含气饱和度会产生自由气。泡沫油的有效黏度随气体体积含量增加略有降低，泡沫油密度是油密度和气密度的体积加权平均值，同时该模型中可使用平衡气—油 PVT 关系。

3. 黏度校正模型

该模型考虑由于原油中的沥青质在气泡极小时黏附于气泡表面，形成覆层，使得气泡稳定在很小的尺寸上，随油一起在多孔介质中流动。该模型假定由于沥青质的吸附，原油黏度显著降低，这一假定条件存在争议。

4. 动力模型

以上三种模拟处理方法，均能在一定程度上反映泡沫油流动特征，但均不能模拟泡沫油产生的非平衡过程，也不能反映泡沫油流动特性中与时间相关的变化情况。

泡沫油属于热动力学不稳定体系，分散气泡将最终转化为油相和自由气，因此，泡沫油的流动特性可以看作是一个时间和引入流动条件的函数，动力模型的目的就是捕获泡沫油流动特性中与时间有关的变化。

Coombe 和 Maini 建立了描述泡沫油中分散气泡物理变化过程的多组分动力学机理模型。该模型模拟组分包括水、油、原油中的溶解气、原油中的分散气以及分散气脱离原油形成的自由气。溶解气通过过饱和控制的速率过程变成分散气，分散气受聚并速率控制变成自由气。其中，气泡生产和聚并的速率常数须通过历史拟合的方法来确定。

Sheng 等人在上述模型的基础上，引入了动态成核模型来描述泡沫油衰竭开发过程的瞬态现象，考虑了气泡成核、生长和聚并速率，其中气泡生成速率为过饱和度与时间的函数，气泡聚并速率假定与油相中分散气泡的体积分散成正比。

二、泡沫油动力学模拟方法及应用

泡沫油油藏在降压开采过程中，脱出的溶解气有两种赋存状态，存在于油相中的分散气泡和脱离油相的连续气相，气组分从前者向后者转化的过程本质上属于物理传质过程。同时，油相中的溶解气组分转化为油相中的分散气组分也属于物理传质过程。上述 Coombe 和 Maini 建立的动力学机理模型正是刻画了这一相内和相间的传质过程。利用 CMG STARS 组分模拟模型中的化学反应模块可以实现该机理模型，在 CMG STARS 组分模拟模型中，上述两种不平衡传质过程可以被模拟为具有规范的化学计量和反应速率常数的化学反应过程，速率常数可用历史拟合的方法确定，具体模拟过程介绍如下。

1. 组分定义

泡沫油多组分动力学模拟定义组分为水、死油、溶解气、分散气和自由气 5 个组分。

对于常规溶解气驱而言，气组分包括溶解气和自由气。而多组分泡沫油动力模型在溶解气和自由气组分的基础上增加了分散气组分。其中，溶解气指的是完全溶解于油相中的气体，为油相中组分；自由气指的是连续气相，比分散气运动快得多，为气相中组分；而分散气是指从原油中释放出来的微气泡，以不连续气泡的形式分散在油相中，随油相一起流动，为油相中组分，是体现泡沫油特性的主要因素。表 5-1 为泡沫油多组分动力学模拟组分所在相列表。

表 5-1　泡沫油多组分动力学模拟组分所在相列表

组分 相	水	死油	溶解气	分散气	自由气
水相	√				
油相		√	√	√	
气相					√

2. 气组分传质过程模拟

通常化学反应动力学方程可表示为：

$$r_k = r_{rk} \cdot \exp[-E_{ak} / (RT)] \cdot \prod_{i=1}^{n_c} C_i^{e_k} \tag{5-49}$$

式中　r_k——化学反应速率；

r_{rk}——化学反应速率常数；

E_{ak}——化学反应活化能，反映了化学反应对温度的依赖性；

C_i——参与反应组分 i 的相浓度；

e_k——组分 i 的反应级数。

参与反应组分 i 在反应相 j 中的浓度 C_i 为：

$$C_i = \phi_f \rho_j S_j X_{ji}, \quad j = \text{w,o,g} \tag{5-50}$$

式中　ϕ_f——多孔介质孔隙度；

ρ_j——反应组分在 j 相流体的密度，g/cm³；

S_j——反应组分在 j 相流体的饱和度；

X_{ji}——j 相中反应组分 i 的摩尔分数。

对于部分平衡反应：

$$C_i = \phi_r \rho_j S_j \left(X_{ji} - X_{ji\text{equil}} \right) \qquad (5-51)$$

式中　$X_{ji\text{equil}}$——平衡状态下的 j 相中反应组分 i 的摩尔分数，对应于常规溶解气驱油气瞬态平衡状况。

$$X_{ji\text{equil}} = 1 / \left\{ \left(r_{XK1} / p + r_{XK2} \cdot p + r_{XK3} \right) \cdot \exp \left[r_{XK4} / (T - r_{XK5}) \right] \right\} \qquad (5-52)$$

式中　r_{XK1}、r_{XK2}、r_{XK3}、r_{XK4}、r_{XK5}——相平衡计算系数。

相平衡系数的计算方法简述如下：

考虑典型的三组分黑油体系（水、死油和溶解气）的情况，分别定义为组分 1、组分 2 和组分 3。其中，水组分可以存在于水相和气相，死油只存在于油相，溶解气组分可以存在于油相和气相中。

在压力 p、泡点压力 p_b 条件下，单位体积活油中死油和溶解气的摩尔分数分别为：

$$\frac{\rho_o^{ST}}{M_2 B_o(p, p_b)}, \ \frac{R_s(p_b)\rho_g^{ST}}{M_3 B_o(p, p_b)} \qquad (5-53)$$

其中，$B_o(p, p_b) = B_o(p_b)[1 - C_o(p - p_b)]$。

式中　ρ_o^{ST}——原油在标准状况下的密度，kg/m^3；

ρ_g^{ST}——气体在标准状况下的密度，kg/m^3；

C_o——油相压缩系数，kPa^{-1}；

B_o——地层原油体积系数；

R_s——溶解气油比，m^3/m^3；

p_b——泡点压力，kPa；

p_r——参考压力，kPa；

T_r——参考温度，℃；

M_2——死油组分的摩尔质量；

M_3——溶解气组分的摩尔质量。

油相中溶解气的摩尔分数为：

$$x_3 = \frac{R_s(p_b)\rho_g^{ST} / M_3}{\rho_o^{ST} / M_2 + R_s(p_b)\rho_g^{ST} / M_3} \qquad (5-54)$$

死油的摩尔分数 $x_2 = 1 - x_3$。

相平衡常数 K 表征组分在气相和液相中的摩尔分数比例：

$$K_i = y_i / x_i, \ \text{或} \ y_i = K_i x_i \qquad (5-55)$$

在饱和状态 $p = p_b$ 下：

$$y_1 + y_2 + y_3 = 1 \qquad (5-56)$$

考虑水和死油的挥发性差，即 $y_1=y_2=0$，则 $y_3=K_3x_3=1$，因此：

$$K_3(p)=\frac{1}{x_3}=1+\frac{\rho_o^{ST}/M_2}{R_s(p)\rho_g^{ST}/M_3} \tag{5-57}$$

借鉴上述化学反应动力学方程，定义油相中的溶解气、分散气组分和气相中的自由气分别为 DIS_GAS、BUB 和 Free_GAS，分散气组分生成和破灭这两种不平衡过程被模拟为具有规范的化学计量和反应速率常数的化学反应过程。

溶解气→分散气：

$$[BUB]=F_1([DIS\_GAS]_{eq}-[DIS\_GAS]) \tag{5-58}$$

分散气→自由气：

$$[Free\_GAS]=F_2[BUB] \tag{5-59}$$

式中 $[DIS\_GAS]_{eq}$——油相中溶解气平衡浓度；

$[DIS\_GAS]$——油相中溶解气浓度；

$[BUB]$——油相中分散泡沫浓度；

$[Free\_GAS]$——气相中自由气组分浓度；

F_1——泡沫生成频率因子；

F_2——泡沫聚并、破灭频率因子。

其中，由泡沫油开采机理室内实验可知，泡沫生成频率因子与原油组成（沥青质含量等）、油气界面张力、驱替速度（压力梯度）、原油黏度、含油饱和度、含水饱和度、溶解气油比、孔隙介质的复杂程度、孔隙介质渗透率及温度等因素有关。

考虑孔隙度和驱替速度的因素，泡沫生成频率因子修正为：

$$F_1^*=F_1[(v-v_{crit})/v_{ref}]^a\phi(K) \tag{5-60}$$

式中 v——驱替速度，cm^3/min；

v_{crit}——临界速度，cm^3/min；

v_{ref}——参考速度，cm^3/min；

a——泡沫生成频率因子对速度依赖程度系数；

$\phi(K)$——泡沫生成频率因子对孔隙介质渗透率依赖函数。

3. 油相黏度校正

由于油相中泡沫组分的存在，油相黏度随油相中泡沫组分浓度的变化呈现非线性特征。

油相常规黏度计算按线性对数混合法则：

$$\ln(\mu_o)=\sum_{i=1}^{n_c}x_i\ln(\mu_{oi}) \tag{5-61}$$

式中 μ_o——油相黏度，mPa·s；

n_c——油相中的总组分数，$i=1, 2, \cdots, n_c$；

x_i——油相中组分 i 的摩尔分数；

μ_{oi}——油相中组分 i 的黏度，mPa·s。

对于黏度非线性对数混合的泡沫拟组分，其摩尔分数为 x_{BUB}，用函数 $f(x_{BUB})$ 代替，要求：

$$f(x_{BUB}) + N\sum_{i \ne a} x_i = 1 \qquad (5-62)$$

即：

$$N = \frac{1 - f(x_a)}{1 - x_a} \qquad (5-63)$$

修正的对数线性混合原则为：

$$\ln(\mu_o) = f(x_{BUB})\ln(\mu_{BUB}) + \frac{1 - f(x_{BUB})}{1 - x_{BUB}}\sum_{i=1}^{n_c} x_i \ln(\mu_{oi}) \qquad (5-64)$$

从式（5-62）可以看出，如果函数 $f(x_{BUB})$ 为线性函数的话，则转变为常规对数线性的黏度关系式（5-64）。

4. 油相体积系数校正

分散气组分虽然是油相中组分，但具有类似气相的高压缩性属性，通过赋予分散气组分高的压缩系数，可以体现由于分散气泡的存在，泡沫油呈现异常高的体积系数，反映出弹性能量增加。

5. 泡沫油多组分动力学模型应用

以一维岩心驱替实验历史拟合和生产制度敏感性分析为例，介绍该模型的应用。该岩心驱替实验采用的是 MPE3 区块的油样，主要实验参数见表5-2。

表5-2　压力衰竭实验参数表

参数	岩心长度 cm	岩心直径 cm	岩心渗透率 mD	孔隙度 %	孔隙体积 cm³	初始含油饱和度 %	压力衰竭速度 kPa/min	采收率 %
数值	60	2.5	7249	40.5	119.2	89.6	15.3	24.3

首先，确定在历史拟合过程中的确定性参数和可调参数。

确定性参数包括填砂岩心或天然岩心的孔隙度，地层原油和地层水的摩尔密度、摩尔分数、摩尔质量、临界压力、临界温度，油藏流体黏温曲线，岩心原始压力以及原始含油饱和度。

可调参数包括原油、溶解气和泡沫油的压缩系数，溶解气生成泡沫和泡沫脱气的反应频率，气液相对渗透率曲线的形态和相对渗透率曲线端点值以及临界气饱和度等参数。

通过对分散气组分的压缩系数、泡沫生成及聚并频率等参数的调整，得到一维岩心驱替实验的拟合结果（图5-1）。

在上述室内单管实验拟合的基础上，模拟不同的泄油速度（生产压差）情况下单管模型的衰竭开采动态、泡沫拟组分生成差异，进一步验证上述数值模拟处理方式的准确性。

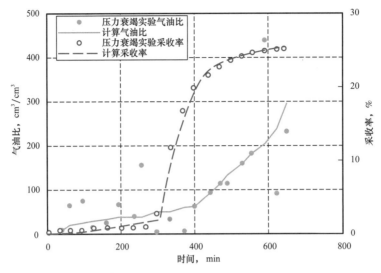

图 5-1　泡沫油一维岩心驱替实验拟合结果

模拟对比驱替速度分别为 0.1cm³/min、0.15 cm³/min、0.2 cm³/min、0.25 cm³/min 和 0.5cm³/min，模拟中采用定最大产油速度和最小生产井井底流压的生产控制方式。

（1）泡沫组分生成对比。

不同驱替速度下，分析衰竭开采第 240min 时单管沿程泡沫生产情况，图 5-2 给出了该时刻各驱替速度下沿程油相中泡沫组分浓度分布情况（初始状态下，原油中溶解气摩尔分数为 0.15）。由图 5-2 可以看出，随着衰竭速度的增大，泡沫的生产速度增大，这与泡沫油开采机理的室内实验结果一致。该时刻各驱替速度下的压力梯度分别为 10kPa/m、12.1kPa/m、15.5kPa/m、20.3kPa/m 和 42kPa/m，压力梯度随驱替速度的增加不成正比增加，这是因为随着驱替速度的增加，油相中泡沫组分的增加导致油相黏度、油相体积系数的非线性变化引起的。

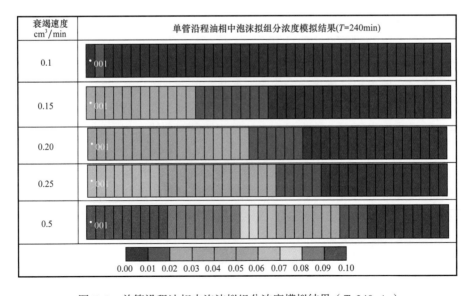

图 5-2　单管沿程油相中泡沫拟组分浓度模拟结果（T=240min）

对比不同驱替速度下泡沫采出速度和累计采出量，由图 5-3 可见，随着驱替速度的增加，分散气泡的生产速度越快，最终产生的分散气泡也越多（图 5-3）。

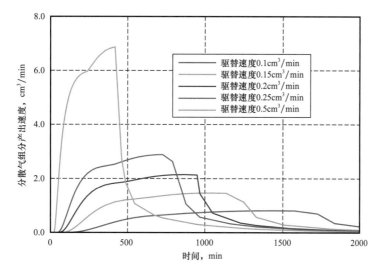

图 5-3　不同驱替速度下分散气组分产出速度

（2）开采特征对比。

对比分析不同驱替速度下的驱油效率（对单管而言为采出程度），由图 5-4 可以看出，随着驱替速度的增大，采出程度也随之增加，这与室内实验的结论一致。

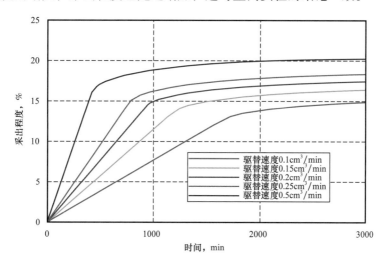

图 5-4　不同驱替速度下模拟单管采出程度

第三节　水平井泡沫油冷采产能评价方法

超重油油藏目前广泛应用丛式水平井进行冷采，水平井产能评价是油藏工程以及水平井优化设计的重要内容。基于泡沫油非常规 PVT 和油气相对渗透率特征，油层物理、渗流力学和多组分数值模拟相结合，通过引入泡沫油分区模型，推导了不同地层压力水平下的泡沫油水平井产能预测公式。

一、水平井产能预测

水平井产能预测方法的研究始于 20 世纪 50 年代，1958 年苏联学者 В.Л.МекрлоВ 首次发表了计算水平井产量的解析公式。1964 年，苏联另一位学者 Ю.П.БорисоВ 在其专著中系统地总结了水平井的发展历程和生产原理，提出了水平井稳态产量计算方程，这些工作标志着水平井产能分析理论和分析方法的开始[2]。稳态解是预测水平井产能较为简捷的一种形式，是油田开发动态分析中常采用的方法，前人在这方面做了大量的工作。

1. В.Л.МекрлоВ 公式

1958 年，苏联学者 В.Л.МекрлоВ 根据前人的理论分析，推导出可以在实际应用的计算水平井或斜井的经验公式。对于带状油藏，假设水平井排布在油藏中央，井距为 $2a$，则产量计算公式为：

$$Q = \frac{2\pi K h L(p_e - p_{wf})}{\mu B\left(h\left\{ \frac{\pi b}{h} + \ln\left(\frac{h}{2\pi r_w}\right) - \left[\ln\left(\frac{a+c}{2c}\right) + \lambda\right] \right\} + L\ln\left\{ \frac{sh\left(\frac{\pi b}{a}\right)}{sh\left[\frac{\pi}{2a}\left(\frac{a+b}{2}\right)\right]} \right\} \right)} \quad (5-65)$$

对于圆形油藏，若布一口水平井，水平段为 L，则：

$$Q = \frac{2\pi K h L(p_e - p_{wf})}{\mu B\left(h\left\{ \frac{\pi b}{h} + \ln\left(\frac{h}{2\pi r_w}\right) - \left[\ln\left(\frac{a+c}{2c}\right) + \lambda\right] \right\} + L\ln\left(\frac{2r_e}{a+b}\right) \right)} \quad (5-66)$$

其中：

$$a = L/2 + 2h$$
$$b = \sqrt{4Lh + 4h^2}$$
$$c = L/2$$
$$\lambda = 0.462\alpha - 9.7\omega^2 + 1.284\omega + 4.4$$
$$\alpha = L/2h$$
$$\omega = \varepsilon/h$$

式中　B——流体体积系数；

　　　L——油层中水平段长度，m；

　　　h——油层厚度，m；

　　　r_w——井半径，m；

　　　r_e——供给边缘半径，m；

　　　p_e——供给边缘压力，MPa；

　　　p_{wf}——井底压力，MPa；

　　　K——储层渗透率，mD；

　　　μ——流体黏度，mPa·s；

　　　ε——水平井轴位置相对于油层厚度中央的偏心距，m。

2. Borisov 公式

假设油层均匀各向同性，水平井位于油层中央，长度为 L，井筒半径为 r_{w}，供给半径为 r_{e}，边界压力为 p_{e}，井底压力为 p_{wf}，油层中液体不可压缩，则水平井产量计算公式为：

$$Q = \frac{2\pi Kh(p_{\mathrm{e}} - p_{\mathrm{wf}})}{\mu B} \cdot \frac{1}{\ln\left(\dfrac{4r_{\mathrm{e}}}{L}\right) + \dfrac{h}{L}\ln\left(\dfrac{h}{2\pi r_{\mathrm{w}}}\right)} \tag{5-67}$$

式中，$r_{\mathrm{e}} \gg L$，$L \gg h$。

3. Joshi 公式

Joshi 运用势能理论推导出水平井产能公式：

$$Q = \frac{2\pi KhL\Delta p / (\mu B)}{\ln\left[\dfrac{a + \sqrt{a^2 - (L/2)^2}}{L/2}\right] + \dfrac{\beta h}{L}\ln\left(\dfrac{\beta h}{2r_{\mathrm{w}}}\right)} \tag{5-68}$$

其中：

$$\beta = \sqrt{K_{\mathrm{h}}/K_{\mathrm{v}}}$$

$$L > \beta h$$

$$L/2 < 0.9r_{\mathrm{e}}$$

$$a = (L/2)\left[0.5 + \sqrt{(2r_{\mathrm{e}}/L)^4 + 0.25}\right]^{0.5}$$

4. Furui 公式

假设油层非均质各向异性，考虑到储层伤害，则水平井产量公式为：

$$Q = \frac{KL(p_{\mathrm{e}} - p_{\mathrm{wf}})}{141.2\mu B_{\mathrm{o}}\left\{\ln\left[\dfrac{hI_{\mathrm{ani}}}{r_{\mathrm{w}}(I_{\mathrm{ani}}+1)}\right] + \dfrac{\pi y_{\mathrm{b}}}{hI_{\mathrm{ani}}} - 1.224 + S\right\}} \tag{5-69}$$

其中：

$$K = \sqrt{K_{\mathrm{h}}K_{\mathrm{v}}}$$

$$I_{\mathrm{ani}} = \sqrt{K_{\mathrm{h}}/K_{\mathrm{v}}}$$

式中　K_{h}——水平渗透率，mD；

　　　K_{v}——垂向渗透率，mD；

　　　S——表皮系数；

　　　I_{ani}——水平井长度，m；

　　　y_{b}——立方体宽度的一半，m。

以上公式都基于拟三维的思想，因此在形式上具有相似性。研究表明，В.Л.Мерклов 公式是最基础的公式，著名的 Joshi 公式只是对其进行了一个小改进，在对等条件下两者的计算结果相差不大。Furui 公式则假设泄油范围为一个宽厚比较大的立方体空间，并假设流体向井流动为单相稳定渗流，同时考虑到油层非均质性和储层伤害。考虑超重油油藏储层特征，基于 Furui 理论模型，开展水平井泡沫油冷采产能研究。

二、水平井泡沫油冷采产能预测

1. 产能修正比

假设一个理想的流体流动的模型，在理想模型中，从供给边界到井底，流量为定值，流体黏度、地层渗透率等参量均认为是恒定不变的，流动始终为单相液流。而在实际油藏中，由于泡沫油的特殊性质，在流体从供给边界到井底的过程中流量逐渐增加，尤其在近井地带流量增加明显。这是由于近井地带压力梯度大，故泡沫油流量增加。由于存在携带气，流体弹性能量高于理想模型，在相同产量下实际流体的压力梯度要低于理想模型，生产指数要高于理想模型。

为了计算泡沫油冷采水平井产能，定义了理想模型压力梯度与实际流体模型压力梯度的比值 ε 和理想模型与实际流体模型产能修正比 β。ε 是压力 p 的函数（压力梯度函数 ε），该函数可由泡沫油实验 PVT 数据和相对渗透率数据确定。产能修正比 β 通过压力梯度的比值 ε 求取。

假定理想模型为单相稳定渗流，各参量的值恒定为原始地层压力下的值。而在实际泡沫油藏中，黏度、体积系数等随压力而变化，而且在拟泡点压力两侧变化规律不同，对压力梯度的比值 ε 和产能修正比 β 需分区进行计算。以拟泡点压力为分界点，压力高于拟泡点压力时，泡沫油为单相流与拟单相流，产能较大，压力低于拟泡点压力时，气体脱出，形成自由气相，流动变为两相流，产能大幅度下降。

1）单相流与拟单相流产能修正比

压力高于拟泡点压力时，泡沫油为单相流，由达西定律可知理想模型压力梯度与实际流体压力梯度的比值。

对于理想模型：

$$Q' = \frac{KA\Delta p'}{\mu_{oi}B_{oi}L} \tag{5-70}$$

对于实际流体：

$$Q = \frac{KA\Delta p}{\mu(p)B(p)L} \tag{5-71}$$

压力梯度比函数：

$$\varepsilon(p) = \mathrm{d}p'/\mathrm{d}p = \frac{\mu_i}{\mu(p)}\frac{B_i}{B(p)} \tag{5-72}$$

假设两相邻测点间的 $\varepsilon(p)$ 函数为线性 $[\varepsilon(p)=ap+b]$，根据理想模型压差 $\Delta p'$ 与 $\varepsilon(p)$ 计算修正后的压差 Δp：

$$\int_{p_1}^{p_2}\varepsilon(p)\mathrm{d}p = \int_{p_1'}^{p_2'}\varepsilon(p)\mathrm{d}p' \tag{5-73}$$

$$\int_{p_1}^{p_2}(ap+b)\mathrm{d}p = \int_{p_1'}^{p_2'}\mathrm{d}p' \tag{5-74}$$

得到：

$$\frac{\varepsilon_1 + \varepsilon_2}{2}(p_2 - p_1) = p_2{}' - p_1{}' \qquad (5-75)$$

即：

$$\overline{\varepsilon}\Delta p = \Delta p' \qquad (5-76)$$

图 5-5 和图 5-6 是典型泡沫油体积系数和黏度与压力的关系曲线，通过这两个关系曲线可以求得压力梯度比函数（测定条件下，该泡沫油样品拟泡点压力为 4MPa，压力高于 4MPa 为单相、拟单相流）。图 5-7 是压力梯度比函数 ε 与压力关系曲线。

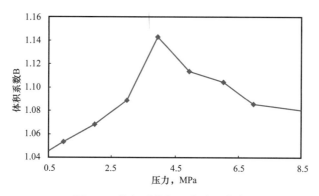

图 5-5　体积系数与压力关系曲线

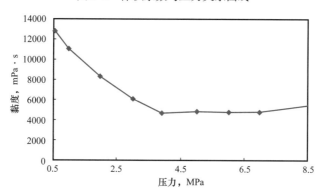

图 5-6　黏度与压力关系曲线

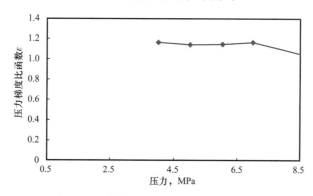

图 5-7　压力梯度比函数 ε 与压力关系曲线

根据 ε 值计算不同压力区间段（p_1，p_2）下 Δp 与 $\Delta p'$ 的对应关系，见表5-3。

表5-3 Δp 与 $\Delta p'$ 的对应关系

p_2, MPa	p_1, MPa	ε_{ave}	Δp, MPa	$\Delta p'$, MPa
9.00	7.00	1.07	2.00	2.15
7.00	6.00	1.14	1.00	1.14
6.00	5.00	1.13	1.00	1.13
5.00	4.00	1.14	1.00	1.14

根据不同压力区间段（p_1，p_2）下 Δp 与 $\Delta p'$ 的对应关系，进一步可得到不同井底流压下的 $\sum \Delta p$ 与 $\sum \Delta p'$ 的比值，此值即为产能修正比 β，见表5-4。

表5-4 不同井底流压下的产能修正比 β

p_e, MPa	p_{wf}, MPa	$\sum \Delta p$, MPa	$\sum \Delta p'$, MPa	β
9.00	7.00	2.00	2.15	1.07
9.00	6.00	3.00	3.29	1.10
9.00	5.00	4.00	4.43	1.11
9.00	4.00	5.00	5.56	1.11

现在得到了单相与拟单相阶段的产能修正比 β，下一步就是求取油气两相时的产能修正比 β。

2）油气两相流产能修正比

油气两相流除了考虑流体高压物性（PVT）外，还需考虑溶解气油比和相对渗透率。

理想状态下油相控制方程：

$$\frac{\mathrm{d}p'}{\mathrm{d}x} = \frac{\mu_{oi} B_{oi}}{K} \frac{Q_o}{A}$$

实际情况下油相控制方程：

$$\frac{\mathrm{d}p}{\mathrm{d}x} = \frac{\mu_o B_o}{K K_{ro}} \frac{Q_o}{A}$$

压力梯度比函数：

$$\varepsilon(p, S_g) = \mathrm{d}p' / \mathrm{d}p = \frac{\mu_{oi}}{\mu_o(p)} \frac{B_{oi}}{B_o(p)} K_{ro}\left(S_g\right)$$

从油气两相压力梯度比函数可以看出，ε 是压力和饱和度的函数，为了能将单相流与拟单相流的修正方法推广到两相流，需要探讨稳定油气两相流中压力与含气饱和度的关系。

采用欧拉参考系空间控制单元建模方法，取稳定流场中油气两相流区任一流管微元中两相邻控制微元，其中 q 为截面当地体积流量，f_o 和 f_g 分别为油相流量分数和气相流量分数（图5-8）。假设：

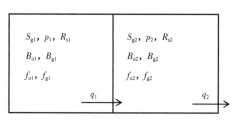

图 5-8　控制微元示意图

（1）微元内物性均一不变（与以往模型中的微元内部线性假设有区别）；

（2）微元下游截面的流体流动仅受控于本微元属性。

由此，图 5-8 中间截面的当地体积流量 q_1 受控于左侧微元物性参数，右侧截面的当地体积流量 q_2 受控于右侧微元物性参数。

对于气相，其物质平衡方程为：

$$q_1 f_{o1} \frac{1}{B_{o1}} R_{s1} + q_1 f_{g1} \frac{1}{B_{g1}} = q_2 f_{o2} \frac{1}{B_{o2}} R_{s2} + q_2 f_{g2} \frac{1}{B_{g2}} \qquad (5-77)$$

对于油相，其物质平衡方程为：

$$q_1 f_{o1} \frac{1}{B_{o1}} = q_2 f_{o2} \frac{1}{B_{o2}} \qquad (5-78)$$

将上述两式移项相减，写成微分式：

$$d\left(q f_o \frac{1}{B_o} R_s\right) + d\left(q f_g \frac{1}{B_g}\right) = 0 \qquad (5-79)$$

$$d\left(q f_o \frac{1}{B_o}\right) = 0 \qquad (5-80)$$

将式（5-80）代入式（5-79），变形得到：

$$
\begin{aligned}
d\left(q f_o \frac{1}{B_o} R_s\right) + d\left(q f_g \frac{1}{B_g}\right) &= q f_o \frac{1}{B_o} dR_s + d\left(q f_o \frac{1}{B_o} \times \frac{f_g}{f_o} \times \frac{B_o}{B_g}\right) \\
&= q f_o \frac{1}{B_o} dR_s + q f_o \frac{1}{B_o} d\left(\frac{f_g}{f_o} \times \frac{B_o}{B_g}\right) \qquad (5-81) \\
&= q f_o \frac{1}{B_o} d\left(R_s + \frac{f_g}{f_o} \times \frac{B_o}{B_g}\right) = 0
\end{aligned}
$$

根据式（5-81）可得：

$$R_s + \frac{f_g}{f_o} \times \frac{B_o}{B_g} = \text{const} = R_{si} \qquad (5-82)$$

又有：

$$f_o = \frac{1}{1 + \frac{K_{rg}}{K_{ro}} \times \frac{\mu_o}{\mu_g}}, f_g = 1 - f_o \qquad (5-83)$$

代入式（5-83）有：

$$\frac{K_{rg}}{K_{ro}} = \frac{\mu_g}{\mu_o} \times \frac{B_g}{B_o} \left(R_{si} - R_s\right) \qquad (5-84)$$

式（5-84）左侧为气相饱和度函数，右侧为压力函数，等号在稳定渗流条件下成立，由此可以得出结论：在油气两相稳定渗流条件下，气体饱和度是压力的单值函数。图 5-9 为油气相对渗透率曲线。

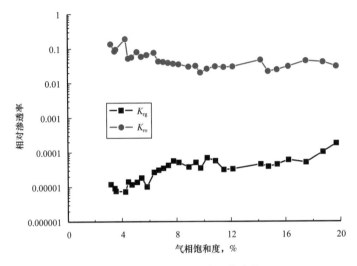

图 5-9　油气相对渗透率曲线

根据 PVT 数据计算式（5-84）右侧结果见表 5-5。对于重油，由于气相与油相在黏度与体积系数方面差异悬殊，使得式（5-84）右侧约等于 0，即在地层各处 K_{rg} 约为 0。由此可以得出结论：出现两相流后，S_g 不会再增大，K_{ro} 会稳定在对应固定值上（在本算例中 K_{ro} 取为 0.17）。

表 5-5　$\dfrac{\mu_g}{\mu_o} \times \dfrac{B_g}{B_o}\left(R_{si} - R_s\right)$ 计算结果

p，MPa	μ_g，mPa·s	μ_o，mPa·s	B_g	B_o	R_s	$\dfrac{\mu_g}{\mu_o} \times \dfrac{B_g}{B_o}\left(R_{si} - R_s\right)$
9	0.0156	5520	0.0157	1.0768	16.52	0
7	0.0144	4770	0.0174	1.0855	16.52	0
6	0.0138	4730	0.0185	1.1035	16.50	9.78244×10^{-10}
5	0.0132	4730	0.0199	1.1128	16.24	1.39736×10^{-8}
4	0.0126	4526	0.0217	1.1423	15.86	3.49043×10^{-8}
3	0.0120	6023	0.0244	1.0885	13.79	1.21925×10^{-7}
2	0.0114	8256	0.0286	1.0680	10.13	2.36282×10^{-7}
1	0.0108	11002	0.0378	1.0533	5.00	4.05830×10^{-7}
0.5	0.0105	12800	0.0611	1.0455	2.50	6.72116×10^{-7}

根据实验测得 PVT 数据与相对渗透率数据计算不同测压点对应 ε 值（图 5-10），此算例中 $\varepsilon(p)$ 函数完整形式如下：

$$\varepsilon(p) = \mathrm{d}p'/\mathrm{d}p = \frac{\mu_{oi}}{\mu_o(p)} \times \frac{B_{oi}}{B_o(p)} K_{ro}\left(S_g\right) = \begin{cases} \dfrac{\mu_i}{\mu(p)} \times \dfrac{B_i}{B(p)} & p \geqslant 4\text{MPa,单相与拟单相} \\[3mm] 0.17\dfrac{\mu_{oi}}{\mu_o(p)} \times \dfrac{B_{oi}}{B_o(p)} & p < 4\text{MPa,油气两相} \end{cases}$$

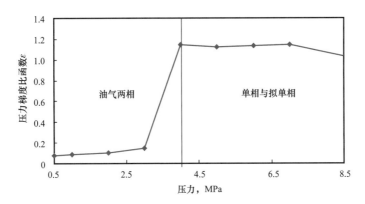

图 5-10　压力梯度比函数 ε 与压力关系曲线

进一步可得到不同井底流压下的产能修正比（图 5-11）。

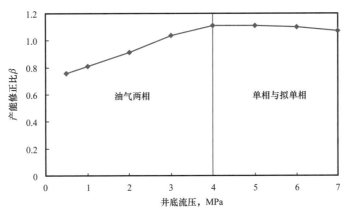

图 5-11　产能修正比 β 曲线

至此，已经得到单相与拟单相、油气两相阶段的产能修正比 β 曲线，从产能修正比 β 曲线可以看出井底流压低于拟泡点压力时，受两相流影响，产能显著下降。

2. 水平井泡沫油冷采产能模型

泡沫油冷采水平井产能的计算思路是首先选定理想水平井产能模型，然后通过压力梯度函数 ε 进行校正，进一步计算产能修正比 β，从而得到实际泡沫油冷采水平产能。

超重油水平井冷采流体流动区域近似于箱形，因此选择 Furui 理论模型的产能公式为理想产能公式，引入产能修正比 β，公式为：

$$Q = \frac{\beta KL(p_e - p_{wf})}{141.2\mu_o B_o \left\{ \ln\left[\dfrac{hI_{ani}}{r_w(I_{ani}+1)}\right] + \dfrac{\pi y_b}{hI_{ani}} - 1.224 + S \right\}} \quad （5-85）$$

式中　S——表皮系数；

β——产能修正比；

p_e——油藏边界压力，MPa；

p_{wf}——井底流压，MPa；

r_w——井半径，m。

通过上面的分析，可以得到产能修正比 β 与压力之间的关系（图5-12）。

图5-13为泡沫油不同流动分区压力剖面，在单向流时，对比理论模型（Furui模型）与修正模型压力剖面可以看出压力剖面基本一致，因为在处于单相流时泡沫油特性

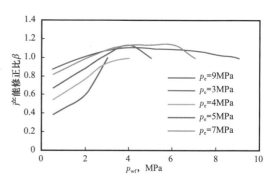

图5-12 产能修正比 β 与压力关系曲线

未体现出来，产能与理论模型计算一致。在拟单相流阶段，分散的小气泡被束缚在油相中随油一起流动，导致油相体积系数增加，修正模型的压降速率比理论模型的慢。在油气两相流阶段，分散的小气泡逐渐聚集成大气泡形成自由气，由于气相流度远大于油相，自由气便迅速造成气窜，导致地层压力降低，修正模型的压力低于理论模型的。

(a) 单向流理论模型压力剖面　　　　　　　　(b) 单向流修正后模型压力剖面

(c) 拟单向流理论模型压力剖面　　　　　　　(d) 拟单向流修正后模型压力剖面

(e) 两相流理论模型压力剖面　　　　　　　　(f) 两相流修正后模型压力剖面

图5-13 泡沫油不同流动分区压力剖面

第四节　水平井泡沫油非常规溶解气驱流入动态

油井流入动态是指油井产量与井底流动压力的关系，它反映了油藏向该井供油的能力。表示产量与流压关系的曲线称为流入动态曲线（Inflow Performance Relationship Curve），简称 IPR 曲线。从单井来讲，IPR 曲线表示了油层工作特性。因而，它既是确定油井合理工作方式的依据，也是分析油井动态的基础[3]。泡沫油一次衰竭开发与常规溶解气驱开发相比其驱油机理与开采特征有较大不同，常规溶解气驱水平井产能公式和 IPR 关系式不能描述泡沫油特殊的渗流特性，预测结果误差较大。基于泡沫油开采特征、油气相对渗透率规律及驱油机理，本节采用动力学多组分泡沫油数值模拟手段，研究了泡沫油非常规溶解气驱水平井 IPR 关系式和无量纲 IPR 模型。

一、常规溶解气驱流入动态关系

在常规溶解气驱油藏中主要发生油气两相渗流，油藏流体的物理性质和相渗透率将明显地随压力而改变，因而，溶解气驱油藏油井产量与流压的关系是非线性的。要研究这种井的流入动态，就必须从油气两相渗流的基本规律入手。自 20 世纪 60 年代，人们对溶解气驱油藏直井流入动态进行大量研究，提出一系列适用的 IPR 方程。

1986 年，Vogel 首先提出将 IPR 曲线无量纲化建立了无量纲 IPR 曲线方程。

计算时假设：圆形封闭单层油藏，油井位于中心；单层均质油层，含水饱和度恒定；忽略重力影响；忽略岩石和水的压缩性；油、气组成及平衡不变；油、气两相的压力相同；拟稳态下流动，各点的脱气原油在给定的某一瞬间流量相同。

计算结果表明，产量与流压的关系随采出程度而改变。如果以流压与油藏平均压力的比值为纵坐标，以相应流压下的产量与流压为零时的最大产量之比为横坐标，则不同采出程度下的 IPR 曲线很接近。

Vogel 对不同流体性质、气油比、相对渗透率、井距及压裂过的井和油层受伤害的井等各种情况下的 21 个溶解气驱油藏进行了计算。其结果表明：IPR 曲线都有类似的形状，只是高黏度油藏及油层伤害严重时差别较大，Vogel 方程为：

$$\frac{q_o}{q_{omax}} = 1 - 0.2\frac{p_{wf}}{p_r} - 0.8\left(\frac{p_{wf}}{p_r}\right)^2 \tag{5-86}$$

式中　q_o——某一井底流压下的油井产量，m^3/d；

　　　q_{omax}——无阻流量，m^3/d；

　　　p_r——平均地层压力，MPa。

1973 年 Fetkovich 研究认为，对溶解气驱油藏，即油气两相渗流，有：

$$q_o = \frac{2\pi Kh}{\ln\left(\frac{r_e}{r_w}\right) - \frac{3}{4} + S}\int_{p_{wf}}^{p_r}\frac{K_{ro}}{\mu_o B_o}dp \tag{5-87}$$

式中　B_o——原油体积系数；

　　　μ_o——地层原油黏度，mPa·s；

K_{ro}——油相相对渗透率。

Fetkovich 假设 $\dfrac{K_{ro}}{\mu_o B_o}$ 与压力 p 呈直线关系，考虑采油指数 J，故：

$$q_o = \frac{2\pi Kh}{\ln\left(\dfrac{r_e}{r_w}\right) - \dfrac{3}{4} + S} \int_{p_{wf}}^{p_r} cp\mathrm{d}p = \frac{2\pi Kh}{\ln\left(\dfrac{r_e}{r_w}\right) - \dfrac{3}{4} + S} \frac{c}{2}\left(p_r^2 - p_{wf}^2\right) \tag{5-88}$$

式中 S——表皮系数，无量纲。

其中：

$$c = \frac{1}{p_r}\left(\frac{K_{ro}}{\mu_o B_o}\right)_{p_r}$$

令

$$q_o = \frac{2\pi Kh}{\ln\left(\dfrac{r_e}{r_w}\right) - \dfrac{3}{4} + S}\left(\frac{K_{ro}}{\mu_o B_o}\right)_{p_r} \frac{p_r^2 - p_{wf}^2}{2p_r} \tag{5-89}$$

$$J_o' = \frac{2\pi Kh}{\ln\left(\dfrac{r_e}{r_w}\right) - \dfrac{3}{4} + S}\left(\frac{K_{ro}}{\mu_o B_o}\right)_{p_r} \frac{1}{2p_r} \tag{5-90}$$

则：

$$q_o = q_{o\max}\left[1 - \left(\frac{p_{wf}}{p_r}\right)^2\right] \tag{5-91}$$

或

$$q_o = J_o'\left(p_r^2 - p_{wf}^2\right) \tag{5-92}$$

当 $p_{wf}=0$ 时：

$$q_{o\max} = J_o' p_r^2 \tag{5-93}$$

1986 年 Cheng 用油藏数值模拟器，采用与 Vogel 直井向井流动态关系思路研究水平井向井流动态关系，在对溶解气驱油藏水平井的生产数据和数值模拟结果进行回归后，提出了一个类似于 Vogel 方程的 Cheng 方程，采用回归方法得到流入动态关系方程。

Cheng 方程：

$$\frac{q_o}{q_{o\max}} = 0.9885 + 0.2055\frac{p_{wf}}{p_r} - 1.1818\left(\frac{p_{wf}}{p_r}\right)^2 \tag{5-94}$$

用该方程预测流入动态的优点是只需一组测试点，便可求得 IPR 曲线。缺点是方程没有归一化，即 $p_{wf}=0$ 时，$q_o \neq q_{o\max}$；$p_{wf}=p_r$ 时，$q_o \neq 0$。

Bendakhlia 采用 CMG 的 IMEX 模拟器模拟研究了多种情况下溶解气驱油藏中水平井的流入动态关系，得到了不同条件下的 IPR 曲线。曲线表明，早期的 IPR 曲线近似于直线，随着采收率增加，曲度增加，接近衰竭时曲度稍有减小。Bendakhlia 方程为：

$$\frac{q_\text{o}}{q_\text{omax}} = \left[1 - v\left(\frac{p_\text{wf}}{p_\text{r}}\right)\right] - \left[1 - v\left(\frac{p_\text{wf}}{p_\text{r}}\right)^2\right]^n \qquad （5-95）$$

2005 年曾祥林从流体的非线性渗流理论出发，结合油藏数值模拟器产生的结果，导出一种普遍适用于油气井的无量纲 IPR 方程，它是以压力为函数、产量为自变量的关系式：

$$\left(\frac{p_\text{wf}}{p_\text{r}}\right)^{n+1} = 1 - v\frac{q_\text{o}}{q_\text{omax}} - (1-v)\left(\frac{q_\text{o}}{q_\text{omax}}\right)^2 \qquad （5-96）$$

式中　　v——与采出程度有关的参数；

　　　　n——与流体有关的指数，$0 \leqslant n \leqslant 1$；当 $n=0$ 时为单相液体的 IPR 曲线；当 $n=1$ 时为单相气体的 IPR 曲线；当 $0 < n < 1$ 时为油气两相流的 IPR 方程。

方程满足归一化处理的两个基本条件；当 $p_\text{wf}=p_\text{r}$ 时，$q=0$；当 $p_\text{wf}=0$ 时，$q_\text{o}=q_\text{omax}$。式（5-96）与以前的无量纲 IPR 曲线方程相比具有更强的理论基础。

二、水平井泡沫油冷采流入动态关系

超重油泡沫油冷采与常规溶解气驱相比，在 PVT 特征和油气相对渗透率曲线上存在差异，适用于常规溶解气驱油藏 IPR 曲线的 Vogel 方程、Cheng 方程和 Bendakhlia 方程等不适用于拟合泡沫油超重油油藏水平井 IPR 曲线[4]。

采用泡沫油动力学多组分数值模拟方法，通过以下方法得出泡沫型重油油藏水平井 IPR 曲线：给定初始井底流压进行计算，当衰竭过程达到某一平均地层压力时，记下此时的井底流压和产油量；改变初始井底流压数值，重复上述过程，得到一系列井底流压与相应的产油量，即可作出该平均地层压力下的 IPR 曲线。

图 5-14 为不同平均地层压力下泡沫型超重油油藏水平井 IPR 曲线，可以看出：平均地层压力较高时，IPR 曲线右端略微上翘（这正是泡沫油特性的体现），此时井底流压较低，水平井泄油范围内存在泡沫油流区域，泡沫油中的分散气泡提供了额外的弹性驱动能量，并且分散气对原油的驱动能力大于其产生的流动阻力，产油量与常规溶解气驱相比要高；随着平均地层压力的进一步下降，分散气聚并成大气泡形成连续气相，开始表现出常规溶解气驱油藏的特征。

图 5-15 为典型的水平井常规溶解气驱的无量纲 IPR 曲线，为了与水平井泡沫油冷采的 IPR 曲线进行对比，将图 5-14 中具有右端上翘特点的 IPR 曲线进行无量纲化处理，得到水平井泡沫油冷采的无量纲 IPR 曲线（图 5-16）。无量纲化的过程为：用某平均地层压力下 IPR 曲线上各点的井底流压除以该平均地层压力，得到各点的无量纲压力；将某平均地层压力下 IPR 曲线左端的直线段延长并交于横坐标轴，用交点对应的产油量除该曲线上各点的产油量，得到各点的无量纲产量。对比图 5-15 和图 5-16 可以发现：无量纲压力较高时，常规溶解气驱和泡沫油冷采的无量纲压力与无量纲产油量间大都呈线性关系；无量纲压力较低时，常规溶解气驱无量纲 IPR 曲线右端向下弯曲，而泡沫油冷采的无量纲 IPR 曲线右端则略微向上弯曲。

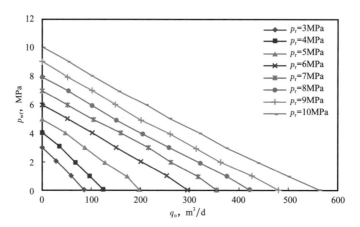

图 5-14　泡沫型超重油油藏水平井 IPR 曲线

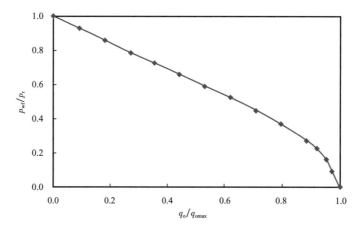

图 5-15　常规溶解气驱无量纲 IPR 曲线

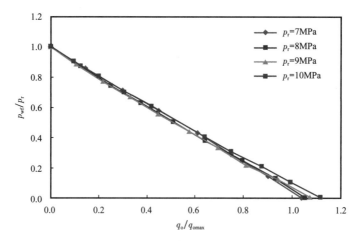

图 5-16　泡沫型重油油藏水平井无量纲 IPR 曲线

式（5-97）能较好地拟合泡沫油水平井冷采的无量纲 IPR 曲线：

$$\frac{q_o}{q_{omax}}=\left[a+b\left(\frac{p_{wf}}{p_r}\right)+c\left(\frac{p_{wf}}{p_r}\right)^2\right]^n \tag{5-97}$$

根据 MPE3 区块 CIS-14 井实际生产数据，对上述泡沫油水平井无量纲 IPR 曲线进行验证，结果表明：计算的产油量与实际产油量吻合程度较好，见表 5-6。

表 5-6　CIS-14 井无量纲 IPR 曲线验证计算表

实际产油量 m³/d	井底流压 MPa	平均地层压力 MPa	q_{omax} m³/d	a	b	c	n	计算产油量 m³/d
114	7.37	9.20	766.1	1.347	-1.731	0.446	1.240	134.5
196	6.16	8.76	730.0	1.292	-1.739	0.480	1.107	197.1
460	4.40	8.50	707.7	1.258	-1.735	0.495	1.035	340.2
357	4.59	7.99	665.5	1.192	-1.709	0.512	0.915	273.9
202	2.50	5.77	480.5	0.880	-1.318	0.410	0.675	252.5
216	2.57	5.71	475.8	0.871	-1.302	0.404	0.675	242.0
209	2.65	5.64	470.2	0.861	-1.282	0.396	0.675	229.6
194	2.42	5.40	449.9	0.825	-1.209	0.365	0.679	223.1
169	2.79	5.23	435.4	0.798	-1.153	0.341	0.686	182.0
157	2.52	5.18	431.4	0.791	-1.137	0.335	0.688	195.2
157	2.38	5.13	427.0	0.782	-1.119	0.327	0.691	199.8

参 考 文 献

[1] Zhao Hailong, Chang Yuwen, Guo Xiaofei. Foamy oil properties and reservoir performance. Petroleum Science and Technology, 2016

[2] 王元基. 水平井油藏工程设计 [M]. 北京：石油工业出版社，2011.

[3] 张琪. 采油工程原理与设计 [M]. 北京：石油工业出版社，2006.

[4] 陈亚强，穆龙新，张建英，等. 泡沫型重油油藏水平井流入动态 [J]. 石油勘探与开发，2013，40（3）：363-366.

第六章 超重油油藏冷采开发设计

重油油藏的开发方式包括热采与非热采两种，热采又分为蒸汽吞吐、蒸汽驱、蒸汽辅助重力泄油（SAGD）、火烧油层等；非热采分为冷采、水驱、聚合物驱等。针对某一具体的重油油藏，开发方式的选择取决于其油藏地质条件和流体性质，其中原油的黏度及其就地流动性是开发方式选择的重要因素。

本章在综合对比国内外不同重油油藏开发模式的基础上，针对重油带两类典型的超重油油藏，阐述了整体丛式水平井优化设计内容。

重油带超重油储层厚度大，平面发育连续，高孔隙度、高渗透率，原油具有就地流动性，适合水平井冷采开发。对于水平井冷采而言，油藏工程优化设计主要包括布井方式、排距、井长等方面，以提高单井油层接触面积和产量，并兼顾油藏整体的开发效果和产油速度等。

第一节 国内外不同类型重油油藏开发模式

在综合对比委内瑞拉超重油油藏、国内稠油油藏与加拿大重油油藏、油砂地质及流体特征差异的基础上，系统总结了其对应的开发模式。

一、国内外不同类型重油油藏地质特征对比

1. 构造特征

奥里诺科重油带是一个向东北方向倾斜 0.5°～3.0° 的单斜构造，被一梯队的正断层切断，该倾向西北方向的断层垂向位移小于 130m。白垩纪及以前的断层部分控制着古近—新近系断层，但主要目标储层第三层系受影响较小。圈闭机理主要是地层重叠，局部受小断层影响（图 2-3、图 2-9）。

东委内瑞拉前陆盆地是由加勒比板块和北美板块从新生代开始的倾斜碰撞形成的。该盆地的发展经历了 4 个阶段：（1）古生代的预裂痕；（2）侏罗纪和早白垩纪的裂缝；（3）白垩纪至渐新世的被动边缘发育；（4）新近纪和第四纪加勒比板块和南美板块的倾斜碰撞，导致 Interior Range 隆起、Guárico 和 Maturin 次盆发育。变形前缘的南部区域，在向弯曲前陆盆地过渡期间未受到挤压的影响。渐新世至中新世中期，石油生成，并从 Guárico 和 Maturin 次盆向南奥里诺科区域运移。这些强烈的向南的流动造成了奥里诺科区石油的生物降解和对圈闭的补充（图 2-9）。

加拿大稠油带和油砂集中在加拿大西部沉积盆地（WCSB）。该盆地为挤压盆地，西南边界发育有一条大的逆冲断层构造，其主断层以东约 50km 是一条向斜轴，平行于山脉。深向斜轴区沉积层序厚，向盆地的东北方向逐渐减薄，尖灭于火成岩。重油生成于较深层岩层，在水动力作用下向上倾方向运移，与现在相比，彼时原油黏度较低，盆地整体埋深较深。流体通过复杂的喀斯特地貌的前白垩不整合面向东北部运移，对盆地水动力系统起主要作用。加拿大重油沉积岩层几乎全部发育白垩纪中期，为砂岩—粉砂

岩—页岩砂屑岩沉积，大部分地区上覆地层为区域上连续的厚层页岩。总体上，加拿大重油及油砂沉积岩层分布范围更广，物性变化范围更大，埋深范围更大，油藏类型更多等。

中国稠油油藏的构造主要受 3 个板块运动的影响。西伯利亚板块向南运动，印度洋板块向东南运动，同时太平洋板块向西北方向俯冲和挤压。在中国西部，由于喜马拉雅运动期间西伯利亚板块和印度洋板块的挤压，沉积盆地（例如准噶尔盆地、塔里木盆地）周围的造山带迅速隆起。这造成了之前的圈闭破损，烃类运移至浅层积累稠油。中国东部裂开的盆地主要受侏罗纪时形成的太平洋板块的影响，沿东北、北东北方向分布。烃类的产生和运移主要发生在断层下陷时。断层下陷后受张力分离开的断层形成了断块。这种倾斜使得烃类再次运移至浅层，尤其是向流域坡的高处，在中国东部积聚了大量的稠油，如辽河油田、胜利油田和大庆油田等。圈闭机理包括背斜、断裂的背斜、断块、潜山、地层圈闭等（表 6-1、图 6-1）。

由此可见，奥里诺科重油带构造、圈闭结构简单，加拿大重油及油砂沉积分布广、油藏类型多，而中国稠油油藏结构复杂，呈现多种控制因素、油藏类型多样等特点。

表 6-1　中国稠油油藏种类和模型

油藏类型	示意图	举例
披覆背斜稠油油藏		胜利油田的孤岛油田
冲断背斜		胜利油田的胜坨油田
断块稠油油藏		辽河油田的欢 127 区块
地层不整合稠油油藏		克拉玛依准噶尔盆地西北边缘
地层超覆稠油油藏		克拉玛依准噶尔盆地西北边缘
潜山稠油油藏		辽河油田的义和庄潜山油藏
尖灭稠油油藏		大庆油田的富拉尔基油藏
被沥青密封的稠油油藏		辽河油田的 Shu-1 油藏

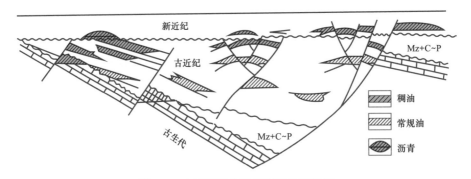

图 6-1 中国裂陷盆地的稠油油藏模型

2. 储层特征

中新世时期海侵时，在前陆盆地坡上形成了奥里诺科重油带最主要的产油层 Oficina 地层。这些油藏砂岩在从河流引伴随三角洲的海滨平原的过渡相中，发育很好，相对来说均质性强。此外，奥里诺科重油带的油藏埋深适当，通常南部为 150～750m，北部为 600～1050m。这些油藏还没有经过重大的成岩变化，平均孔隙度为 34%，渗透率为 1000～20000mD。

加拿大油砂主要有阿萨巴斯卡、冷湖和和平河 3 个矿区。其中，阿萨巴斯卡矿区最大，其东北埋藏浅，西南埋藏深，油层平均厚度为 26m，矿区东侧油层相对较厚。整体来说，加拿大油砂埋深一般小于 1000m，孔隙度为 16%～30%，渗透率为 500～5000mD。

中国大部分沉积盆地是陆相沉积，且沉积相的垂向和水平向变化都很大。油藏大部分是河流相或强非均质性的湖泊三角洲相中有夹层的多层砂岩。油藏深度变化很大，从 300m 到 2500m 不等，其中最深的油藏在吐鲁番盆地，埋深超过 3000m。这些油藏的油层物性较差，孔隙度为 20%～34%，渗透率为 100～5000mD（表 6-2）。

表 6-2 委内瑞拉（奥里诺科）、加拿大和中国稠油油藏特征

位置		埋深，m	厚度，m	孔隙度，%	渗透率，mD
委内瑞拉 （奥里诺科）	博亚卡	150～1050	30～90	32	1000～10000
	胡宁	150～1200	15～100	29～39	1000～40000
	阿亚库乔	300～1300	15～75	30～38	1600～30000
	卡拉波波	300～1400	15～60	28～35	4000～20000
加拿大	阿萨巴斯卡	0～760	7～30	16～30	6000
	和平河	460～760	8～22	19～27	1000
	冷湖	300～600	5～15	26～31	300～30000
中国	辽河	500～2400	10～90	20～35	500～55000
	胜利	600～2400	2～50	15～33	100～15000
	克拉玛依	150～600	5～35	20～36	100～3000
	吐哈	2300～3300	20～45	12～33	100～630

由此可见，国内陆相油藏非均质性强，物性差；而奥里诺科重油带油藏属过渡相油藏非均质性弱，物性好。

3. 流体特征

国内稠油（尤其是超重油）中，胶质含量高达 20%～50%，但沥青质含量少于 1%，硫化物含量少于 0.5%，明显低于委内瑞拉稠油（尤其是超重油）（表 6-3）。然而，委内瑞拉稠油中含有较多的镍和钒，尤其是钒含量可以达到数百至 1000mg/L，相较中国稠油而言，硫化物的含量也很高（3%～5%）。而加拿大原油密度和黏度变化范围大，沥青质含量高，含硫量较大。这些组分上的差异，导致了委内瑞拉、加拿大和国内稠油性质上的不同（表 6-3）。

表 6-3　委内瑞拉（奥里诺科）、加拿大和中国稠油性质

油田		硫化物含量 %	镍含量 mg/L	钒含量 mg/L	沥青质含量 %	胶质含量 %	黏度 mPa·s	API 重度 °API
委内瑞拉（奥里诺科）	博亚卡	3.5～5.4	—	600～1100	13～22	<30	10000	7
	胡宁	3.75	99	441	23.1	23.2	1886～3154	7.5～18
	阿亚库乔	4	108.6	430	10.1	36.7	1000～8000	8.5～13
	卡拉波波	4	103	397	9.9	35.4	<10000	4～17
加拿大	阿萨巴斯卡	4.8	100	250	18	39	5000000	8～10
	和平河	5.6	—	—	19.8	—	200000	8～9
	冷湖	4.7	70	240	15	23	100000	8～13
中国	辽河	0.3	40	2	0.5	20～52	500～500000	8.6～21
	克拉玛依	0.06	13.9	0.2	<0.1	26～33.6	2000～50000	19～23
	吐哈	0.21	21.8	1.4	<0.1	20.4	11000～27000	14～16

国内稠油（尤其是超重油）中大量的胶质导致其黏度高、密度低。然而，委内瑞拉的超重油中大量重金属使它密度高、黏度低。由图 6-2 可以看出，国内稠油的黏度明显高于委内瑞拉重油，在同等 API 重度下，黏度几乎相差 5～10 倍。

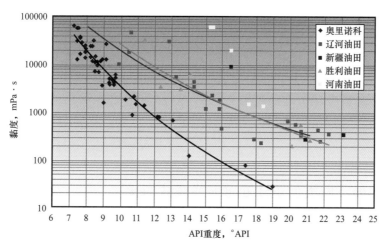

图 6-2　不同稠油油藏黏度和 API 重度间的关系

奥里诺科，地层温度下的黏度数据；辽河油田、新疆油田、胜利油田、河南油田，50℃下的黏度数据

中国稠油因为黏度高，很难在普通的油藏条件下流动，而奥里诺科稠油含有少量的分散气体可以形成泡沫油，即气体形成微气泡分散在原油中，同时在油藏条件下沥青质可以被吸附在气泡表面，使得黏度降低，原油能够在油藏条件下流动。这就是奥里诺科超重油能够流动的原因，也是奥里诺科重油带油田开发的一个重要机理。

综上所述，委内瑞拉重油带超重油油藏与加拿大以及中国的重油油藏在构造、储层、重油成因以及流体特征等方面存在明显差异，见表6-4。

表6-4 委内瑞拉超重油、加拿大油砂和中国重油油藏性质对比表

参数		奥里诺科重油带超重油	加拿大油砂	国内重油
构造		构造简单，北倾单斜构造	前陆盆地构造	构造及圈闭复杂，包括背斜、断背斜、断块、潜山、地层圈闭等
沉积		海陆过渡相	海陆交互相	陆相沉积为主
油藏埋深		主力油层 400～1100m	<1000m	一般为 300～2500m，最深的大于 5000m
孔隙度		平均34%	16%～30%	20%～35%
渗透率		1000～20000mD	500～5000mD	100～5000mD
原油性质	原油 API 重度	一般 6～10°API	一般 8～10°API	一般大于 10°API
	原油含硫量	高含硫（3%～5%）	高含硫（4%～6%）	含硫量较低（一般小于0.5%）
	原油重金属含量	钒（一般为几百毫克每升，最高达 1000mg/L）和镍（大于99mg/L）含量高	钒和镍含量较高	钒（小于2mg/L）和镍（小于40mg/L）含量低
	原油沥青质含量	含量高（9%～24%）	含量高（15%～20%）	含量低（<5%）
	原油胶质含量	含量低（20%～37%）	含量低（20%～39%）	含量高（20%～52%）
	原始溶解气油比	一般大于 $10m^3/m^3$	一般 4～$7m^3/m^3$	一般小于 $5m^3/m^3$
	地下原油黏度	低黏度（一般小于10000mPa·s）	黏度高	黏度较高（一般在2000～50000mPa·s），最高达 500000mPa·s
油藏条件下流动性		在冷采开发过程中可形成泡沫油而流动	一些疏松砂岩油藏生产时可以携砂流动，其他在油藏条件下不具备流动性	在油藏条件下流动困难或不具备流动性

二、国内外不同类型重油油藏开发模式对比

1. 中国稠油油藏开发模式

中国的稠油油藏特征十分复杂，原油黏度很高，在油藏条件下很难流动，因此传统的冷采方式并不适用于中国稠油油藏。然而，20多年的研究发现了一系列适合中国油藏特征的热采开发技术，以注蒸汽为主、火驱为辅的热力采油技术，在中国稠油油藏中发

挥了主导作用，做出了巨大贡献[1]。1982 年，辽河油田试验蒸汽吞吐获得成功，此后注蒸汽开发步入快速发展阶段，历经 10 年，全国稠油热采产量就上升至 $1066 \times 10^4 t$。进入 21 世纪以来，广大科技人员自主创新创造了不同类型稠油油藏的热力采油开发方式，形成了具有中国特色的稠油、特超稠油热采开发模式，支撑了中国稠油热采年产量一直保持在 $1000 \times 10^4 t$ 水平。此外，化合物蒸汽吞吐、三元化合物蒸汽吞吐和非混相段塞驱已经取得成功。蒸汽驱接替热采技术已经进入了生产应用阶段，SAGD 先导试验也取得了不错的效果。

基于中国的分类标准，稠油可以被分为以下 3 类：脱气后黏度小于 $10000mPa \cdot s$ 的普通稠油，脱气后黏度介于 $10000mPa \cdot s$ 与 $50000mPa \cdot s$ 之间的特稠油以及脱气后黏度大于 $50000mPa \cdot s$ 的超稠油。应针对不同的油藏种类选择合适的开发方式，尤其是针对原油和油藏的不同特征。

对于黏度小于 $150mPa \cdot s$ 的稠油油藏，常规水驱就可以开发。例如，大庆油田的羊三木油田就是成功应用这项技术开采的，采收率达到了 20% 以上。

黏度大于 $200mPa \cdot s$、埋深为 $350 \sim 1500m$ 的稠油油藏常采用蒸汽吞吐、蒸汽驱和热水驱，尤其是蒸汽吞吐。例如，辽河油田的锦 45 块是一个有边水的厚层稠油油藏，埋深为 870m，平均厚度为 22m，孔隙度为 29%~32%，渗透率为 $753.1 \sim 1121.3mD$，油藏条件下黏度为 $960 \sim 6468mPa \cdot s$（表 6-5）。这个区块在 1984—2002 年采用蒸汽吞吐的方式开采，采收率达到了 28.17%。另一个例子是井楼油田的 0 块，它是一个埋深只有 $300 \sim 350m$ 的浅层油藏，平均厚度为 5m，孔隙度为 32.7%，渗透率为 3210mD，油藏条件下原油黏度为 $6000 \sim 8000mPa \cdot s$（表 6-5）。在 1990 年以前，该油藏采用蒸汽吞吐方式开采，采收率达到 28.8%。后续接替五点法蒸汽驱，井间距为 93m，采收率达到 49.52%。

表 6-5　中国部分油田的油藏特征参数

区域		中国		
		锦 45		井楼 0 块
		YU1	YU2	
岩性		未胶结砂岩		
埋深，m		870		300~352
厚度，m		21.8		5
渗透率，mD		753.1~1121.3		3210
孔隙度，%		29~32		32.7
含油饱和度，%		70		65
温度，℃		45	47	31
黏度，mPa·s	地层温度下	10200~13000	3500	18000~21400
	地层条件下	5755~7180	960	6000~8000
原始地层压力，MPa		9.75		3.53
API 重度，°API		11.0	13.1	16.5
开发方式		蒸汽吞吐		蒸汽吞吐 + 蒸汽驱

截至 2016 年底，中国重油探明储量为 $2.02 \times 10^9 t$，动用储量为 $1.402 \times 10^9 t$，主要分布在辽河油田、新疆油田和吐哈油田等。中国重油油藏以陆相沉积为主，相对规模小，分布分散，油藏类型多样，储层非均质性严重，原油沥青质含量较低，胶质成分高，因而黏度相对较高，就地流动性差或不可流动，以热力开采技术为主，包括蒸汽吞吐、蒸汽驱、SAGD 及火驱，中国不同黏度类型的重油开发方式见表 6-6。

表 6-6　中国重油分类标准和开发方式筛选

重油		主要指标	辅助指标	开发方式		采收率 %
名称	类型	黏度 mPa·s	20℃ 时密度 g/cm³	井型	方式	
普通 I	I-1	50[①]~150[①]	>0.9200	直井 / 水平井	普通水驱	<30
	I-2	150[①]~10000	>0.9200	直井 / 水平井	蒸汽驱	40~50
				直井 / 水平井	蒸汽吞吐 + 热水 + 氮气或表面活性剂	35±
				直井 / 水平井	蒸汽吞吐	25±
特重油 II		10000~50000	>0.9500	直井 / 水平井	蒸汽吞吐	10~15
				直井 / 水平井	蒸汽驱	35±
超重油（天然沥青）III		>50000	>0.9800	直井	蒸汽吞吐	<15
				直井 + 水平井	蒸汽驱	30±
				水平井	SAGD	55~60

① 油藏条件下的原油，其他的为油藏条件下的脱气原油。

1）蒸汽吞吐

蒸汽吞吐技术是中深层普通稠油油藏主体开发方式。中国东部地区的辽河、胜利油区，油层深度为 800~2000m，多为普通稠油，储量达十几亿吨，开创了中深层注蒸汽吞吐开发技术，形成了配套工程技术，成为稠油热采大规模上产达到 $1000 \times 10^4 t$ 的主体开发方式。

特稠油采用蒸汽吞吐方式获得成功，超稠油应用失败。辽河油田特稠油开发公司在 20 世纪 90 年代对曙光一区特稠油区块，采用蒸汽吞吐方式建成几十万吨产能，特稠油油井获得有效开发，但黏度高达 $10 \times 10^4 mPa·s$ 的井区，效果很差。

深井蒸汽吞吐技术获得创新发展。由于深度超过千米以上的中深油层转入蒸汽驱方式受到井筒热损失大、热效率低、耗能高、成本高等问题的制约，在深井蒸汽吞吐开发延续发展中，推广应用蒸汽 + 氮气 + 泡沫剂方式获得显著效果。为降低生产成本，辽河油田气体辅助蒸汽吞吐方式规模试验成功，形成了由常规蒸汽吞吐的升级转换。这种创新蒸汽吞吐方式，提高普通稠油油藏采收率 25% 以上。

2）蒸汽驱

浅层普通稠油油藏采用蒸汽吞吐 + 蒸汽驱开发模式工业化应用获得成功。克拉玛依油区九区稠油田，油层埋深较浅，仅为 200m 左右，依靠地层弹性能量采用蒸汽吞吐方式开发的采收率低，经过科技攻关、先导试验，掌握了浅层蒸汽驱配套技术。1986 年开始实

施蒸汽吞吐 + 蒸汽驱开发设计方案，年产量 $100 \times 10^4 t$，采收率预计达 50% 以上。到 1990 年，热采产量达到 $117 \times 10^4 t$，1998 年蒸汽驱产量超过吞吐阶段，年油汽比为 0.22t/t，此后，稳产 $100 \times 10^4 t$ 达 10 年以上。

中深层稠油油藏由蒸汽吞吐开采转入蒸汽驱二次热采技术。深度为 1000～2000m 的稠油油藏，以辽河齐 40 块为代表，齐 40 块由蒸汽吞吐转入蒸汽驱已成功运行 9 年。这是中国开创的中深层稠油蒸汽吞吐 + 蒸汽驱热采开发模式的典型实例，预计采收率可达 50% 以上，起到引领蒸汽吞吐转换蒸汽驱方式的标志作用。

3）蒸汽辅助重力泄油（SAGD）

超稠油油藏采用 SAGD 开发模式跨入规模应用阶段。杜 84 块油层厚达 50m 以上的超稠油油藏，开展直井和水平井两套井网组合、平面驱替与重力泄油两种方式复合的主体开发试验区，日产量由之前的 155t 上升到 228t，油汽比也从之前的 0.15 上升到 0.2。辽河油区中深超稠油油藏和新疆油田浅层超稠油油藏突破技术难关，创新发展了新一代 SAGD 开发方式，形成成熟配套的工程技术，开发效果显著。辽河油田杜 84 块和新疆风城油田 SAGD 在 2014 年的产油量达到 $150 \times 10^4 t$，已跨入规模应用阶段，预计采收率可达到 55% 以上。这种超稠油热采模式将加速上亿吨储量投入有效开发，促进产量上升。

4）火驱

稠油油藏采用火驱技术开拓了有效工业化开发前景。杜 66 块和红浅 1 井区稠油油藏在注蒸汽后期转入火驱获得规模试验成功，表明中深层状和浅层层状稠油油藏在高轮次蒸汽吞吐之后转入火驱方式，可以大幅度提高采收率（30%），已迈向工业化应用阶段。中深块状稠油油藏，在蒸汽吞吐之后进行火驱辅助重力驱先导试验，有望取得成功。风城区超稠油油藏试验水平井火驱辅助重力泄油先导试验已进入实施阶段，呈现良好的发展前景。吐哈油田超深稠油油藏已启动火驱试验研究。

2. 加拿大油砂开发方式

加拿大有着丰富的稠油和油砂资源，其中 95% 集中在艾伯塔省的 3 个地区，其中储量最大的是阿萨巴斯卡区，其次是冷湖区，最后是和平河区（图 6-3）。截至 2014 年底，探明可采储量 $272 \times 10^8 t$，约占全球总储量的 13%。阿萨巴斯卡区面积为 $7.5 \times 10^4 km^2$，油砂储量为 $1887 \times 10^8 m^3$，平均厚度为 26m，油层孔隙度为 16%～30%，平均渗透率为 6000mD，原油密度为 1.00～1.03g/cm³；冷湖区储量次之，面积为 9000km²，储量为 $319 \times 10^8 m^3$，油藏埋深为 300～600m，油层孔隙度和渗透率分别为 26%～31% 和 300～30000mD，原油密度为 0.985～1.000g/cm³；和平河区面积为 $6.2 \times 10^4 km^2$，储量为 $205 \times 10^8 m^3$，埋深 460～760m，孔隙度为 19%～27%，平均渗透率为 1000mD，原油密度为 0.916～1.014g/cm³。

加拿大的稠油带和油砂中 20% 埋深小于 75m，可露天开采；剩余 80% 的油砂埋深较大，需要钻井开采。加拿大三大矿区的油砂项目（表 6-7）的钻采方式主要有出砂冷采（CHOPS）、蒸汽辅助重力泄油（SAGD）、蒸汽吞吐（CSS）和水平井趾部至跟部注汽法（THAI）等，尤以蒸汽辅助重力泄油为主[2]。

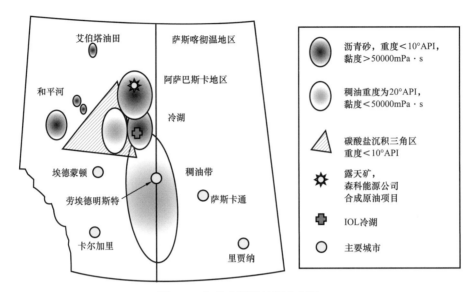

图 6-3　加拿大稠油油藏分布图

表 6-7　加拿大三大矿区的油砂项目统计表（截至 2009 年）

矿区	油砂项目开采方式，个						
	露天开采 + 提炼改质	CHOPS	SAGD	SAGD+ 提炼改质	CSS	THAI	合计
阿萨巴斯卡	8	8	14	2	0	1	33
冷湖	0	37	5	0	5	0	47
和平河	0	14	0	0	5	0	19
合计	8	59	19	2	10	1	99

1）出砂冷采

出砂冷采技术（Cold Production of Petroleum with Sand，CHOPS）是指依靠油藏中的天然能量，通过调节适当的生产压差，在保持地层骨架结构稳定的条件下，极大地提高地层的孔隙度和渗透率，使地层中的稠油携砂一同产出。此过程中，不注入蒸汽或热水等热介质，不使用防砂措施，伴有泡沫油形成，在射孔后采用螺杆泵进行生产，具有产油速度高、工艺简单、生产成本低、适用范围广等特点[3]。

出砂冷采适用于未胶结的砂岩稠油油藏，目前这项技术主要用于加拿大稠油带的浅层油藏（埋深小于 800m）。相对于常规一次采油，出砂冷采可以有效地提高低产井的产量，产能通常能够达到常规一次采油的 10～20 倍。此外，出砂冷采可以开采原始石油地质储量的 12%～20%，远远高于常规一次采油的 0～2%。中国的南阳油田、辽河油田和吉林油田等进行了多次试验，虽然效果远不及加拿大的出砂冷采项目，但高于非出砂冷采的产油速度。

（1）技术机理。

目前，对于出砂冷采的机理仍有许多讨论，大多数研究认为，出砂冷采能够大大提高产量主要是由于以下几点：

① 大量出砂形成的"蚯蚓洞"网络。在埋藏浅、未胶结砂岩的疏松稠油油藏中，由于原油黏度高，流动时携砂能力强。因此，生产时砂砾随着稠油一起流动。经过一段时间的大量出砂后，储层中射孔孔道的末端会形成"蚯蚓洞"（图6-4），而"蚯蚓洞"形成后也会向油层中继续延伸，形成网络。这大幅度地提高了储层的孔隙度和渗透率，改善了油层的渗流能力和流体的流动能力。

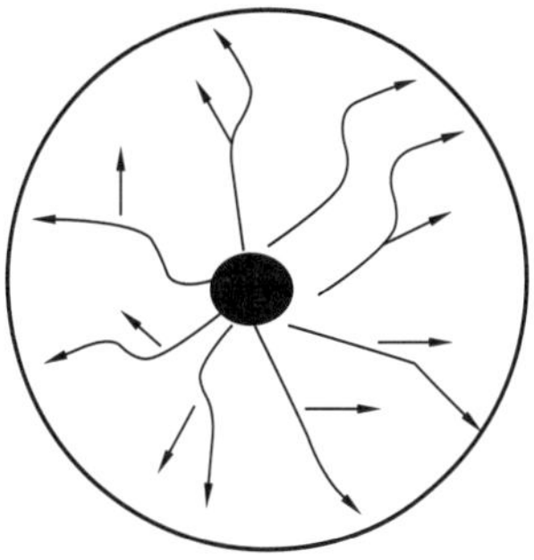

图6-4　"蚯蚓洞"示意图

② 压力下降形成的泡沫油。在生产过程中，原油在生产压差的作用下从油藏深处向井筒流动，随着原油携砂被产出，孔隙压力降低。对于原油而言，存在泡点压力和拟泡点压力。当压力下降至泡点压力时，溶解气开始分离，呈离散的气泡形式；压力进一步下降至拟泡点压力时，随着越来越多的溶解气逸出，气体呈连续气相形式。当油藏压力处于泡点压力和拟泡点压力之间时，地层中形成大量的泡沫油。同时，由于稠油中的胶质和沥青质含量较高，气泡的油膜强度大，在流动中气泡稳定不易破裂，也降低了原油黏度，增强了稠油的流动能力。

③ 上覆地层的压实驱动。生产过程中的大量出砂，使得油层中的骨架结构强度降低，上覆地层在重力作用下对油层有一定强度的压实作用，增加了孔隙压力，提高了油藏的驱动能量。

④ 远距离边、底水的驱动作用。远离油井一定距离的边、底水，通过压力传递的方式为稠油流动提供驱动能量，改善开采效果。另外，射孔应远离边、底水，防止边、底水侵入。

（2）适用范围。

出砂冷采是一项工艺简单、生产成本低的稠油开采技术，对油藏有一定的要求。根据对比油藏的各项特征，如稠油的黏度、溶解气油比、油藏埋深、油藏厚度等条件，发现出砂冷采是一项应用范围广的开采技术（表6-8），在大部分非胶结砂岩稠油油藏中取得了可喜的效果。

表6-8　适合采用出砂冷采技术的油藏范围

参数	范围	参数	范围
储层岩性	砂岩	原油密度，g/cm³	0.934～1.007
胶结状况	非胶结	原油黏度，mPa·s	600～16000
油层厚度，m	3～25	地层压力，MPa	2.4～6
埋藏深度，m	300～700	地层温度，℃	16～23
孔隙度，%	30～34	气油比，m³/m³	<40
地层渗透率，mD	500～10000	边、底水	多有
含油饱和度，%	65～90	气顶	少有

① 油藏条件。由出砂冷采的机理可知，开采过程中需要随着产油大量出砂才能形成连通的"蚯蚓洞"网络，实现提高渗透率的目的。因此，出砂冷采适用于疏松且泥质含量

较低的非胶结砂岩稠油油藏。一般来说，非胶结砂岩油藏有着较高的孔隙度和渗透率，稠油油藏具有较高的含油饱和度。总体来讲，非胶结砂岩稠油油藏具有良好的孔渗饱条件。同时，油藏埋深应小于1000m，但具有较高的地层能量。另外，由于"蚯蚓洞"的形成极大地提高了储层渗透率，为了防止水窜、气窜，应尽量远离边、底水和气顶，从油藏的中部开采。

② 原油物性。原油物性对出砂冷采的效果也有着很大的影响。原油中应含有一定量的溶解气，才能在开采过程中产生泡沫油流动，同时可以降低原油的黏度，增强其流动性。一般来说，地层溶解气油比最好在10m³/t为宜。此外，原油应该具有较高的黏度，但不适宜过高，最佳黏度范围为500~50000mPa·s，但也成功开采过黏度为160000mPa·s稠油油藏的先例。

（3）加拿大重油出砂冷采概况。在加拿大的艾伯塔省和萨斯喀彻温省，出砂冷采被证实是一种经济有效的稠油开采方式。如果采取防砂措施，尤其是在浅层低压未胶结的砂岩油藏中，稠油的产量极低，只能开采出原始地质储量的0~3%，并不具有经济效益。采用小直径直井或斜井，出砂冷采可以达到5~15m³/d的产量，并稳产数年，最终实现5%~12%的采收率。在加拿大，出砂冷采主要被用在McMurray、Clearwater、GP、Sparky、Wascana、Lloydminister、McLaren和Cummings地层，这些地层都是毯状或河道状非胶结砂体，孔隙度大约为30%，岩性变化从石英砂岩到长石砂岩。从加拿大有限的生产实践来看，岩性和粒度并不影响出砂冷采效果。出砂冷采油藏的埋深为300~600m，周围被粉质黏土至泥质粉砂包围。原始油藏温度在15℃左右，并且具有高含油饱和度（85%~90%）。成功的出砂冷采项目中，油藏都不具有可流动的底水和气顶（表6-9）。

表6-9　加拿大出砂冷采项目的油藏特征

参数	数值
储层岩性	未胶结砂岩
埋深，m	400~800
油层厚度，m	4~24
油藏压力，MPa	2.4~5.8
油藏温度，℃	10~24
孔隙度，%	30~34
渗透率，mD	500~10000
含油饱和度，%	67~87
API重度，°API	11~16
地下原油黏度，mPa·s	1000~100000
气油比，m³/m³	4.5~13.5
主要驱动方式	溶解气驱

2）蒸汽辅助重力泄油（SAGD）

蒸汽辅助重力泄油特别适合开采黏度非常高的天然沥青或特稠油油藏，是一个基于热传导与流体热对流相结合的开发方式。它以蒸汽作为热介质，依靠重力作用使加热后具有流动性的沥青及凝析液流向井口来开采稠油。截至 2015 年底，加拿大正在生产的 139 个油砂项目中，大部分采用 SAGD 方式开采（图 6-5）。

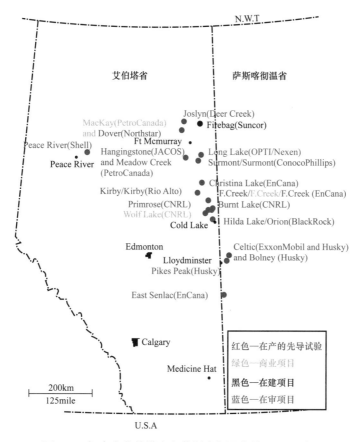

图 6-5　加拿大艾伯塔省和萨斯喀彻温省的 SAGD 项目

SAGD 开发效果受多重因素影响。首先，由于 SAGD 过程是以流体的重力作用作为动力，因此油层必须具有一定厚度。根据 SAGD 技术的现场应用和研究成果（表 6-10），要想取得良好的开发效果，SAGD 一般适用于埋深小于 1000m 的油藏，原油黏度在 100000mPa·s 以上，油层具有一定厚度（最好大于 10m），水平渗透率高于 250mD 且垂直渗透率与水平渗透率的比值大于 0.1，并且油层中不存在连续分布的薄夹层。这主要是因为随着油藏埋深的增加，注汽井筒热损失增大，因此油藏埋深不宜过深。此外，蒸汽腔的扩散受渗透率影响，垂向渗透率主要影响蒸汽上升速度，水平渗透率影响蒸汽腔侧向扩展。而厚层块状砂体中零星分布的泥质夹层不利于蒸汽腔的扩展，其分布极大影响着 SAGD 的开发效果。

SAGD 项目的热效率可以通过汽油比来评价。汽油比是注入蒸汽量和产出原油量的比值。通过对加拿大 SAGD 项目的分析得到，加拿大的平均经济极限汽油比大约为 4.0m³/m³，且数值不受油藏水平渗透率的影响。

表 6-10　加拿大的部分 SAGD 项目油藏特征参数

	Nexen Long Lake	Suncor Firebag	Staoil Leismer	Jacos Hangingstone	ConocoPhilips/ Total Surmont	Cenovus Christine Lake	Senlac
埋深，m	200	320	240	280	220	375	750
API 重度，°API	8	7	8	8	8	9	12
地下原油黏度 mPa·s	5×10^6	10×10^6	5×10^6	（1～2）×10^6	1×10^6	1×10^6	5000
地层压力，MPa	1	0.8	2.2	2～2.8	1.34	2.5	5.2
储层	McMurray	McMurray	McMurray	McMurray	McMurray	McMurray	McMurray

3. 委内瑞拉重油带开发方式

奥里诺科重油带原油 API 重度大部分为 8～10°API，但黏度小于 10000mPa·s，具有流动性，普遍采用水平井或多分支水平井冷采加稀释剂的方式，采收率为 5%～12%。

奥里诺科超重油油藏储层为疏松砂岩，渗透率高；原油就地具备一定流动能力和一定的冷采产能，同时原油中含有溶解气，当一次生产时，能够利用泡沫油机理及油层的弹性能量，获得较好的开发效果和较高的冷采采收率。

油藏开发的关键问题是如何增大油层渗流能力，水平井开采相对直井而言，增大了泄油面积，增强了导流能力，同时减少了生产压差，降低了出砂。在确定重油油藏冷采是否适合水平井开发时，应主要从油藏地质参数和储层流体性质这两个方面进行考虑，其中油藏地质参数包括油藏深度、油层有效厚度与总厚度、初始地层压力、油层孔隙度与渗透率和含油面积等；储层流体性质参数包括原油密度、初始油层温度下脱气原油黏度、溶解气油比等。

超重油油藏储层物性好，油层厚度较大，平面发育连续性好，原油流动能力强，水平井或多分支水平井开发实践证明，与直井相比，可以获得较高的产油速度和较好的经济效益。统计重油带水平井冷采初产 150～300t/d，产量是直井的 4～10 倍，而单位钻井成本是直井的 1.0～1.2 倍，并且水平井适合平台钻井，能够进一步降低建井成本，有利于地面环保。

第二节　水平井开发优化设计概述

一、水平井技术应用现状

水平井技术在油气田开发领域的应用和发展尤为迅速，已经成为世界石油工业发展的主要热点。水平井技术的发展给油田开发带来了巨大的效益，也给开发设计带来了全新的理念。水平井可以提高单井产量、降低操作成本，显著提高油气田勘探开发的综合效益。水平井实质上并没有改变油气渗流机理，油藏流体所遵循的渗流方程与直井一样，只是流体流入条件发生了变化，由此改变了渗流场，水平井本身不能提供任何附加能量以助开采，但它可以提高能量的利用率[4]。

　　水平井的明显优势体现在：产量高及单井控制储量大；增加原油的可采储量，如美国《油气杂志》统计，通过水平井的应用可使美国石油可采储量增加 $13.7 \times 10^8 t$；采油成本比直井低，以美国为例，水平井钻井成本已降至直井的 1.2～2 倍，而水平井的产量却是直井的 4～8 倍；控制储量成本（开发费用 / 控制储量）亦比直井低 25%～50%；水平井具有比直井更长的完井层段，能够产生较大的泄油区，可以改造断块型油藏的连通性，能够有效地抑制有底水或气顶油藏的水锥或气锥，它具有水力压裂造缝所不能实现的、合理的、有效的定向控制和长度控制等。

　　目前，石油工业在世界范围内均不同程度地面临老油田剩余油资源挖潜、低渗透、超薄、海洋、稠油和超稠油等复杂油藏的开发等难题，加之水平井钻井技术的成熟和成本的降低，各国石油公司开始将水平井技术作为原油高产、稳产的一项保障技术积极推广，并规模应用。目前，水平井所应用的油藏类型涵盖了稠油油藏、边底水油藏、薄层油藏、低渗透油藏、裂缝性油藏、低渗透气藏，涉及新区、老区。但不同的国家由于不同的地质条件，水平井所应用的主要类型各有侧重。例如，美国 53% 的水平井用于裂缝性油藏开发，主要作用是横穿多条裂缝，33% 的水平井用于具有底水或气顶油藏的开发，以延迟水锥或气锥；而在加拿大，45% 的水平井开采重油油藏，40% 的水平井开采中到轻质油藏以及裂缝性碳酸盐岩油藏；俄罗斯则主要利用水平井开采枯竭老油田；在阿曼，从前寒武纪到白垩纪的碎屑岩油藏和碳酸盐岩油藏、薄油层和厚油层、轻质油藏和重质油藏以及深度为500～5000m 的油藏均钻有水平井，应用范围较广，并且水平井长度可以达到 10000m。但总的趋势是，水平井早期以开发薄层、底水油藏和裂缝性油藏为主，目前主要转向稠油油藏、低渗透 / 特低渗透油藏等复杂类型油藏。除常规意义的水平井外，针对储层特点，还加大了侧钻水平井、鱼骨刺井、多底井、多分支井、阶梯状水平井等特殊井型的应用力度，并且一些非常规水平井应用技术迅猛发展。例如，哈里伯顿公司在英国 Jedney 油田完钻了一口 U 形对接井，该井长度为 5864m，总垂深 1545m，水平位移 3106m。壳牌石油公司在文莱海上的冠西方油田完钻了一口长度为 8000m 的蛇形井，该井是当前世界上最长、最先进的水平井，这类水平井能够将许多分散的小油藏串联起来，大大降低了一些小而复杂油藏动用的经济界限，并且采用智能技术，使油井产量大幅增加，开发费用降低。

　　多学科综合应用有效地促进了水平井技术的发展与进步，水平井应用技术日臻完善。例如，为了解决老油田稳产增产和提高采收率问题，国外多家公司应用多学科综合方法开展水平井水驱技术的研发和应用。通过地质解释、岩石力学评估、油藏模拟等多学科相结合的方法对有潜力的油藏进行筛选：应用油藏数值模拟确定油藏的适应性，制订开发方案；应用先进的旋转导向钻井技术钻短半径水平井；改进测井工具的通过性，顺利完成短半径水平井水平段的测井；在水平段采用裸眼完井工艺；通过优化布井方式最大限度地驱替剩余油。同时，水平井专项技术也不断向极限挑战并逐渐转向普及应用。诸如，在钻井工程方面，水平井长度逐渐增加。例如，2004 年 11 月，挪威海德罗公司在 Oseberg油田钻成当时海上最长的水平井，水平段长度为 10007m，总垂直深度为 2807m，水深为109m，水平位移为 8219m。在水平井压裂改造方面，斯伦贝谢公司的 StageFrac 服务技术已经被应用到全世界的多种地层，从中东的碳酸盐岩油藏到西非的海上砂岩油藏，再到北美的水平泥岩气井。如果油藏渗透率很低，哈里伯顿公司的 SurgiFrac 服务技术在增加产能方面与传统方法不同。据报道，SurgiFrac 服务技术在一口长为 488m 的水平井裸眼水平段压开 8 条裂缝，产量达到压裂前的 800%；一口每个分支长 244m 的双分支水平井应用 SurgiFrac 服务技术进行酸化压裂，在每个分支上压裂 6 条小到中等的裂缝，初产是压裂前的 5 倍，稳产后产量是压裂前的 4 倍；在新墨西哥东南的一个低渗透碳酸盐岩老油田的一口水平裸眼分支长 488m 的老水平井上，压裂了 8 条裂缝，酸化压裂前的产油量为 0.4t/d，使用 SurgiFrac 服务技术后初始产油量为 7t/d，一个月后为 4t/d；巴西近海应用 SurgiFrac 服务技术压裂一口裸眼水平井，压裂 3 条裂缝，压裂后产量提高 5 倍。

同时，水平井应用效果总体明显，产量增幅较大。例如，BirdCreek 油田是一个浅滩中等黏度、下部被水淹的老油田，直井开发单井产量仅为 0.3~0.4t/d，含水率高达 98%，Grand 公司应用水平井技术对 BirdCreek 油田进行再开发，取得了很好的效果，产量平均提高了 6 倍，达到 2t/d，含水率下降至 75%。美国和加拿大的资料还表明，水平井可平均增加可采储量 8%~9%，水平井的稳定产能是直井的 2~5 倍，许多高渗透气藏超过了 5 倍。委内瑞拉英特甘伯边际油田应用水平井开发技术日产油则提高近 10 倍。美国 Six Lakes Gas Storage 气田产能每年下降 5.6%。密歇根联合天然气公司采用水平井技术后改变了产能下降的状况，水平井产能是周围直井的 15 倍，而成本却是直井的 2.7 倍，目前，水平井为该油田提供一半以上的产能。

二、水平井开发部署概论

合理的井网部署是油气田开发成败的关键，长期以来，对合理井网的研究也一直是人们重视的课题，但大多数是对直井井网的研究，对水平井，特别是压裂水平井井网的研究很少。20 世纪 40 年代，Muskat 对简单井网的渗流机理进行了深入研究，同时，人们在油层均质和流度比为 1 的条件下，提出了见水时刻油层波及系数和注水方式（即井网形式）之间的关系理论。其后，人们研究了在任意流度比的条件下，见水后油层波及系数在水驱油过程中的变化。60 年代末，苏联学者谢尔卡乔夫提出了最终采收率和井网密度的经验公式。在国内，80 年代初，童宪章提出了获得最大产量的井网形式；90 年代初，齐与峰提出了井网系统理论，郎兆新等人开始研究水平井井网的开采问题[4]。

在现场生产中，井网形式主要受油气田的地质条件控制，按照井网的几何形状规则与否分类，生产现场的井网形式一般分为规则井网和不规则井网两种。当储层均质时适宜用规则井网开采，通常指面积注水井网。常见的面积注水井网有直线型、交错线型、四点井网、五点井网、七点井网、九点井网、反九点井网。而储层非均质时，适宜用不规则井网开采，往往是规则井网的变形。

论证合理的井网密度一般通过数值模拟的方法进行，根据油层非均质性特点、油水黏度差异以及油层分布状况，设计各种注采井网，通过数值模拟预测开发指标和最终采收率，经综合评价确定合理的注采井网。从油藏的角度研究合理油水井的比例，大多研究结果是在均质条件下统计得到的。

1. 井网类型及优化指标

1）井型种类

目前，在国内外油田经常采用的水平井井型主要包括常规水平井、水平分支井、鱼骨刺井、多底井和分叉井。其中，前三种井型主要针对单层油藏，后两种井型主要针对多层油藏。

（1）水平井［图 6-6（a）］：通过扩大油层泄油面积提高油井产量，是提高油田开发经济效益的一项重要技术。水平井在开发复式油藏、礁岩油藏和垂直裂缝油藏以及控制水锥、气锥等方面效果非常好。

（2）水平分支井［图6-6（b）］：在同一产层中从一个主井筒中侧钻出2口或2口以上水平井的复杂井称为水平分支井。与单一水平井相比，它极大地提高了井筒与油藏的接触面积，是增加产量和提高采收率的重要手段，在开发隐蔽油藏、断块油藏、边际油藏等方面具有显著的优越性。

（3）鱼骨刺井［图6-6（c）］：作为水平分支井的一种类型，可以在任意一个分支井筒上再增加分支，原油流入主井筒的距离和时间缩短，使整个鱼骨刺井产量比单一直井提高6～10倍，实现了少井高产的目标。主要适用于布井条件受平台限制的海上高渗透油气田。

（4）多底井［图6-6（d）］：指一口垂直井侧钻出2个或2个以上井底的井，能够从一个井眼中获得最大的总位移，在相同或不同方向上钻穿不同深度的多套油气层。主要适用于厚油层和多层油藏的开发。

（5）分叉井［图6-6（e）］：指为了减少钻井进尺、节省材料费用，从一口斜井中侧钻出另一口斜井进行合采的井型。主要适用于油藏为条带排列的透镜体状油藏，此类油藏（多个分离的薄层或孤立油区）单独进行开采一般没有太大的经济效益。

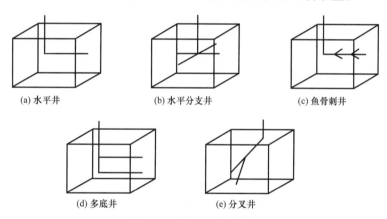

图6-6　井型种类示意图

2）井网种类

目前，除水平井外，其他复杂结构井主要针对特殊油藏条件，而且绝大部分只是采用单井进行生产。从研究角度看，可以直井井网为基础，采用水平井或其他井型来替代其中的部分直井来组成各种类型的井网进行优化设计研究。

3）优化指标

优化井网的原则：保障注采基本平衡，具有较高的采收率、初始产油速度和单井经济效益，钻井工程容易实施，适合或者能够与裂缝相匹配等。当然，对于不同的井网，优化设计的指标也不同（表6-11）。

2.影响水平井井网的主要因素

影响水平井井网的主要因素有穿透比、地应力、混合注采井网中的水平井井别、水平井长度、布井方向以及裂缝发育程度、井网单元面积、井距、地层参数（渗透率、厚度、流体黏度、流度比等）、水平井与水平方向的夹角、布井方式以及井网形状因子等。

表 6-11　不同井型井网优化设计对象

	水平井井网	水平分支井井网	鱼骨刺井井网	多底井井网	分叉井井网
优化对象	井网类型	井网类型	井网类型	井网类型	井网类型
	井距	井距	井距	井距	井距
	排距	排距	排距	排距	排距
	水平段长度	水平段长度	主井筒长度	水平段长度	分支长度
	水平井在油藏中的位置	水平分支井在油藏中的位置	鱼骨刺井在油藏中的位置	多底井	分叉角度
	水平井方位	水平分支井方位	鱼骨刺井方位		分叉位置
		分支条数	分支长度		
			分支角度		
			分支条数		

第三节　中深层超重油油藏冷采油藏工程优化设计

MPE3 区块位于重油带卡拉波波大区东端，具备该大区典型的油藏地质和流体特征，为中深层超重油油藏，以该区块为例，在分析影响单井产能的油藏地质因素的基础上，论述了其平台丛式水平井布井方式。

一、MPE3 区块油藏地质概况

MPE3 区块构造上整体形态为北倾单斜构造，南高北低，地层倾角 2°～3°，工区存在 55 条高角度正断层，6 条规模较大，以近东西方向展布为主，最大延伸长度约 10000m。主要含油层段为新近系下—中中新统的 Oficina 组 Morichal 段，自上而下分为 O-11、O-12 和 O-13 三套层系，其中 O-12 层又可细分为 O-12S 和 O-12I 两个小层，该段储层是以下三角洲平原辫状河道砂为主的沉积，砂体整体连续，O-12S—O-13 小层南部存在地层缺失，O-13 小层地层缺失范围广。各层的油层厚度为 9～24m，平均厚度大于 15m，油层厚度大；平面上大面积连片分布。隔层分布特征上，纵向上 O-11—O-12S 间隔层相对较发育，平均厚度为 3.5m，O-12S—O-12I 平均厚度为 2m，O-12I—O-13 平均厚度为 2.9m；平面上，O-11—O-12S 间隔层分布广泛，O-12S—O-12I 隔层主要分布在工区东部，O-12S—O-12I 隔层分布在工区西北部（表 6-12、图 6-7）。

区块油藏类型属于疏松砂岩构造岩性油藏，主力油层无边、底水。主力油藏平均中深（TVDSS）845m，平均地层压力为 8.55MPa，平均地层温度为 47℃。油层孔隙度为 30%～36%，渗透率为 5000～10000mD，含油饱和度为 86%。原油 API 重度为 7.8°API，原油地下和地面相对密度分别为 0.957 和 1.016，溶解气油比为 15～16m^3/m^3，饱和压力为 6.17～6.69MPa，原油地下黏度为 2900～3200mPa·s，体积系数为 1.05，压缩系数为 9.18×10^{-4}MPa^{-1}。

表6-12　MPE3区块开发目的层主要油藏参数表

油层	O-11	O-12S	O-12I/O-13	
			O-12I	O-13
油层埋深，m	783	822	846	885
平均厚度，m	26	25	16	9.2
油层平均孔隙度，%	30.3	31.2	30.2	29.5
油层平均渗透率，mD	6444	7454	6285	5382
平均含油饱和度，%	87	89	87	83
油藏中部地层压力，MPa	8	8.4	8.6	9
油藏中部地层温度，℃	45	46	46.7	47.2
储量，10^8t	9.9	8.3	6.3	

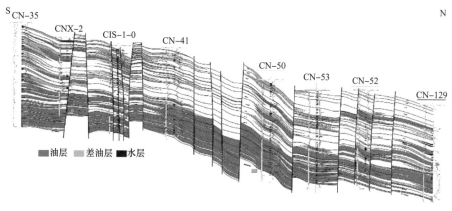

图6-7　MPE3区块油藏剖面图

二、冷采产能影响因素

水平井产能受地质油藏参数和工程等因素的影响，前者包括油层厚度、渗透率、非均质系数、原油黏度、原油体积系数等；后者包括水平段长度、井轨迹等方面。而对于超重油油藏泡沫油冷采而言，除上述因素之外，开采过程中由于泡沫油流的形成导致的体系黏度、体积系数和渗流特征的非常规变化，对水平井的产能亦有重要的影响。以MPE3区块为例，建立具有重油带典型油藏地质特征的单井模型，开展油藏数值模拟研究，分析超重油油藏泡沫油冷采产能影响因素，为超重油油藏冷采油藏工程优化设计奠定基础。

1.典型模型建立

MPE3区块典型单井模型平均孔隙度为0.338，平均渗透率为9400mD，平均油藏厚度为27m；模型X、Y和Z方向上的网格数分别为31、13和28，X和Y方向的网格步长分别为50m，模型尺寸为1550m×650m。水平井段长度为1000m，模拟生产采用定最大日产油240t、最小井底流压控制，最低井底流压为2MPa，经济极限产量为8t/d。

2. 产能影响因素

1）油藏埋深

油藏深度不同，油藏的压力和温度不同，原始溶解气油比不同，原油黏度也不同，并影响水平井的生产效果。在油层厚度为 18m 的条件下，模拟油藏埋深为 460～920m 条件下水平井的生产效果。模拟结果表明，在初产一定的条件下（模拟用最大产量为 241t/d），随着深度增加，稳产时间增长，累计产油量增加（表 6-13、图 6-8）。

随着深度的增加，地层压力增大，温度增高，原始溶解气油比上升，黏度降低，虽然温度升高和黏度降低会影响泡沫油的形成和稳定性，但在重油带深度变化范围内，这种影响并不是影响水平井开采动态的最重要因素。

表 6-13 油藏深度对水平井生产动态的影响

油藏深度，m	累计产油量，10^4t	稳产时间，d
460	16	0
550	21	22
640	29	90
730	36	212
820	43	365
920	50	547

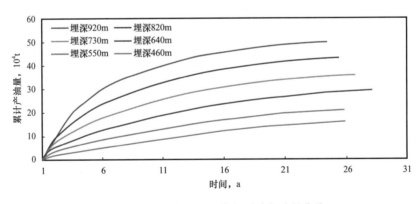

图 6-8 不同油藏埋深下模拟累计产油量曲线

2）油层厚度

在埋深 914m 条件下，模拟油层厚度为 9～36m 条件下水平井的生产动态，模拟结果见表 6-14。随着厚度的增加，生产时间越来越长，当厚度为 9m 时，生产时间只有 16 年，就达到了 8t/d 的经济极限产量；而当厚度为 32～36m 时，可以生产 30 年，随着油层厚度的增加，水平井单井产油量由 24×10^4t 上升到 98×10^4t。另外，随着厚度的增加，递减率逐渐减小，稳产时间增加，单井累计产油量增多。例如，厚度为 9m 时，递减率达到 28.2%；厚度为 36m 时，递减率只有 11.3%（表 6-14、图 6-9）。

表 6-14　油层厚度对水平井生产动态的影响

油层厚度，m	生产时间，a	累计采油量，10^4t	平均日产油，t	稳产时间，d	年递减率，%
9	16	24	42	212	28.2
14	20	37	51	396	25.4
18	23	50	59	547	23.4
23	26	62	66	768	19.8
27	29	75	71	1127	16.8
32	30	86	79	1461	13.5
36	30	98	89	1727	11.3

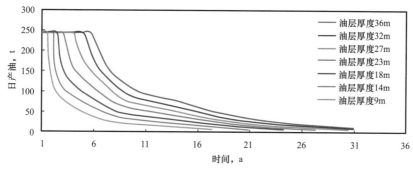

图 6-9　不同油层厚度下模拟日产油曲线

3）油藏渗透率

在油层厚度 18m、埋深 914m 的条件下，模拟油藏水平渗透率为 4000～12000mD 条件下水平井的开采动态。模拟结果表明，随着渗透率的增加，地层压力下降变缓，单井累计产油量增加，稳产时间延长，产量递减率降低。渗透率从 4000mD 增加到 12000mD，单井累计产油量从 39×10^4t 增加到 50×10^4t（图 6-10）。

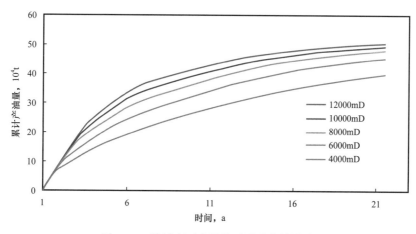

图 6-10　渗透率对水平井开采动态的影响

4）夹层的影响

（1）夹层渗透率。

层内夹层的存在影响油层的有效厚度和垂向渗流能力，进而影响水平井的产能。MPE3区块的夹层类型有泥岩、泥质粉砂岩和细粉质泥岩。不同类型的夹层具有不同的物性。在油层水平渗透率为8000mD、夹层长度为水平井长度（1000m）的一半、夹层厚度为1.5m、夹层位于水平井之上的条件下，模拟夹层渗透率分别为0mD、10mD、100mD、500mD和1000mD情况下水平井的开采动态。模拟结果表明，当夹层渗透率小于100mD时，对水平井的生产效果影响较大；当夹层渗透率大于100mD时，已有一定的渗透能力，对水平井生产效果的影响逐渐减弱（图6-11）。

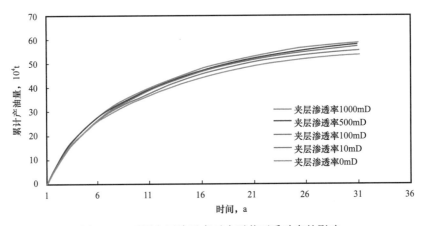

图6-11　不同夹层渗透率对水平井开采动态的影响

（2）夹层厚度。

夹层厚度影响油层的净总厚度比，相应地影响水平井产能。在夹层长度为水平井长度（1000m）的一半、夹层渗透率为0mD、夹层位于水平井之上的条件下，模拟夹层厚度分别为0.3m、0.9m、1.5m和2.0m情况下水平井的生产动态。模拟结果表明，夹层对水平井生产效果的影响主要在于降低了流体垂向渗流能力，而厚度并不是一个主要因素。在夹层没有渗透性的条件下，如果夹层延伸范围足够大，即使0.3m厚的夹层，对产油量影响也很大。

（3）夹层长度。

夹层长度影响流体向水平井的垂向渗流能力，一条不小于水平井长度的泥岩夹层，对油层的垂向渗流能力能起到很好的阻隔作用。在水平井段长度为1000m、夹层渗透率为0mD、夹层位于水平井之上、夹层厚度为1.5m条件下，模拟夹层长度与水平井长度的比值分别为0.05、0.1、0.2、0.3、0.4和0.5情况下水平井的开采动态。模拟结果表明，随着夹层长度的增加，水平井的累计产油量逐渐减少，当长度之比小于0.2时，这种影响不是很显著。单分支水平井应避开夹层长度很大的区域（表6-15）。

（4）夹层厚度、密度、分布频率及延伸范围的综合影响。

水平井的主要优点是与油藏接触面积大。但是，影响水平井产能的主要因素之一就是油藏的垂向渗透率。首先，确定储层垂向渗透率可以用岩心实测的垂向渗透率的大小，统计分析垂向渗透率与水平渗透率的比值；其次，考虑储层存在有不稳定的非渗透性或渗透能力很低的泥质、含泥质或其他性质的夹层，利用统计经验公式进行计算，评估其宏观垂向渗透率的大小。

表 6-15　夹层长度对水平井开发效果的影响

夹层长度与水平井长度的比值	生产时间，a	累计产油量，10^4t
0.05	30	57.2
0.1	30	57.2
0.2	30	56.4
0.3	30	55.5
0.4	30	54.9
0.5	30	53.6

$$\bar{K}_{v} = \frac{1-F_{s}}{(1+fd)\left[1/K_{v}+f/(K_{h}d)\right]} \tag{6-1}$$

式中　F_{s}——夹层密度，%；

f——夹层频率，条/m；

d——平均夹层长度（L）的一半，m；

K_{v}——岩心实测垂向渗透率，mD；

K_{h}——岩心实测水平渗透率，mD。

模拟研究了垂向渗透率与水平渗透率的比值分别为 0.05、0.10、0.15、0.20、0.25、0.30、0.40、0.50、0.60、0.70、0.80 和 1.00 时水平井的生产效果。模拟结果表明，随着垂向渗透率的增加，水平井产油量也增加，井底流压下降速度减缓，当垂向渗透率与水平渗透率的比值大于 0.3 时，这种影响减小（表 6-16、图 6-12）。

表 6-16　K_{v}/K_{h} 对水平井开发效果的影响

K_{v}/K_{h}	累计产油量，10^4t	平均单井日产油，t
0.05	49	44.41
0.10	50	45.86
0.15	51	47.15
0.20	53	48.44
0.25	54	49.56
0.3	55	50.53
0.4	57	51.98
0.5	58	52.94
0.6	59	53.75
0.8	60	54.39
1.0	60	55.03

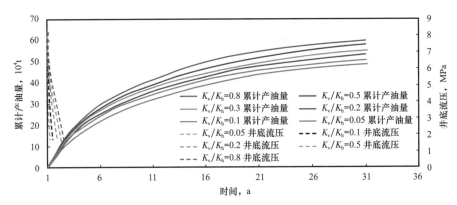

图 6-12　垂向渗透率与水平渗透率的比值对水平井开采动态的影响

对于 MPE3 研究区的三套主力开发层系 O-11B、O-12 和 O-13，根据地质研究得出了夹层厚度、夹层长度、夹层密度与分布频率数据（表 6-17），用上述经验公式计算出 O-11B、O-12 和 O-13 层宏观垂向渗透率与水平渗透率的比值分别为 0.2、0.26 和 0.29，三套层系自上而下层内非均质性逐渐减弱，这也是三套层系自上而下开发效果依次变好的原因之一，这一点与储层宏观渗透率对开发效果影响的模拟认识是一致的。

表 6-17　MPE3 区块分开发层系层内夹层分布统计表

层系	厚度，m	分布密度，%	分布频率，条 /30m	延伸范围，m
O-11B	1.7	13.8	2.6	59
O-12	1.3	10.4	2.4	45
O-13	1.9	15.8	2.7	29

三、水平井冷采优化设计

水平井地质设计是水平井施工的基本依据，也是水平井能否达到预期效果的关键保证，因此，在进行水平井地质设计时必须要有充分的油藏地质资料做保证。一般来讲，水平井地质设计需要的资料大体包括高精度地震资料、地质构造研究成果、储层评价资料、层内的隔夹层分布、流体及其界面研究成果等。有条件的油田或区块应该在油藏精细描述和地质建模基础上，在三维地质模型内进行水平井地质设计，在水平井钻井过程中，根据随钻资料及时修改地质模型，调整水平井轨迹，确保提高储层的钻遇率或剩余油分布区钻遇率，达到效益最大化。

规定水平井钻探应该完成的地质任务主要指标有水平井在油藏中的位置、储层钻遇率、隔夹层钻遇率、水平段长度、水平段斜度、阶梯或波浪起伏次数等。

1. 开发层系划分

一般而言，开发层系划分的原则主要包括：（1）同一开发层系各油层应该性质相近，油层性质相近包括沉积条件相近、渗透率相近、油层分布面积相近和层内非均质性相近；（2）一个独立的开发层系应具备一定的储量，以保证油田满足一定的产油速度，并具有较长的稳产时间和达到较好的经济指标；（3）各开发层系必须具有良好的隔层，以便在注入介质驱替时，层系间能严格分开，确保层系间不发生窜通和干扰；（4）同一开发层系内油层的构造形态、油水边界、压力系统和原油物性应比较接近；（5）在分层开采工艺能解决的范围内，开发层系不宜划分过细，以利于减少建设工作量，提高经济效果。

结合以上原则，MPE3 区块在 Morichal 段划分 O-11、O-12S 与 O-12I/O-13 三套开发层系。这三个油层组是该块的主力油层，三个油层组的油层厚度之和占油层总厚度的72.4%，原油地质储量占总储量的85.4%；平均单层厚度大于 15m，水平井的产能能够得到保证；净总厚度比大于 0.75；三个油层组之间存在全区和局部区域相对稳定发育的隔层。

2. 水平井段长度优化

水平段长度设计要综合考虑油藏特征、储层规模、流体分布以及已有井网等，选择合适的水平段长度，一般水平段越长产量越高，但是相应成本也会增加，因此并非是水平段越长越好。一般采用数值模拟方法优选水平段长度。

在水平井井距为 600m、油层厚度为 18m、单井初产为 241t/d 的条件下，模拟水平井段长度对冷采效果的影响（表 6-18）。

表 6-18　水平井段长度对开发效果的影响

水平井段长度，m	稳产时间，d	累计产油量，10^6t	递减率，%	采出程度，%
400	85	0.33	19.43	10.65
600	243	0.43	18.19	11.42
800	425	0.52	16.73	11.86
1000	593	0.61	14.55	12.18
1200	754	0.70	12.40	12.34
1400	1127	0.79	11.64	12.51
1600	1382	0.88	11.25	12.60
1800	1581	0.96	10.97	12.63
2000	1818	1.05	10.6	12.61
2200	2237	1.12	10.16	12.53
2400	2526	1.19	9.71	12.44

从模拟结果看出，水平井段长度对稳产时间及累计产油量影响很大。水平井段越长，稳产时间越长，当水平段长度为 400m 时，其 241t/d 的稳产时间只有 85d；而当水平井段长度为 2400m 时，稳产时间达到了 2526d。累计产油量也是随着水平井长度的增加而增加（图 6-13）。

随着水平井长度的增加，递减率逐渐降低，采出程度逐渐升高，当水平井段超过 1800m 后，采出程度反而降低（图 6-14）。因而，推荐水平井段的合理范围为1000~1800m，如果考虑钻井工程、油层出砂及油藏非均质性等因素，建议水平井段长度取 1000~1200m。

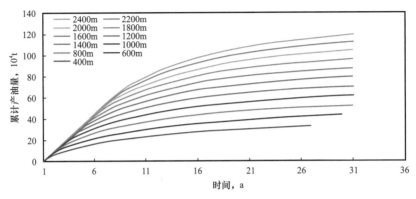

图 6-13　水平段长度与累计产油量的关系

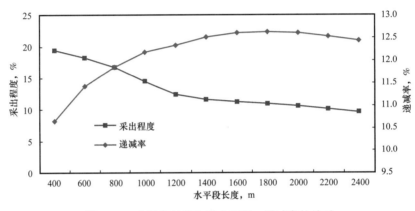

图 6-14　水平段长度与采出程度、递减率的关系

3. 水平井排距优化

选定水平井段长度 1000m，模拟对比了不同排距水平井的冷采效果。模拟结果表明，排距越大，供油面积越大，单井控制储量越大，其产量递减越缓慢，生产时间越长，累计产油量越高。例如，当井距由 200m 增加到 800m 时，产油量年递减率由 32.4% 减小到 10.9%，生产时间由 9 年增加到 30 年，累计产油量由 0.15×10^6t 增加到 0.62×10^6t（表 6-19）。

表 6-19　水平井排距对开发效果的影响

水平井排距，m	生产时间，a	累计产油量，10^4t	递减率，%
150	6	11	36.7
200	9	15	32.4
300	13	23	26.7
400	15	31	21.9
500	19	39	18.1
600	22	47	15.1
800	30	62	10.9
1000	30	74	8.3

合理排距的选择受两方面因素的影响：一方面是地质因素，如砂体的大小、延伸方向、形态以及油层非均质性等；另一方面还要考虑油田开发政策。从经济效益考虑，排距大，钻井数少，投资少；但如果考虑产油速度和建产规模，就需要适当地缩小排距。当排距大于600m以后累计产油量的增幅减缓（图6-15）。对于MPE3区块，综合考虑模拟结果，选取合理排距为500～600m。

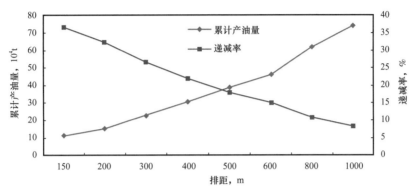

图6-15 排距对水平井开采动态的影响

4. 水平井在油层中的垂向位置

水平井在油藏中的垂向位置是指水平井设计时水平段处于要钻穿的储层部位，如到储层顶（底）面的距离、到油水界面或油藏边界的距离等。如果是老开发区还要考虑水平井穿越剩余油分布区的位置。油藏类型不同、开发程度不同，水平井设计的位置也不同。

在油层厚度为25m条件下，模拟了不同排距（200m和300m）下，水平井段距离油层底部不同距离下的开采效果。模拟结果如图6-16所示。由于重力泄油的影响，水平井段越靠近油层底部，采出程度越高，应尽量沿油层底部布井。

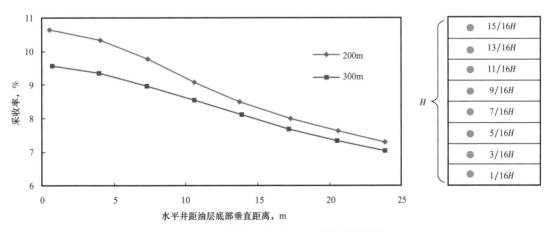

图6-16 水平井段垂向位置对开发效果的影响

H—油层厚度

5. 平台布井方式优化

1）水平井与断层方位的关系

MPE3区块断层以近东西向为主，在带有断层的井组模型上模拟研究了两种布井方式的生产效果：一是水平井长度方向与断层走向平行［图6-17（a）］；二是水平井长度方向与断层走向垂直［图6-17（b）］。由于受到断层的影响，水平井段长度设为700m。模拟结果表明，平行断层布井的平台及各砂体采油量均大于垂直断层布井的采油量。因此，推荐沿着平行断层的方向布井。

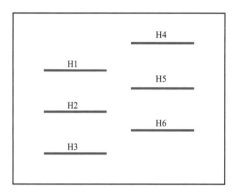

(a) 水平井平行断层布井

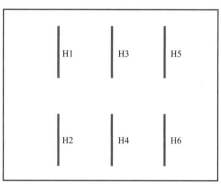

(b) 水平井垂直断层布井

图6-17　水平井与断层不同方位布井

2）辐射状布井与平行布井

根据前面的模拟对比，从生产效果考虑，水平井平行断层的布井方式好于垂直断层，但是由于平行布井需要钻三维井，这样将会给钻井和采油带来诸多困难。因此，模拟研究了辐射状布井的生产效果，并与平行布井进行对比（图6-18）。模拟结果表明，平行布井的生产效果好于辐射状布井。分析原因，平行布井的单井泄油面积要大于辐射状布井的泄油面积，尤其是平台附近地带，辐射状布井方式存在井间干扰。

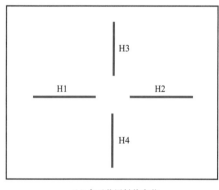

(a) 水平井辐射状布井

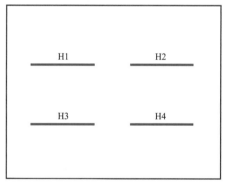

(b) 水平井平行布井

图6-18　水平井辐射状布井与平行布井

3）隔层对水平井布井的影响

根据地质研究，MPE3区块O-11与O-12S之间的隔层比较稳定，而O-12S与O-12I/O-13之间的隔层稳定性较差，在有的区域没有隔层或为物性隔层，即两套油层组之间存在一定的连通性，这样将会对布井产生影响。

在井距600m、水平井段长1200m的情况下，每个油层组部署6口井，每个平台部署18口井。针对O-12S与O-12I/O-13之间的两种隔层情况，对水平井的部署进行了模拟对比。一是隔层为不渗透泥岩，二是隔层有一定渗透性。

模拟结果表明，如果 O-12S 与 O-12I/O-13 之间存在渗透性隔层，则由于重力作用，O-12S 油层组的原油会泄流到 O-12I/O-13 油层组，但三套砂体总的产油量变化不大。同时，考虑 O-12S 与 O-12I/O-13 之间有流体流动的情况下，以 O-12S 与 O-12I/O-13 之间存在渗透性物性隔层为基础，模拟研究了在 O-12S 布井与不布井两种方案。模拟结果表明，如果 O-12S 不布井，则三个砂体的合计采收率仅降低了 0.6%，因此，从开发指标的角度来看，如果 O-12S 与 O-12I/O-13 之间没有不渗透隔层，O-12S 可以不部署水平井，但这同时需要兼顾产油速度的要求，并开展不同布井方案的经济指标对比。

4）纵向层间水平井侧向相对位置优化

在层间隔层分布不连续情况下，纵向存在层间干扰，为降低层间干扰，提高平台整体冷采效果，以 200m 排距为例，模拟对比三种不同的纵向层间水平井侧向相对位置，上下正对、侧向错位 50m 和 100m。模拟结果表明，纵向层间水平井侧向错位半个排距，可最大限度地降低层间干扰，提高平台整体冷采效果。

第四节　浅层超重油油藏冷采油藏工程优化设计

浅层超重油油藏，与中深层超重油油藏相比，埋深浅、产能低，同时钻完井工艺具备特殊性，对其水平井开发部署提出了不同的要求，本节以重油带胡宁区典型的胡宁 4 区块浅层超重油油藏为例，论述了其丛式水平井油藏工程设计内容。

一、胡宁 4 区块油藏地质概况

胡宁 4 区块的地层从下至上包括前寒武系基底、中生界白垩系（Cretácico 层）、新生代古近系 Merecure 组（Oligoceno 层）、新生代新近系 Oficina 组和第四系。前寒武系与中生界（白垩系）之间为区域性不整合接触关系，中生界（白垩系）与其上覆新生界为区域性角度不整合接触关系。

区块主要目的层为新生代古近系 Merecure 组 Oligoceno 层（即 E 层）以及新近系 Oficina 组下部的 Mioceno Temprano 层（即 A 层和 B 层）和 Arenas Basales 层（即 C 层和 D 层）。Merecure 组和 Oficina 组下段 Arenas Básales 层下部（D 层）的储层沉积环境为上三角洲平原沉积，主要包括辫状河道、曲流河道、洪泛平原、河道边缘或天然堤和决口扇沉积。C 层上部至 A 层，沉积环境为下三角洲平原的三角洲前缘沉积，主要包括分流河道和分流间湾，构成了一套完整的河流—三角洲沉积体系。

纵向上油层最为发育的是 E 层，其次为 Oficina 组下段 D 层，而 Oficina 组下段 A 层、B 层和 C 层发育较差；平面上油层分布受沉积等因素影响，C 层和 D 层内各期砂体厚度受沉积相的控制和约束，含油分布不连片，多呈土豆状，有效厚度分布在 0.5～21m 之间。E 层内各期砂体均很发育，含油连片性较好，北部处于构造低部位，E2-2 小层低部位开始出现可动水，E3 层及下部白垩系普遍发育水层。受古地形的影响，地层由北向南形成超覆尖灭油层，由北向南厚度逐渐减薄到尖灭，油层集中发育在该块的中北部，南部油层发育相对变差（图 6-19、图 6-20）。

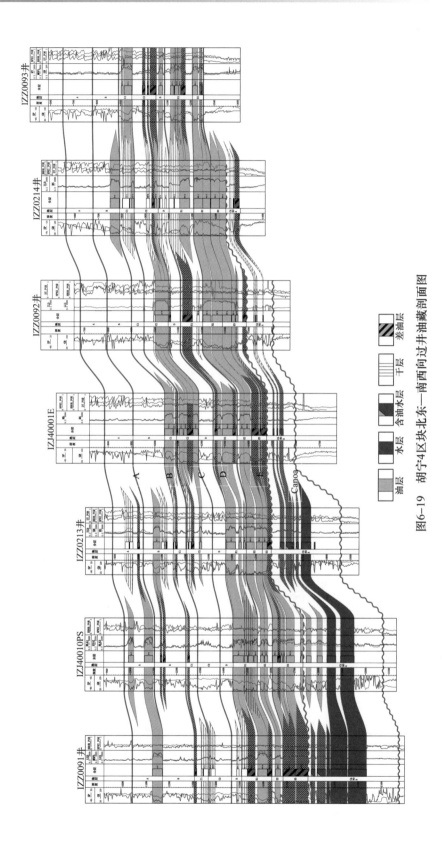

图6-19 胡宁4区块北东—南西向过井油藏剖面图

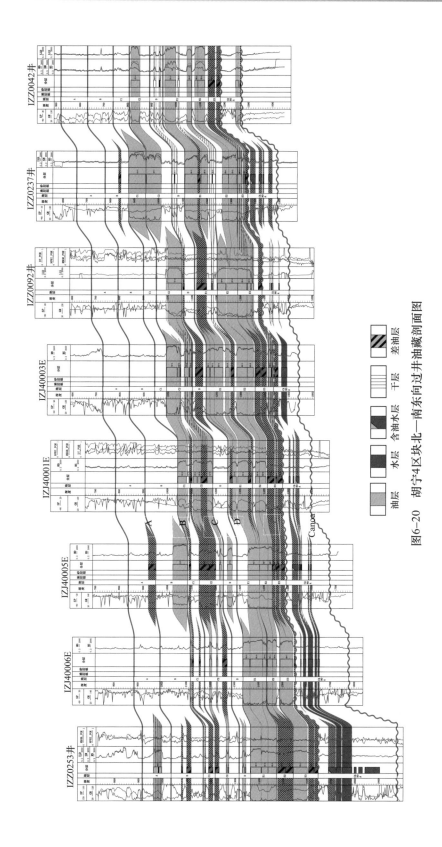

图6-20　胡宁4区块北一南东向过井油藏剖面图

区块主力层储层孔隙度平均值为 34.04%，渗透率平均值为 5381mD，属高孔隙度、高渗透率储层，最大含油饱和度高达 95% 以上，为特高含油饱和度油藏。含油饱和度与孔渗值呈明显正相关关系，随着物性变好含油饱和度增大，含水饱和度相对减小。表 6-20 为开发目的层主要油藏参数。

表 6-20　胡宁 4 区块开发目的层主要油藏参数表

油组	Oficina				Merecure
油层	Mioceno Temprano		Arenas Básales		Oligoceno
小层	A	B	C	D	E
油层顶面埋深，m	203~346	251~378	286~416	317~460	346~527
油层顶面中深，m	257	290	322	363	420
平均厚度，m	8.5	12.3	6.6	16.3	39.9
平均净总厚度比	0.15	0.19	0.18	0.4	0.77
油层平均孔隙度，%	33.3	34.2	32.9	33.9	33.4
油层平均渗透率，D	11.1	7.9	12.0	9.0	6.7
平均含油饱和度，%	72.3	79.1	68.5	75.5	76.8
体积系数，m^3/m^3	1.046	1.046	1.046	1.046	1.046
油藏中部地层压力，MPa	2.4	2.7	3.0	3.4	3.9
油藏中部地层温度，℃	39.8	41.0	42.2	43.4	45.6

二、水平井冷采优化设计

1. 水平井段长度优化

资源国国家石油公司在奥里诺科重油带推行丛式长水平井开发，浅层层状油藏开发井模式基本确定采用平行布井方式（图 6-21）。

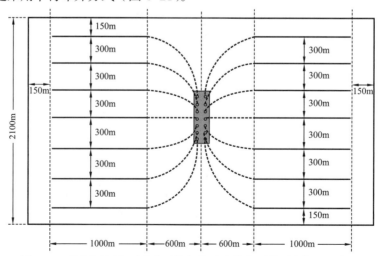

图 6-21　资源国国家石油公司推行的重油带水平井平台部署示意图

但对于主力储层埋深为 350～450m 的胡宁 4 区块，大偏移距长水平井钻井实施过程显然有难度。从胡宁 4 区块 E3、E2 平台的水平井钻井工程实施情况看，原商业计划中 1000m 水平段长度和大偏移距的要求均增加了钻井难度，在大偏移距下水平井无法实现 1000m 的水平段。另外，在实施过程中，水平井二开套管鞋安装在目的层顶，三开段下筛管完井，实际生产段是从二开套管鞋起算，三开段长度大于 1000m。

建立 1/4 平台的概念模型，在模型中使用设计轨迹，对比相同面积下不同长度以及排距为 300m 和 200m 时的水平井冷采效果，模拟参数及取值见表 6-21。

表 6-21　模拟参数及取值表

参数	取值
渗透率，mD	3000，4000，5000，6000，7000，8000，10000
厚度，m	9，12，15，18，25，30
黏度，mPa·s	7000，9000
井长，m	水平段 1000，水平段 800，三开段 1000，三开段 800，三开段 1200
排距，m	200，300

两种排距下模拟结果如图 6-22 所示，单井累计产量随水平井生产段长度增加而增加。但是油层厚度不大于 15m、水平井生产段达到 1200m 时，累计产量随长度增加幅度有所减缓；而当油层厚度大于 15m 时，水平井累计产油量随长度增加的趋势不变。

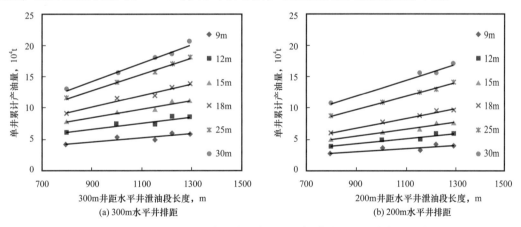

图 6-22　不同油层厚度下水平井生产段长度与单井平均累计产油量关系

胡宁 4 区块丛式井平台上偏移距为 0 的中心井技术可实现的长度最大，对应三开段长度为 1300m，考虑到全区 OL 层平均厚度在 18m 以上，推荐水平井长度达到钻井技术可实现的长度。

2. 水平井排距优化

胡宁 4 区块储层物性好，排距越小越容易产生井间干扰，但是由于地下原油黏度大、渗流阻力大，排距越大、产油速度越慢。水平井排距应以达到适当的产油速度及较好的井间动用程度为原则进行优化。采用理论模型模拟了 200m 排距和 300m 排距下油藏原油黏度为 9000mPa·s 时的生产效果。通过分析 200m 排距和 300m 排距模型中同一个垂直水平井轨迹的横截面上地层压力随时间的变化（图6-23），与200m排距和300m排距模型中同一个垂直水平井轨迹的横截面上含油饱和度随时间的变化（图6-24）可以得知，300m排距下两口水平井中间的压力平缓区域比200m排距下宽，在生产了20年后，该位置上压力平缓区域有所减小，说明300m排距下两口井中间位置油藏压力梯度小，原油流动速度慢，动用不充分，含油饱和度更高。

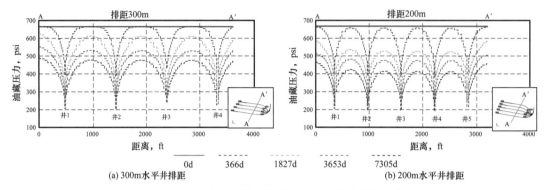

图6-23 两种排距模型横截面压力分布随时间变化

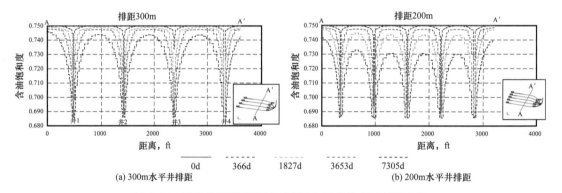

图6-24 两种排距模型横截面含油饱和度分布随时间变化

对比不同水平井长度、不同厚度、两种排距条件下的采出程度变化值（图6-25），油层厚度超过15m，不论渗透率和黏度条件如何，200m排距下采出程度均有所提高，技术上存在缩小排距空间；而在油层厚度小于15m、渗透率大于8000mD时，300m排距采出程度大于200m排距采出程度，说明排距缩小至200m将存在井间干扰。

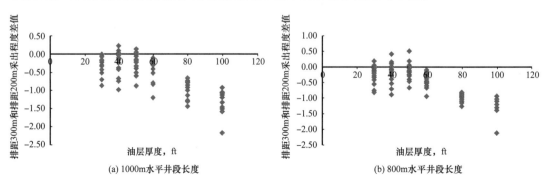

图6-25 不同水平井长度、不同厚度、两种排距条件下的采出程度差值

尽管从技术角度来看，胡宁 4 区块水平井排距有加密到 200m 的空间，但是，200m 排距下单井产能递减率大于 300m 排距的情况，累计产油量也较低，说明需要进一步评价 200m 排距和 300m 排距的经济性。

3. 水平井在油层中的垂向位置

胡宁 4 区块水平井水平段在油藏中的垂向位置受到动用储层油水分布的影响，区块内主力层存在一定范围的冲洗带，在下部有冲洗带的区域内水平井有一定避水要求。采用 1/4 平台概念模型模拟不同水体强度和避水高度下的采出程度。

对具有 15 年开发历史的邻区项目 Petrocedeño 水平井出水资料进行调研，发现胡宁区水体强度较弱。模拟水体与油藏半径比分别为 2.5（较弱）、5.0（中）和 10（较强）时，水平井生产压差 2MPa 下水平井距冲洗带顶面 6m、9m、12m、15m 和 18m 对采出程度的影响。从模拟结果看（图 6-26），当避水高度为 12m 时，在不同大小的水体条件下，均可以获得相对较高的采出程度。

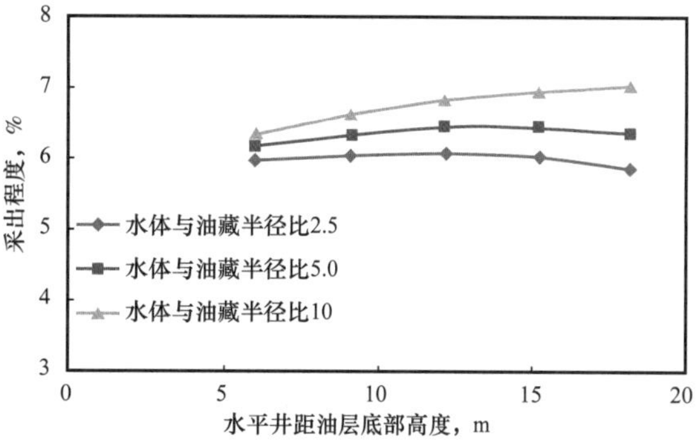

图 6-26　不同水体强度和避水高度下的采出程度

4. 平台布井方式优化

1）水平井井场中心相对位置

在区块 E3 平台试验和邻区钻井实施过程中发现，由于储层埋藏浅，水平井南北向偏移距越大，水平井东西向水平段越短，无法实现设计长度，导致按丛式井中心位置正对部署时［图 6-27（a）］，由于大偏移距井水平井不能钻到设计位置，形成较大范围的未动用区。将井场中心错开［图 6-27（b）］，使 0 偏移距水平井与最大偏移距水平井对齐，可以有效减少中心未动用区。

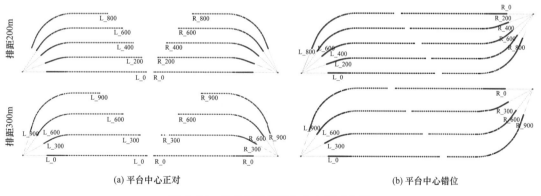

(a) 平台中心正对　　　　　　　　　　　　　(b) 平台中心错位

图 6-27　丛式水平井平台中心相对位置

模拟结果表明，在其他条件相同时，平台中心错位排布可以比正对排布方式提高采出程度 0.5%（表 6-22）。胡宁 4 区块原 300m 排距设计平台控制面积 7.35km²，实际动用储量面积 4.76km²，中心错位部署 200m 排距平台控制面积 6.01km²，实际动用 4.32km²，储量动用率提高 7.12%。

表6-22 不同排距和井长下平台相对位置的冷采采出程度

序号	平台排布方式	排距，m	井长，m	平台X向间距，m	2×1/4平台面积，km^2	井数，口	累计产油量，10^4t	采出程度，%
1	正对	200	技术极限	3720	3.72	10	97.0	5.1
2	错位	200	技术极限	3158	3.16	10	90.3	5.59
3	错位	200	技术极限	3348	3.35	10	95.6	5.58
4	正对	200	1200	3232	3.23	10	82.7	5
5	错位	200	1200	2793	2.79	10	76.9	5.37
6	错位	200	1200	2982	2.98	10	82.6	5.4
7	正对	300	技术极限	3720	4.46	8	107.3	4.7
8	错位	300	技术极限	3032	3.64	8	100.4	5.39
9	错位	300	技术极限	3265	3.92	8	106.8	5.33
10	正对	300	1200	3232	3.88	8	94.1	4.74
11	错位	300	1200	2697	3.24	8	86.7	5.23
12	错位	300	1200	2899	3.48	8	92.8	5.21

2）水平井平面位置

在水平井长度钻至工程技术许可长度、排距200m或300m原则下，一个丛式水平井在300m排距下，每层14口井，边部水平井南北向偏移距900m，单平台控制面积6.99km^2；在200m排距下，每层18口井，边部水平井南北向偏移距800m，单平台控制面积6.32km^2（图6-28）。

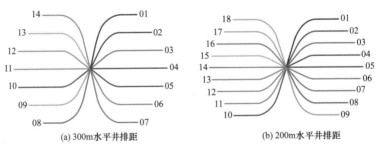

(a) 300m水平井排距　　　　　　　(b) 200m水平井排距

图6-28 丛式水平井平面位置

参 考 文 献

［1］刘文章.创建百年油田——提高油田采收率技术之我见［M］.北京：石油工业出版社，2016.

［2］赵鹏飞，王勇，李志明，等.加拿大阿尔伯塔盆地油砂开发状况和评价实践［J］.地质科技情报，2013，32（1）：155–162.

［3］郑洪涛，崔凯华.稠油开采技术［M］.北京：石油工业出版社，2012.

［4］王元基，等.水平井油藏工程设计［M］.北京：石油工业出版社，2011.

第七章　超重油油藏水平井冷采开发

配套工程技术

为适应超重油油藏流体特征，满足水平井冷采开发方式的需要，根据超重油油藏的地质、流体特征，采用适合其水平井冷采开发特征和规律的、优化的、配套的工程技术系列，以达到较好的开发效果。本章结合超重油油藏开发实践，主要论述超重油疏松砂岩油藏丛式水平井钻完井工艺配套技术、超重油油藏泡沫油冷采举升工艺配套技术和超重油掺稀降黏集输处理工艺配套技术等。

第一节　三维水平井钻井工程技术

为达到高效率、低成本的钻井目的，需确定出钻井施工过程中的各参数及其相互合理的配合关系，采用先进技术来提高钻井效益。为适应疏松砂岩超重油油藏丛式水平井冷采开发的需要，在三维水平井段钻进过程中需优化井身结构、井眼轨道，进行丛式井平台整体规划，选择适用的钻井液和固井、完井工艺等。

一、地层压力

钻井工程中，与钻井有关的地下各种压力包含地层孔隙压力、坍塌压力、破裂压力和漏失压力。这4个压力是井身结构设计、钻井液密度确定、油气层保护、油气井压力控制、欠平衡钻井（气体钻井）的科学依据，地下压力的准确性决定了钻井、完井与测试作业的成败。

现代钻井通过钻前预测地下压力，预知井下井控与井下复杂、钻井事故风险，钻井过程通过随钻监测地层压力及时调整钻进参数控制风险，钻后建立地下压力模型掌握各类复杂地层的压力特征，为后续设计提供依据。

地层压力数据可以通过邻区、邻井中途测试资料、试油资料、地层破裂压力试验资料、钻井中使用 *dc* 指数（利用泥、页岩压实规律和井底压差对机械钻速的影响理论来随钻监测地层压力）技术随钻监测的地层孔隙压力资料获得。在没有实测地层压力数据的情况下，掌握一个地区区域性的压力分布规律采用的方法是利用测井资料。直接用于评价地层压力的测井曲线主要是伽马、自然电位、声波、中子孔隙度、密度和电阻率等。

以 MPE3 区块为例，该区块为砂泥岩剖面，采用测井法评价地层压力方法简单，精度高。从油田 3 口井的孔隙度和声波测井资料的分析可见，孔隙度和声波时差随井深的变化呈线性相关，地层属于正常压力系统。对井深—声波时差关系进行压实趋势线回归，得到如下正常压实声波时差趋势线方程，其相关系数为 0.843。

$$\Delta t = 611.7663 \mathrm{e}^{-0.000431495H}$$

（7-1）

利用压力预测相关软件，可求得地层的压力分布数据，结果如图7-1所示。由图7-1可见，地层的孔隙压力当量密度为$1.01\sim1.10g/cm^3$，地层破裂压力当量密度为$1.60\sim1.70g/cm^3$。

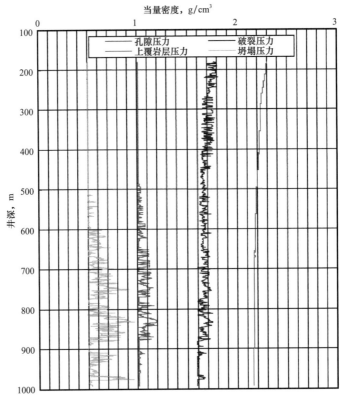

图7-1　地层压力剖面

在实际应用中，可结合设计井钻井具体情况，应用 dc 指数法、地层破裂压力数据、中途测试资料、中途测井资料以及钻井中使用的钻井液密度、井下所遇到的复杂情况等资料对地层压力数据加以修正，可为安全生产提供可靠的数据。

二、井身结构

1. 井身结构设计原则

对于任何一口井而言，科学、合理的钻井工程设计非常重要，它不仅直接关系到一口井钻井速度的快慢，甚至直接关系到一口井的成败。要使钻井工程设计科学合理，关键是要根据地质设计中提供的地表地层情况、地层压力系数、是否存在特殊岩性以及钻井成本等因素综合考虑，确定适宜的表层套管、技术套管下入深度，即套管程序，也就是井身结构，包括钻头、相匹配的套管尺寸、适宜的口袋长度等。井身结构设计的原则为：

（1）能有效地保护油气层，使不同压力梯度的油气层不受钻井液伤害或伤害很小。

（2）应避免喷、塌、漏、卡等复杂情况产生，为全井顺利钻进创造条件，使钻井周期最短。

（3）钻下部高压地层时所用的较高密度钻井液产生的液柱压力，应避免压裂上一层套管鞋处薄弱的裸露地层。

（4）下套管过程中，井内钻井液液柱压力和地层压力的差值，应避免产生由于压差过大而造成的卡套管事故。

2. MPE3 区块钻遇地层特点

MPE3 区块钻遇地层揭示 Carabobo 区块岩层由古生界或前寒武系组成，地层倾角为 2°～3°。根据区域钻遇地层地质特点及各层段可能的钻井风险（表 7-1）分析，影响井身结构设计的主要因素为地层松散、地层压力低和流动阻力大。

（1）地层松散：地层疏松，易造成扩径和蹩漏，因此，表层套管不能下得过浅。

（2）地层压力低：钻遇地层和目的层地层压力低，为了有利于钻进、完井和注汽开采，技术套管下至目的储层。

（3）流动阻力大：为减小超重油开采时的流动阻力，油层套管直径应尽可能大。

表 7-1　地层特点及钻井安全提示

地层	组	单元	岩性描述	事故提示
Freites	Base	F-1	松散流砂层	防塌
		F-2		防漏
		F-3		防卡
Oficina	Pilon	O-4	钙质砂岩、砂岩、粉砂岩和页岩，基本上是泥岩，见生物扰动构造	防塌
		O-5		防泥包
		O-6		
	Jobo	上部	较厚砂岩段，主要为中—细砂岩，黏土块，含钙质、碳质，具生物扰动	防卡
		下部	以泥岩为主，呈泥包砂结构	防塌
	Yabo	Yabo	泥岩	防泥包
	Morichal	O-11S	砂泥互层	
		O-11	顶部沉积粉砂岩、泥岩。其他大部分为河道沉积，砂岩颗粒细到中粗粒，分选中好	防塌
		O-12	主力层	防卡
		O-13	主力层	防漏
		O-14		防喷
		O-15		
		O-16		
（P-E）			基底	

3. MPE3 区块主要井身结构

MPE3 区块水平井井身结构为：一开 444.5mm 井眼下 339.7mm 表层套管，二开 311.2mm

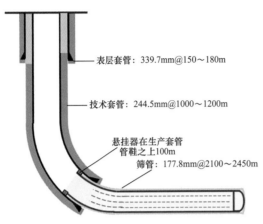

井眼下 244.5mm 技术套管，三开 215.9mm 井眼下入 177.8mm 割缝筛管（表 7–2、图 7–2）。实施结果表明，该井身结构基本能够满足油藏工程和采油工程的需要，钻井工程上也较为合理。

说明：

一开 444.5mm 钻头钻表层井深 150～200m，下 339.7mm 表层套管至 150～180m，封住表层井段流砂层及表层水层。

二开 311.1mm 钻头钻至水平入靶点以下 5m 左右，244.5mm 技术套管下至水平入靶点（1150～1200m MD）；封隔入靶点以上地层，

图 7–2　MPE3 区块水平井井身结构和套管示意图

为下部储层钻进创造有利条件。

三开 215.9mm 钻头钻至完钻井深（2000～2450m MD），推荐使用符合防砂粒径要求的 177.8mm 割缝筛管完井。

表 7–2　MPE3 区块套管程序及井身结构

井段	井眼尺寸，mm	套管尺寸，mm	深度，m	水泥返高
表层段	444.5	339.7	150～200	地面
造斜段	311.2	244.5	1150～1400	地面
水平段	215.9	177.8	2000～2450	不固井

三、井眼轨道

1. 井眼轨迹设计

为满足 MPE3 区块的开采方式及钻井要求，针对每个生产平台 16～24 口丛式水平井钻井要求，每口水平井造斜段都将是三维井眼设计，为设计出简单、圆滑、连续并可以利用现有定向控制工艺技术完成造斜段水平段的钻井，设计时应遵循以下原则：

（1）井眼轨道易于控制，便于技术套管下入，保证安全、优质、经济、高效钻井。

（2）三维水平井应考虑初始造斜方位对丛式井组相邻轨道造成的制约和干扰，避免在易塌、漏或砾石等复杂地层造斜。

（3）在薄油层情况下，应考虑油顶深度存在的误差，在轨道设计时增加探油顶的斜直段。

（4）提供最优的超重油开采条件和单井最大采收率。

（5）有利于油层保护，满足采油生产作业的需求。

为满足以上的设计原则，推荐采用中曲率半径进行井眼轨迹设计，采用"直—增—稳—增—稳—增"三段式造斜方式（图 7–3）。第一造斜段的造斜率控制在 4°/30m～5°/30m 之间，造斜到井斜 30° 左右，然后以同样的井眼曲率继续增斜（同时调整方位）到 60° 左右，为安放抽油泵，同时也为探清油顶位置，在井斜角 55°～60° 位置处

钻一个 30～60m 的切线段井段；第二造斜段的造斜率控制在 6°/30m～7°/30m 之间，应注意整个造斜段钻进过程中控制全角变化率不能超过 7°/30m，水平段不超过 3°/30m。为满足轨迹控制和井下安全的要求，造斜段井下动力钻具一般选用 1.83°，水平段井下动力钻具选用 1.5°。

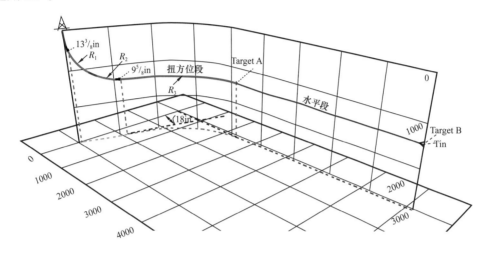

图 7-3　三维水平井井眼轨迹示意图

2. 防碰设计

丛式井钻井中的井下障碍物主要为已钻邻井和事故报废井眼，由于三维剖面设计、施工难度和工作量都比二维剖面大，根据 MPE3 区块开发部署以及丛式井平台的设计原则，一座生产平台水平井最多为 16～30 口，故绕障设计是该油田的设计重点，造斜点 KOP 的选择对于丛式井井眼轨迹的设计以及防碰设计是一个重要的决定因素，故 MPE3 区块 KOP 的选择应遵循以下原则：生产平台丛式井钻井顺序应以造斜点深度来确定，造斜点浅的井优先钻；在钻井过程中，为了防碰，邻井之间造斜点应有 50m 的间距，并应考虑井眼轨迹的方位；采用圆柱螺旋线模型进行绕障井设计，绕障半径和安全绕障距离应满足安全施工和防碰的要求，并采用近三维和滑动柱面北两种方法进行防碰扫描，以保证安全钻井。

3. 井眼轨迹的控制

1）水平段轨迹工程控制工艺措施

水平段钻具组合的选型应加强平稳能力，力争减少水平段轨道调整的工作量；同时应具备一定的造斜能力，通过导向为主、定向辅助相结合，在水平段尽量平稳钻进。水平段控制的实钻轨迹在垂直剖面图上是一条上下起伏的波浪线，当判断钻头到达边界的某一位置时，对后期的转折点及转折后的后效需做充分的预测，避免滞后效应造成脱靶。另外，要随时测量进行预测分析，定时定量短起下修整井壁。

水平井段要保证在油层中钻进，必须减少测斜盲区，使用短钻铤代替无磁抗压缩钻杆，配合使用多点测斜仪，及时准确掌握井眼轨迹的变化趋势。及时与现场地质录井相结合，及时掌握录井方面的数据，了解地层厚度、走向、倾角、岩性以及盖层等相关情况；施工过程跟踪分析，知己知彼，预测及时，提前控制。

水平段主要选择 1.5° 和 1.25° 两种不同型号的螺杆（一般水平井油层井段建议选择导向安全性较高的 1.25° 或 1° 的导向螺杆）。

2）水平段轨迹地质控制工艺措施

探油顶和着陆段的主要技术难点是如何及时准确地识别出油顶和准确着陆钻入水平段，其主要技术措施是：采用 LWD+ 导向钻具进行井眼轨迹控制，利用 LWD 的伽马和电阻率测量及时了解地层值的变化，为及时准确地识别出油层和进行井眼轨迹调整，提供了可靠的依据常规 LWD 地质导向轨迹控制。

LWD 电阻率测点距离钻头 18～20m，MWD 测点距离钻头约 25m，电阻率径向探测深度约 1.5m。适用于地质情况熟悉的、油层较厚且平缓的井况。

径向测井 LWD 地质导向轨迹控制 LWD 电阻率测点距离钻头约 11m，伽马距离钻头 9m，MWD 测点距离钻头约 20m，电阻率径向探测深度约 5m。适用于地质情况不清楚、油层比较薄的井况。

四、丛式井平台整体规划

丛式水平井技术具有投资少、见效快、便于集中管理等优点，是提高油田采收率和采油速度的经济有效手段。采用丛式水平井技术，面临的问题之一便是钻井平台的部署优化问题。许多学者对平台的优化问题进行了深入研究。随着水平井钻井技术的发展与完善，丛式水平井技术在超重油油藏的开发中被广泛采用。

1. 平台设置规划模型

平台规划是计算在地面无任何约束情况下用各种不同的平台形式去开发同样面积的均质含油区块，哪种平台形式最优的问题。

当一个区块地下井位（水平井井位部署）确定之后，并决定用丛式井开发时，所面临的一个重要问题便是，用多少个平台，每个平台打多少口井，平台建在什么位置等对油田建设投资最有利的规划问题。

油田建设投资中与采用丛式井开发方式有关的涉及地面建设的项目主要包括井场（平台）和井场路的建设，钻机搬安费用，油气集输、计量管线及其阀组的费用等。涉及地下建设项目主要是油井建设，即钻、完井。

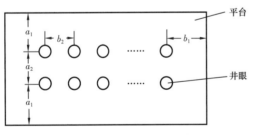

图 7-4 双排井平台布井示意图

1）地面建设费用模型的建立

（1）平台土建费用。

平台土建费用等于单位面积平台土建投资乘以平台面积，以双排井钻井平台为例（图 7-4），单平台面积 S 为：

$$S = (2a_1 + a_2)\left[2b_1 + (n-1)b_2\right] \tag{7-2}$$

式中　n——横排井眼个数，以单平台钻 18 口井为例，$n=9$。

以双排井口布局的区块内所有平台的建造费用为：

$$C_{p1} = \sum_{j=1}^{n_p} u_{pj} \times S_j \tag{7-3}$$

式中　C_{p1}——区块内所有平台的建造费用；

　　　u_{pj}——单位面积平台建造费用；

S_j——第 j 个平台的面积；

n_p——区块内设置的平台数。

（2）道路建设费用。

对于均布井网，设 n_w 口井均匀分布成 n_{col} 列，区块内井场道路长度 l 与区块内所设置的平台数量 n_p 的函数关系为：

$$l(n_p) = \frac{n_w}{12n_p}k(2n_p - n_{col}) + (l_h + k)(n_{col} - 2) \tag{7-4}$$

式中　k——井网井距；

l_h——水平井水平段长度。

则井场路的建设费用可表示为：

$$C_{p2} = u_r l(n_p) \tag{7-5}$$

式中　u_r——单位长度道路的建设费用。

（3）钻机搬安费用。

钻机搬安费用可根据平台上井数和井口布局方式，先确定钻机的大搬 C_{m1}、中搬 C_{m2} 和整拖 C_{m3} 的次数，然后根据次数和每次费用计算其总费用。

$$C_M = \sum_{j=1}^{n_p}\left[C_{m1} + C_{m2} + C_{m3} \times (n_j - 2)\right] \tag{7-6}$$

式中　C_{m1}——大搬费用；

C_{m2}——平台内井组间的搬迁费用；

C_{m3}——钻机整拖费用；

n_j——区块第 j 个平台内分配的钻井井数。

（4）油气集输系统相关费用：

$$C_{g1j} = f_g(n_j + n'_j) \tag{7-7}$$

式中　$f_g(k)$——阀组头数 k 与阀组费用之间的函数关系；

n'_j——该平台内已钻井的井数。

$$C_{g2j} = (n_j + n'_j)u_g d_j \tag{7-8}$$

式中　d_j——该平台中心位置到阀组系统的距离；

u_g——单位长度各种管线费用。

$$C_{g3j} = \sum_{j=1}^{n_c}\sum_{i=1}^{n_p} t'_{i,j} S_{i,j} u_1 \tag{7-9}$$

式中　u_1——集输管汇系统到联合站的所有油管线单位长度费用；

$S_{i,j}$——第 j 个联合站到第 i 个平台的距离。

2）钻、完井费用模型的建立

通常钻井工程投资费用包括钻机设备、专业服务、材料、后勤服务等费用，不同钻井子费用按照日计费和非日计费划分（表7-3）。

表7-3 钻井工程日计费、非日计费统计

工程费用分类	工程费用细分	日计费/非日计费
设备费	钻机日费	日计费
后勤服务费	废物废料处理+叉车焊车货车+工人运输+餐饮+急救+出租车+冰/水+营房服务+其他	日计费
专业服务费	定向+钻、完井液+固控+录井+仪表租赁	日计费
	测井+固井+取心+其他	非日计费
材料费	钻头+套管+筛管+套管头+悬挂器	非日计费

单井钻、完井费用与井身结构、井眼轨道、钻井施工工序和采用的钻、完井工艺技术密切相关，它取决于当地钻井施工技术服务日费和管材价格。当区块水平井钻、完井工程施工队伍和管材价格确定后，影响钻、完井费用的主要因素是井身轨道形态和井身长度。

通常区块内设置的丛式井平台数量越少，需要从平台上钻达远距离目标的井就越多，井身长度加长，井身轨道形态复杂，钻井难度加大，钻、完井费用就越大。

以委内瑞拉胡宁4区块为例，通过偏最小二乘回归法学习平台7口已钻井的时效和钻井投资建立投资测算模型，预测不同新井单井投资费用和水平段长度及偏移距之间的关系（图7-5），预测不同新井单井钻井周期和水平段长度及偏移距之间的关系（图7-6）。

通过测算可以得到以下结论：相同偏移距下，单井投资随着水平段长度的增加而升高，且偏移距越大的井水平段单位进尺投资更高；相同水平段长度下，单井投资随着纵向偏移距的增加而升高，且水平段长度越长，每增加100m纵向偏移距，单井钻井投资增加的额度越大。

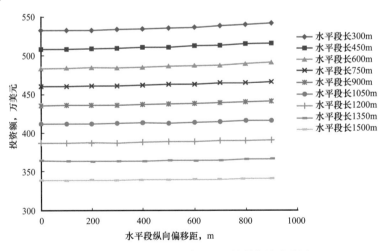

图7-5 水平段长度及偏移距对钻井投资的影响

实际测算发现，在同一地质区块内总钻井数量不变的情况下，随着单平台钻井数量的减小，即平台数的增加，区块内的总平台土建费用和地面建设费用都呈现增长趋势；而在水平段长度相同的前提下，大偏移距水平井的单井投资费用更高，因此，随着单平台钻井数量的减小，大偏移距井数量变少，总的钻井投资呈现下降趋势。综上所述，作为钻井投资和地面工程投资和的钻井工程总投资将存在一个最低点，该低点所对应的平台数就是最优平台数，所采用的单平台大小就是最优平台大小（图7-7）。

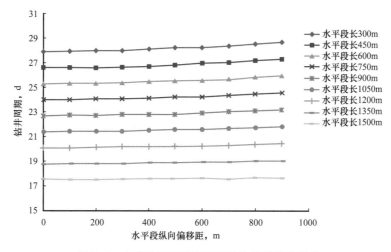

图 7-6　水平段长度及偏移距对钻井周期的影响

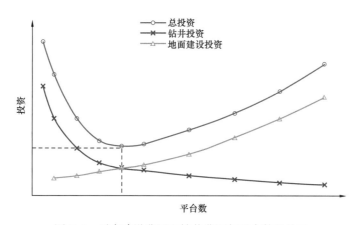

图 7-7　平台建设费用和钻井费用与平台数的关系

以胡宁4区块钻井平台大小优选为例，结合油藏提出的200m水平段井间距方案和300m水平段井间距方案，分别对两种方案下不同平台大小全区块钻井投资进行测算，从经济角度评价优选出大平台结构。通过分析200m水平段井间距方案下不同平台大小（单平台钻井个数）下钻井工程投资（图7-8）和300m水平段井间距方案下不同平台大小（单平台钻井个数）下钻井工程投资（图7-9）的计算结果，可知两种方案下均得出在钻井极限允许范围内，采用越大的钻井平台，全区块钻井工程总投资越节省的结论。

2. 丛式井平台设计

井场设计使用丛式井平台布井以节约空间建设投资费用，减少对环境的影响，同时保证可达到预期的采收率。平台的面积由井数和平台上建设的地面设施决定（多相泵、多重阀或多端口阀、蒸汽发生器等）。根据平台井数的不同，不同井场类型对应的最小平台控制面积不同（表7-4）。

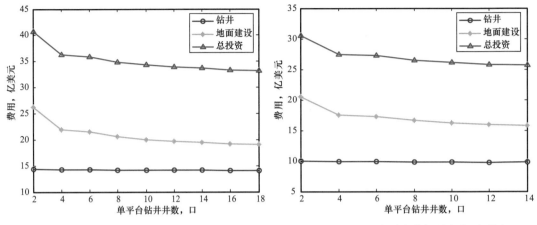

图 7-8　200m 水平段井间距方案下不同
单平台钻井个数下钻井工程投资

图 7-9　300m 水平段井间距方案下不同
单平台钻井个数下钻井工程投资

表 7-4　不同井场类型的最小井场面积

序号	井场类型	井数，口	长度，m	宽度，m	面积，m^2
1	双排、双钻机同时作业	28	240	140	33600
		27	240	140	33600
2	双排、单钻机作业	28	240	110	26400
		24	230	110	25300
		20	210	110	23100
3	单排、单钻机作业	14	230	90	20700
		9	180	90	16200

图 7-10 为典型的 28 口井平台设计，平台控制面积设计为 3.36km^2（2.4km×1.4km），冷采期间平台井口间距为 10m，双排布置，每排布 14 口井，排间距为 40m。

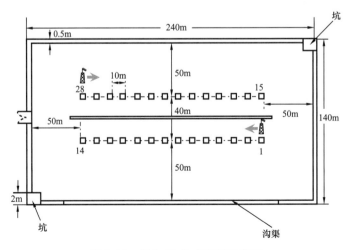

图 7-10　平台 28 井式布置示意图

3. 丛式井布井方式

2000 年以前，重油带开发以直井、斜井为主，2000 年开始，丛式水平井冷采成为重油带的主体开发技术。经过多年开采，重油带丛式井布井方式主要有放射状丛式布井、平行丛式布井和多分支丛式布井，均需使用水平及多分支井眼轨迹的丛式井方案（图 7-11）。随着技术的发展，平行丛式布井逐渐成为发展趋势。

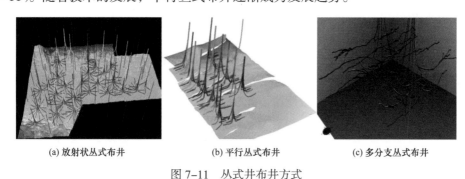

|(a) 放射状丛式布井|(b) 平行丛式布井|(c) 多分支丛式布井|

图 7-11　丛式井布井方式

4. 丛式井施工作业

目前，委内瑞拉重油带胡宁地区普遍使用平移式钻机实施平台水平井钻井施工，具备工厂化钻井的基本条件。可选用两种钻井方式。

方式 1：单井钻井，即用钻机连续完成钻井、完井施工，然后平移到下一口井继续钻井、完井施工。优点在于，可节省钻机平移次数，缩短单井投产时间。

前提条件是：各井队之间可实现钻井液调配和重复利用，节省钻井液配制成本和处理成本。可实施机械淘洗钻井液罐，缩短辅助时间。

方式 2：单开次钻井，即按井眼开次（一开、二开、三开、完井）实施多井连续施工，优点在于节省钻井液成本，减少钻井液倒换时间、淘洗钻井液罐时间。

各平台应依据现场条件、钻井费用、生产要求，优选钻井方式。

五、钻井液工艺

钻井液设计的科学性、先进性和可操作性对工程作业的成败和油气勘探与生产效益起着十分关键的作用，减少差错、提高设计的科学合理性是钻井设计的生命。因此，对钻井液设计中所提及的技术和措施必须在设计前做充分的调查研究与分析，钻井液设计必须通过一定的程序、措施与制度来保证设计的质量。

1. 钻井液设计需重点考虑的问题

1）井眼稳定性

二开大段泥岩易水化分散，地层自然造浆能力强，造成井眼缩径、起下钻遇阻、电测遇阻等复杂；三开弱胶结、疏松砂岩在无法对井壁形成有效封堵和高质量滤饼的条件下易发生井壁垮塌造成砂卡，也易发生压差卡钻，要求钻井液维持强的抑制性能和封堵护壁防塌能力。

2）水平段携砂和润滑

在造斜段和长水平段施工过程中，钻屑沿下井壁下滑极易形成岩屑床，钻具与井壁接触面积大，摩阻和扭矩大，托压问题较突出。钻井液使用时要求通过流变性能参数调整及混入润滑剂等手段提高携砂和润滑性能。

3）保护储层

高孔隙度、高渗透率储层极易发生固相伤害，要求添加可酸溶性暂堵材料，对储层大孔喉能形成有效封堵，后期酸化解堵、保护储层；水平段超重油侵入易导致胶结增稠，不仅影响钻井液性能，还易黏附在完井筛管壁上造成堵塞，影响产能，要求钻井液与超重油应具有良好的相容性。

2. 钻井液体系

以 MPE3 区块为例，针对 MPE3 地层特征及水平井钻井工程需求，钻井液的使用以有效满足该地区长水平井井壁稳定、井眼清洁和高孔隙度、高渗透率疏松砂岩稠油油藏储层保护为主要目的，各开次的钻井液使用情况如下：

1）一开钻井液的使用

一开表层岩性主要为黏土和未胶结细粉砂，大井眼低返速条件下，要求钻井液应具有高黏度、良好造壁与携屑性能，保证井底岩屑充分带出，采用高黏切的膨润土钻井液，主要由清水、膨润土和碱度控制剂组成，密度为 $1.05\sim1.07g/cm^3$。

2）二开钻井液的使用

二开至造斜段井斜方位变化大，造斜段长，地层岩性以泥岩和含砂泥岩互层为主，含有易水化分散黏土，局部夹有页岩和褐煤层，重点要求钻井液具有强的抑制水化分散能力，且造斜段后对钻井液携岩及润滑防卡性能要求高。该井段采用了抑制性聚合物钻井液，处理剂以聚乙二醇抑制剂、黄原胶增黏剂、淀粉降滤失剂、醋酸钾抑制剂、PAC 类降滤失剂等为主，碳酸钙作为加重剂，并在造斜段复配 8%～10% 柴油或润滑材料以维持良好的润滑性能，密度为 $1.06\sim1.11g/cm^3$。

3）三开钻井液的使用

三开水平段全部在储层中穿过，由于高孔隙度、高渗透率疏松砂岩储层易发生井壁垮塌和固相伤害，水平段在满足携岩和润滑要求的基础上，要求钻井液具备良好的护壁封堵和保护储层性能，同时该段钻井液还易受到稠油的侵入造成性能不稳定。该井段采用了无黏土相聚合物钻井液，处理剂以黄胞胶增黏剂、淀粉降滤失剂、PAC 类降滤失剂、杀菌剂等为主，与二开体系的主要不同在于不需要添加抑制类材料，重点为复配不同粒径分布的碳酸钙，既可以有效提高钻井液对井壁的封堵效果，也可作为加重材料，密度为 $1.06\sim1.08g/cm^3$。

3. 钻井液应用效果

通过 MPE3 地区完钻水平井钻井液性能统计分析结果（表 7-5）可知，钻井液黏度、失水及流变等性能控制良好，实钻过程中强化四级固控设备的高效使用，钻井液固相含量、含砂量、膨润土含量等均在合理范围。在水平段通过性能调整，维持了较低塑性黏度（10～15mPa·s）、较高动切力（换算后为 10～15Pa），动塑比不小于 1Pa/（mPa·s）（一般直井用常规钻井液的动塑比为 0.36～0.48，动塑比越高，代表携砂性能越好），钻井液具有较高低剪切速率下的黏度 [换算后 $\varphi6/\varphi3$ 为（7～8）Pa/（5～7）Pa]，以上说明现用的钻井液携砂性能良好，可满足水平井井眼清洁要求。此外，在造斜段及水平段，通过混入 8%～10% 柴油或润滑类材料，使钻井液具有良好润滑性和较好护壁性的同时，还可以起到稀释进入钻井液中稠油的作用。

表 7-5 MPE3 区块水平井钻井液性能指标

开钻 次序	井深 m	密度 g/cm³	漏斗黏度 s	塑性黏度 mPa·s	滤失量 mL	初切 Pa	终切 Pa	含砂量 %	pH 值
一开	170	1.06	38～42	9	<6	6～12	8～14	<0.5	9.0
二开	1200	1.08～1.11	40～45	10～16	<5	6～12	8～14	<0.3	8.5～9.0
三开	2100	1.08～1.11	40～45	6～13	<5	10～14	12～20	<0.3	8.5～9.0

综合以上分析结果，根据目前整个委内瑞拉重油带浅层水平井钻井液使用情况，通过多年来积累的经验、技术的进步和有关配套措施的实施，认为现用的无黏土相聚合物钻井液体系、配方及性能基本能够满足水平井安全钻井的需要。

六、钻井工艺参数

1. 钻具组合和钻井参数

目前，委内瑞拉重油带水平井钻井主要采用"弯螺杆钻具 +MWD"组成的滑动导向钻具组合，需要交替采用滑动钻进方式和复合钻进方式。滑动钻井工况下整个钻柱不旋转，钻进下部井段（大斜度造斜段及水平段）时钻柱与井壁之间摩擦阻力较大，下部钻柱主要承受轴向压力，钻柱屈曲失稳风险较高，影响钻压传递效率和水平段延伸能力。钻柱正弦屈曲对摩擦阻力影响较小，对钻压传递效率影响也较小，但是钻柱螺旋屈曲会显著增加摩擦阻力，不仅影响钻压传递效率，严重时甚至导致钻柱自锁而难以下钻到底。

为了避免下部钻柱螺旋屈曲和降低摩擦阻力，提高钻压传递效率和水平段延伸能力，钻造斜段和水平段采用倒装钻具组合，使用高效 PDC 钻头、顶驱动力系统，优选钻井参数以提高钻井速度，实现优质快速钻进。实钻数据表明，水平段安全机械钻速可达 180m/h。各井段下部钻具组合如下：

（1）表层段：444.5mm 钻头 +228.6mm 钻铤 20m+444.5mm 稳定器 +228.6mm 钻铤 10m+127mm 钻杆。

（2）造斜段：311.2mm 钻头 +196.85mm1.75° 弯螺杆 +203.2mm 无磁钻铤 20m+311.2mm 稳定器 +127mm 加重钻杆 120m+127mm 斜坡钻杆 200m+203.2mm 钻铤 150m+127mm 钻杆。

（3）水平段：215.9mm 钻头 +158.75mm1.25° 弯螺杆 +158.75mm 无磁钻铤 20m+203.2mm 稳定器 +127mm 加重钻杆 300m+127mm 斜坡钻杆 500～1000m+158.75mm 钻铤 150m+127mm 钻杆。

钻进时的钻压既要考虑到地层需要，又要考虑到螺杆的要求，使钻头达到最佳工作状态，即机械钻速最快。排量的选择在满足钻井要求的同时，不超过螺杆钻具允许的最大排量，钻井参数选择如下：

（1）表层段：最初 60m 井段采用 1136L/min 排量，避免井壁冲蚀、地表渗流。井深 60m 后，加大排量到 2650～3028L/min，Ⅲ挡转速。注意每隔 60m 要打入一段稠钻井液将井眼清洗干净。钻压为 2～10tf，转盘转速为 140～180r/min。

（2）造斜段：钻压为 3～10tf；转速为 140～180r/min（电动机转速）。钻水泥塞和新井眼的前三个单根的排量为 1893L/min，然后逐步加大到 2461～2650L/min。

（3）水平段：钻压为3～10tf；转速为120～200r/min（电动机转速），排量为1893L/min。

2. 地层可钻性和钻头类型

1）声波测井法确定地层可钻性

声波时差是岩石密度 ρ、杨氏模量 E、泊松比 μ 的函数[1]，而 ρ、E、μ 又是描述岩石强度、硬度、弹性的物理参量。大量的试验研究证明，声波时差较好地体现了岩石的物理力学性质[2,3]。声波时差与岩石可钻性在本质上是相同的，都反映了岩石的综合物理力学性质，只是表现形式不同而已。因此，从理论上讲，声波时差与岩石可钻性之间应该存在确定的关系，利用声波时差资料可以求取岩石可钻性。实现方法如下：在室内利用可钻性测定仪确定地层岩石的可钻性级值，结合测井资料中的声波时差进行回归统计，按照数理统计中单因素分析方法，以相关系数、标准方差、统计检验值为标准，对回归方程进行优选。

确定首波始点，测出声波在岩样中的穿透时间，即可按式（7-10）求得声波时差值：

$$\Delta t = t / L \qquad (7-10)$$

式中 Δt——岩样的声波时差，$\mu s/m$；

　　　　t——声波穿透岩样的时间，μs；

　　　　L——岩样的长度，m。

声波时差与岩石可钻性之间存在确定的关系：

$$K_d = a + b \ln(\Delta t) \qquad (7-11)$$

在实验室条件下，利用声波时差资料确定岩石可钻性的计算模式为：

$$\hat{K}_d = 32.977 - 4.95 \ln(\Delta t) \qquad (7-12)$$

实验室条件与实际测井条件的差异并不影响声波时差与岩石可钻性的一般关系，但却影响计算模式中系数 a、b 的取值。因此，实际应用时应根据实际资料对模式做适当的修正。

采用声波测井资料对MPE3区块进行可钻性预测（图7-12）。从预测结果看，0～500m井段，可钻性级值基本小于1，属于软地层；500～700m井段，可钻性级值开始增加，为0～1；700～1000m井段，大体为1～2。

根据MPE3区块的岩石可钻性及钻头类型与地层级别对应关系（表7-6），选择钻头类型如下：

表层段444.5mm IADC 1-1-5铣齿、密封轴承、保径钻头；

造斜段311.2mm IADC 1-1-7铣齿、密封轴承、保径钻头；

水平段215.9mm IADC M/S223-323 PDC，5～6翼片，16～19mm齿径。

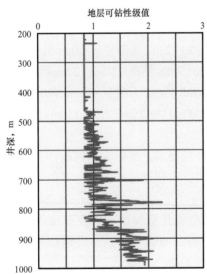

图7-12　声波测井地层可钻性级值

表 7-6 钻头类型与地层级别对应关系表

地层级别		I —Ⅲ	Ⅲ—Ⅳ	Ⅳ—Ⅵ	Ⅵ—Ⅷ	Ⅷ—X	≥X
地层级值		$K_d<3$	$3\leq K_d<6$	$4\leq K_d<6$	$6\leq K_d<8$	$8\leq K_d<10$	$K_d\geq10$
国际地层分类		黏软 SS	软 S	软—中 S—M	中—硬 M—H	硬 H	极硬 EH
IADC 钻头 编码	铣齿钻头	1-1	1-2	1-3 2-1 1-4 2-2	2-3 3-1 2-4 3-2	3-3 3-4	
	镶齿钻头	4-1 4-2 4-3	4-4	5-1 5-3 5-2 5-4	6-1 6-3 6-2 6-4	7-1 7-3 7-2 7-4	8-1 8-3 8-2 8-4
金刚石 钻头	PDC 金刚石	D_1	D_1	D_2	D_3	D_4	D_5
	取心	D_7	D_8	D_7, D_S	D_8	D_8	D_9
刮刀 钻头	硬质合金	→					

2）钻头使用情况分析

由于地层可钻性好，钻头的平均机械钻速较高。一开井段使用一只 444.5mm 牙轮钻头，平均机械钻速为 10m/h，二开井段螺杆 +311.2mm 牙轮钻头定向钻井。三开螺杆 + 215.9mm PDC 钻头扭方位及水平钻进。

结合已钻井钻头的使用效果优选了钻头型号，并优化了钻井参数。在可钻性极好、研磨性低的地层，优选个性化 PDC，牙轮钻头提速。钻头方案及参数设计见表 7-7。

表 7-7 钻头方案及参数设计

尺寸 mm	地层	井段	钻头类型			主要参考 钻头型号	钻压 kN	转速	排量 L/min	机械钻速 m/h
			IADC 编码	刀翼数	切削齿 尺寸 mm					
444.5	Oficina	表层	IADC 1-1-5	3	19	VG-1， GTX-G1， RC115	20~100	复合	2650~ 3028	10
311.2	MT1、MT2、 AB1、AB2	造斜段	IADC 1-1-7	3	19，16	VG-1， STX-1， RC117	30~100	复合	1893	30
215.9	Oligoceno	水平段	M/S 223-323	5~6	19，16	FX66， MDI619	30~100	复合	1893	60

七、固井工艺

1. 固井难点

MPE3 区块已钻井固井表明固井面临的主要问题是表层固井容易发生井漏；大斜度技术套管固井面临的主要问题是环空间隙小、封固段井斜角大、套管下入困难且不易居中、顶替效率低、对水泥浆性能要求高等，在固井设计过程中，应集成先进的国内外固井技术，根据不同油井的井身结构以及地层的孔隙压力、钻井液密度、地层破裂压力选择合适的固井方式，以合理的压差进行固井，有效防止漏失并有助于保护储层。

2. 提高固井质量的主要措施

为了提高 MPE3 区块的固井质量，针对该地区的地质特点以及固井中存在的问题，应采取如下措施。

1）防漏失措施

充分了解并掌握井下状况，包括地层的孔隙压力、漏失压力和破裂压力；漏失层位、深度及循环漏失压力，漏层的类型、特点及漏失原因。

依据掌握的漏失情况，结合钻井液循环能够进行漏失层的处理，建立新的压力平衡关系。

依据地层压力平衡条件，控制上返至设计井深的水泥浆液柱压力小于漏失层的漏失压力，尽可能地降低水泥浆密度和静液柱压力，防止固井漏失。

增大较低密度的前置液（冲洗液与隔离液）使用数量，稀释后相容可降低流动阻力，防止混浆顶替泵压过高，压漏地层。

2）提高低密度水泥石强度

采用性能优良的低密度高强度水泥浆体系，水泥浆体系紧密堆积设计，提高低密度水泥浆单位体积固相量，从而提高低密度固井水泥浆水泥石的抗压强度，提高水泥石对地层和套管的胶结。

3）提高水泥浆的防窜和防腐

采用防窜外加剂体系，严格控制失水和体积收缩，防止失重，提高水泥浆的静胶凝强度，提高水泥浆体系的防窜能力。

采用多凝水泥浆固井。

固井水泥浆紧密堆积设计，降低水泥石的渗透性，通过外掺料调节降低水泥石碱度，提高水泥石耐酸性介质腐蚀能力和防窜能力。

4）提高顶替效率

结合钻井工程合理使用稳定器，提高套管居中度，调整钻井液性能、黏度等性能有利于钻井液的驱替，充分循环钻井液，清洁井眼。

提高水泥浆的流变性能，根据套管结构和实际条件，选用适当的顶替方式，一般情况下尽量达到紊流顶替。

采用前置液体系，防止水泥浆和钻井液返混絮凝，冲洗液和隔离液实现紊流顶替，改善顶替效果，提高胶结质量。

3. 固井施工

1）表层套管固井

（1）固井工艺：采用插入法固井代替胶塞碰压式固井，避免套管内留水泥塞，以缩短钻塞时间，保证水泥返至地面。

（2）套管串：浮鞋 + 339.7mm 套管（钢级 J55，54.5lbf[❶]/ft）+ 联顶节 + 内管柱 + 水泥头；套管扶正器每 30m 一只。

（3）固井水泥浆设计：水泥浆选择低密度短候凝水泥浆体系，水泥浆密度为 1.75g/cm³，返至井口。

2）技术套管固井

（1）固井工艺：采用单级双密度注水泥固井工艺，水泥浆返至井口。

（2）套管串。

①套管串组合：浮鞋 + 套管一根 + 浮箍 + 套管串 + 联顶节。

②扶正器分配：刚性套管扶正器，造斜段每 10m 一只，其余段 20m 一只。

（3）水泥浆设计：

技术套管固井采用双胶塞单级双凝水泥浆体系固井，采用低密度高强水泥浆 + 低渗透防漏水泥浆体系。水泥浆密度：领浆 1.45～1.55g/cm³，尾浆 1.85g/cm³。尾浆封固高度不低于 300m，水泥浆返至地面。

（4）固井水泥浆体系：为保证油井全井固井质量，油层固井应选用双凝水泥浆体系即低密度高强度水泥浆体系以及低失水防漏水泥浆体系。固井前调整钻井液的性能并注入一定量的冲洗隔离液，以提高水泥浆的胶结质量，特别是生产套管固井水泥浆体系应具有一定防漏作用。根据目前生产井情况分析，完钻水平井固井质量良好，总结了 MPE3 区块水平井水泥浆性能要求（表 7-8）。

表 7-8　MPE3 区块水平井水泥浆性能要求

φ339.7mm 表层套管						
一级固井：低密度短候凝水泥浆体系。稠化时间实验条件：30℃ /1MPa						
水泥种类	实验条件	密度 g/cm³	API 滤失量 mL	游离液 mL/250mL	抗压强度（24h）MPa	稠化时间
尾浆	API G	API 规范	1.75	＜150	＜0.8	≥12	施工时间 +60min
φ244.5mm 油层套管						
一级固井：双凝水泥浆体系，低密度高强度水泥浆体系，尾浆采用低渗透防漏水泥浆体系，稠化时间实验条件：56℃ /11.5MPa						
领浆	API G	API 规范	1.45～1.55	＜100	＜0.8	≥14	施工时间 +120min
尾浆	API G	API 规范	1.85	＜50	＜0.8	≥14	施工时间 +60min

❶ 1lbf=4.448N。

八、完井工艺

完井工艺的核心之一是完井方式优选。采用恰当而合理的完井方式，可以减少综合成本，提高油气田开发的综合经济效益。如果完井方式选择不当，可能造成单井产能的大幅下降或单井寿命的大幅下降，进而严重危害油气田正常开发。

1. 完井方式

完井方式按照油气层段是否下套管固井，可以分成裸眼系列和射孔系列两大类，而裸眼系列完井方式和射孔系列完井方式又都可派生出多种完井方式。按照完井方式是否具有防砂功能，可分成防砂型的完井方式和非防砂型的完井方式。按照完井方式是否具有支撑井壁的功能，还可以分成具有支撑井壁的完井方式和不具有支撑井壁的完井方式。下面简单介绍裸眼完井、割缝衬管完井、高级优质筛管完井、裸眼砾石充填完井等几种典型的完井方式。

1）裸眼完井

裸眼完井在直井、定向井、水平井中都可采用，是成本最低、施工最方便、产能也比较高的一种完井方式，只要条件许可，都要尽量采用裸眼完井。

裸眼完井有两种完井工序：第一种是钻头钻至油气层顶界附近后，下技术套管、注水泥固井，再从技术套管中下入直径较小的钻头，钻穿水泥塞，钻开油气层至设计井深，然后完井，此为先期裸眼完井。裸眼完井的第二种工序是直接钻穿油气层至设计井深，然后下技术套管至油气层顶界附近，注水泥固井，此为后期裸眼完井；在开发井中，为了后期治理的方便以及修井的方便，一般不提倡采用后期裸眼完井。

2）割缝衬管完井

割缝衬管完井，就是在已钻的裸眼内下入割缝衬管后完井，油气层段不下套管（或尾管），也不固井。

割缝衬管完井也分为先期固井的割缝衬管完井和后期固井的割缝衬管完井。先期固井的割缝衬管完井的施工程序和完井工艺如下：钻至油气层顶界附近后，下技术套管、注水泥固井；水泥浆上返至预定的设计高度后，再从技术套管中下入直径较小的钻头，钻穿水泥塞，钻开油气层至设计井深，然后在裸眼内下入割缝衬管，将割缝衬管悬挂在技术套管上完井。后期固井的割缝衬管完井的施工程序和完井工艺如下：直接钻穿油气层至设计井深，然后下技术套管（技术套管下部油气层部位采用与技术套管外径一样的割缝衬管）至油气层顶界附近，注水泥固井，然后完井。一般提倡先期固井的割缝衬管完井。

3）高级优质筛管完井

高级优质筛管是油田上一个比较笼统的称呼，实际上包括很多类型，除了传统的割缝衬管和绕丝筛管以外，其他类型的筛管均可笼统地称为高级优质筛管。高级优质筛管完井也分为先期固井的高级优质筛管完井和后期固井的高级优质筛管完井。因此，裸眼高级优质筛管完井的完井工序与割缝衬管完井完全相同，只是高级优质筛管完井都用于防砂，需要按照防砂要求来设计。

4）裸眼砾石充填完井

裸眼砾石充填完井防砂时，人工充填的砾石和筛管共同起防砂作用，但主要还是砾石层起主要的防砂作用，筛管则起支撑砾石和辅助防砂的作用。

裸眼砾石充填完井具体的施工程序是：钻至油气层顶界以上约3m后，下技术套管注水泥固井；用小一级的钻头钻穿水泥塞，钻开油气层至设计井深；更换扩张式钻头将油气层部位的井径扩大到技术套管外径的1.5～2倍（以确保充填砾石时有较大的环形空间，增加防砂层的厚度，提高防砂效果）；将绕丝筛管（或高级优质筛管）下入井内油气层部位，然后用充填液将在地面上预先选好的砾石泵送至绕丝筛管（或高级优质筛管）与井眼之间的环形空间内，构成一个砾石充填层，以阻挡油气层砂流入井筒，达到支撑井壁和防砂的目的。

2. 完井方式的选择

1）完井方式选择原则

目前，国内外各油气田所采用的完井方式有多种类型，但都有其各自的适用条件和局限性。只有根据油气藏类型和油气层的特性并考虑开采技术要求选择最合适的完井方式，才能有效地开发油气田，延长油气井寿命，提高采收率，进而提高油气田开发的总体经济效益。

合理的完井方式应该力求满足以下几点要求：

（1）油气层和井筒之间应保持最佳的连通条件，油气层所受的伤害尽量达到最小，油气入井的阻力最小；

（2）应能有效地封隔油、气、水层，防止气窜或水窜，防止层间的相互干扰；

（3）应能有效地控制油气层出砂，防止井壁垮塌，确保油气井长期生产；

（4）对于采油井，完井后所下油井管柱既要能适应自喷开采的需要，又要考虑到与后期人工举升工艺相适应；

（5）根据开发实际需求，应具备进行分层注水、注气、分层压裂、酸化以及堵水、调剖等井下作业措施的条件；

（6）稠油油藏，如果采用热采，应能满足热采的要求；

（7）工艺成熟，作业简单，经济效益好。

2）水平井完井方式的优选

水平井完井方式选择的一般流程是：

（1）根据油气藏类型、储层流体和岩石特征并考虑开采技术要求以及各完井方式适应性选择完井方式，将选择结果作为初选的完井方式；

（2）针对上述初选的完井方式进行完井产能预测；

（3）根据上述完井产能预测进行单井动态分析；

（4）根据上述单井动态分析，进行经济效益评价；

（5）根据上述经济评价结果，优选完井方式。

3. MPE3区块的主要完井方式

MPE3油藏为超重油未固结砂岩岩性油藏，采用丛式水平井冷采开发。考虑到储层疏松，井壁稳定性差，需要采用支撑井壁的完井方式；固井对高孔隙度、高渗透率储层伤害严重，且水平井长井段固井质量难以保证；筛管完井成本相对较低，可有效挡砂，储层不受水泥浆的伤害；后期需要考虑控水需求，在一定程度上避免层段之间的窜通。综合考虑降低储层伤害、有效防砂及工艺成熟度的要求，优选裸眼割缝筛管先期防砂的完井方式，可配套管外封隔器实施层段分隔。

九、分支井技术

1. 分支井钻井的关键技术

分支井技术是在定向井、水平井技术的基础上发展而来的，其施工难度和风险都远远高于定向井和水平井。分支井与定向井、水平井的主要差异在于井身结构复杂，分支井存在多个分支井眼的连接处。分支井与定向井、水平井的差异还表现在以下几个方面：

（1）油藏工程方面。与定向井、水平井相比，分支井更能增大油藏的裸露面积，提高泄油效率；改善油流动态剖面，降低锥进效应，提高重力泄油效果；纵向调整油藏的开采；可以应用于多种油气藏的经济开采。

（2）钻井工程方面。与定向井、水平井相比，分支井能大大减少无效井段，大大降低钻井设备的搬迁费用；能充分利用陆上、海上平台井口槽，从而减少平台建造数量。

（3）地面工程方面。与定向井、水平井相比，分支井由于地面井口减少，相应的地面工程、油井管理等费用也大大降低，增加了油田开发的经济效益。

分支井的技术关键是完井技术。要求分支接合处具有机械稳定性、液压密封性、有选择的重入性，或者说具有力学完整性、水力完整性、重复进入性。

2. 分支井技术完井等级

1997年春，由英国Shell勘探与开发公司主持，在苏格兰的阿伯丁举行了"分支井技术进步（TAML—Technology Advancement Multi Laterals）论坛"，建立了TAML分级体系，即1~6级和6S级，用来评价分支井的连接性、连通性和隔离性（图7-13）。前4个多分支分类涵盖了绝大部分重油多分支开采。

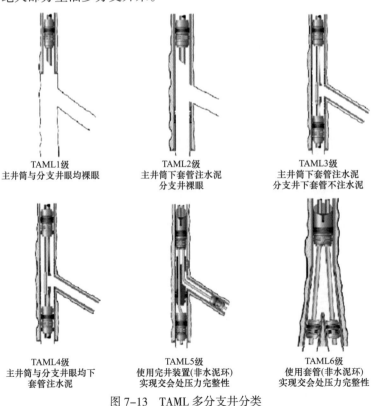

图 7-13　TAML 多分支井分类

　　TAML1 级：主井眼和分支井都是裸眼。TAML1 级分支井是分支系统中最简单的应用，从主裸眼钻多个泄油分支井眼。这种完井方式能提高油藏泄油能力，适用于胶结好的地层，完井成本低。虽然 1 级接口已被用于重油开采，但它们不提供固体控制或井眼支撑，而这在未固结的油藏中是必需的。

　　TAML2 级：主井筒注水泥，分支井为裸眼。主井眼下套管固井，分支井眼保持裸眼或下简单的割缝衬管或预制滤砂管，主井眼套管注水泥封隔后，下定向封隔器，侧钻开窗钻分支井眼，至一定深度完井。

　　TAML3 级：主井筒注水泥，分支井下套管不注水泥。衬管悬挂或锁定在主井眼内，分支井段及接合点均有机械支撑，这种完井方式对较低的分支井段不能再次进入，接合点处地层压力无封隔，只能混合采油。

　　TAML4 级：主井眼及分支井眼都下套管并注水泥，分支井段和接合点均有机械支撑。接合点和窗口处封隔不好，适于合采，主、分支井可以再次进入。

　　TAML5 级：水泥封固主井筒和分支井，各层压力分隔。TAML5 级具有三级和四级分支井连接技术的特点，增加了分支井衬管和主套管连接处的封隔，接合点处的封隔能耐高压，分支井眼可选择性重入，可合采或单采。

　　TAML6 级：井下分叉装置。TAML6 级完井系统在分支井眼和主井筒套管的连接处有一个整体式压力密封装置，该装置为金属整体成型或可成型设计。TAML 6S 级（次 6 级完井）使用地下井口装置，形成有一个主井筒的两口从采油到修井完全可独立进行的分支井，基本上是一个地下双套管头井口，将一大直径主井眼分成两个等径的分支井眼。

　　3. 分支井主要井身剖面类型

　　分支井井身剖面类型如图 3-22 所示，剖面类型特点及适用范围见表 7-9。

表 7-9　分支井井身剖面类型特点及适用范围

序号	剖面名称	特点	适用范围
1	双向	从主井眼向两个不同的方向侧钻出两个分支井眼	适于开发相邻的不同断块油藏；平面面积大分布稳定的单层油藏
2	叠加	从主井眼的不同层位向同一方向侧钻出两个或两个以上的水平分支井眼	适于同时开发上下多层系油藏；热采特、超稠油油藏
3	鸥翼状	从一个主井眼在同一平面内向不同的方向侧钻出三个水平井眼	适于井网受限和渗透率较低的致密油藏，井眼的目的是改造油藏、人工造缝
4	鱼骨状	先钻一个水平井眼，然后在水平井眼的不同位置侧钻出不同方向的水平井眼，因其形状像鱼刺，所以又叫鱼刺形多分支水平井	适于稀油、稠油油藏，平面分布稳定，井控程度高，具有一定单控储量，目的层上下有良好标志层的油藏
5	鸟足状	从主井眼在同一平面内侧钻出三个水平分支井眼	适于一侧封闭的构造油藏

　　4. 分支井技术在重油带的应用

　　重油油藏通常被称为非常规油藏，API 重度为 7～25°API，井下重油黏度范围为 10～10000mPa·s，增加油藏接触面积对重油开发至关重要。此外，随着重油举升成本和炼油成本的提高，需提高单井产量以提高油田开发的经济可行性。其中，一项措施就是实施多分支井技术，与常规完井方式相比，多分支井技术可以相对较低的增量成本增加油藏的采出量。迄今为止，多分支井技术已经部署在冷采开发的重油油藏中。多分支井技术在重油开采中的应用约占全球多分支井应用的70%。

1）Petrozuata区块油藏特点

Petrozuata区块位于重油带苏阿塔区，1993年由委内瑞拉国家石油公司与美国CONOCO公司合资成立，双方分别占股49.9%和50.1%。2007年国有化后，由委内瑞拉国家石油公司独资经营。Petrozuata区块油藏埋深520～760m，温度为42～51℃。原油API重度为8.5～9.5°API，属于超稠油范畴（表7-10）。油藏本身具有低压、原油黏度高的特征，需要很大的驱动力才能使稠油流动。由于原油黏度高、地层软以及砂岩多层叠置，导致单支水平井很难获得高产以及稳产能力。

表7-10　Petrozuata区块储层参数

参数	分布范围
埋藏深度，m	520～760
储层温度，℃	42～51
储层压力，psi	578～895
绝对渗透率，mD	700～14000
储层条件下原油黏度，mPa·s	1200～3000
原油API重度，°API	8.5～9.5

Petrozuata公司从1999年就开始实施多分支水平井技术，逐步发展到今天的大规模实用多分支井技术（图7-14）。目前，所有的新井有2～3个分支，长度达1800m。在这些分支井眼上两侧都可以钻有多达6个裸眼侧钻开窗，或者称为"鱼骨"。Petrozuata公司利用这项技术提高了井筒与油藏的接触面积，连通了一些孤立砂体。一般具有18个鱼骨的三分支井在油藏中的进尺可达13000m。在某口井上，在同一油藏钻井进尺接近18000m（图7-15）。

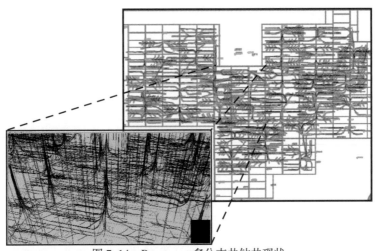

图7-14　Petrozuata多分支井钻井现状

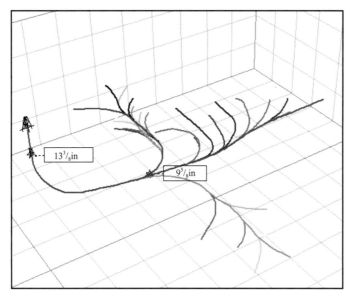

图 7-15　具有鱼骨构造的三分支井

2）井身结构设计

分支井钻井设计需要满足一系列具体要求的技术体系：

（1）两个分支都采用 215.9mm PDC 钻头钻进；

（2）两个分支采用 177.8mm、23#、J-55 钢级的割缝尾管完井；

（3）主井眼在侧钻开窗点的套管是 244.5mm、40#、钢级 J-55；

（4）螺杆泵（PCP）下入至与 244.5mm 套管相切的位置；

（5）多分支侧钻连通点的结构必须适用于多层开发的重入的叠置侧钻；

（6）能够实现单分支井眼的重入，以便井筒清理或后期增产工艺实施。

3）井眼轨迹设计

（1）井眼轨迹普遍选用双弧剖面，为最大限度地降低钻井施工难度及钻井成本，同样采用中、长曲率半径水平井。

（2）表层段造斜率不超过 4°/30m，稳斜段上部井段造斜率为 5.3°/30m～5.5°/30m，稳斜段下部井段至水平段着陆点造斜率小于 6°/30m。

（3）在稳斜段放置采油泵，稳斜段距离着陆点垂深 50m 左右，稳斜段狗腿度不大于 2°/30m，稳斜角为 65°～80°，70°～75° 最佳。双分支井稳斜段长 60m，三分支井稳斜段长 80m。稳斜段也是分支井眼的开窗点。应避免在砂岩层或煤层开窗，泥岩段是比较好的开窗点。

（4）鱼骨形分支：1、2、3、4 号鱼骨形分支造斜率为 6°/30m，最大分支夹角为 50°。5、6、7 号鱼骨形分支造斜率为 4.5°/30m～5°/30m，最大分支夹角为 45°（图 7-16）。除特殊要求外，鱼骨形分支井眼的最大狗腿度为 7.5°/30m。

4）完井设计

为实现鱼刺井水平井眼与主井的连通，鱼刺井主井眼采用低渗透割缝筛管先期防砂完

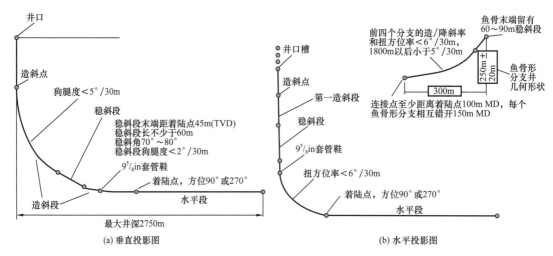

(a) 垂直投影图　　　　　　　　　　　　　(b) 水平投影图

图 7-16　鱼骨形分支井井眼轨迹设计

(a) JST工具　　　(b) 重入工具

图 7-17　分支井筒进入的支撑 4 级
连通的 JST 工具和重入工具

井，分支井眼采用裸眼完井。采用 TAML3 级和 TAML4 级完井工艺，能够实现单分支井眼的重入，以便井筒清理或后期增产工艺实施。

为保证疏松地层中侧钻连接点的长期完整性，Petrozuata 公司 2004 年取得了一项重要技术进步，技术的理念是实施水泥固井下的 4 级完井，下入一个主井眼和分支井眼之间的侧钻连接点支撑工具（JST）。侧钻连通点支撑工具（JST）可以安装在 4 级分支井连接处，提供额外的支撑，将分支过渡连接点固定在其位置上，而且仍然可以使泵下到连接点的下方。侧钻连通点支撑工具（JST）提供支撑点去支撑分支井筒的尾管，这样就可以固定尾管（图 7–17）。有了这一额外的支撑，4 级连通点可以比以前更好地承受重力、生产压差和破坏。

第二节　采油工程技术

超重油油藏泡沫油冷采举升工艺配套技术结合超重油油藏特点、油品性质、试油资料和生产井产能状况及开发实践，选择电潜泵和螺杆泵作为超重油冷采人工举升方式，辅之防砂、冲砂、防气和掺稀降黏等相应的配套技术，解决油稠、气油比高、出砂三个难点并存的问题，为油田正常生产、提高生产时率提供技术保证。本节主要论述人工举升工艺、井筒降黏工艺和防砂工艺。

一、人工举升工艺

1. 人工举升方式的选择

各种人工举升方式的工作原理、举升能力及对油井开采条件的适应性不同。人工举升方式与油藏地质特点、油田开发动态、油井生产能力以及地面环境等密切相关。人工举升方式的选择不仅关系到油田建设的基本投资和生产费用，还直接影响到原油产量和采收率。

多年来，很多学者就各种人工举升方式对各种生产条件及其经济性提出了数十项适应性条件，进行较为全面系统的定性或定量的评价比较。这些研究成果对初选人工举升方式具有重要的指导和参考价值（表 7-11），可供人工举升方式选择时参考。

表 7-11　不同人工举升方式适应性对比表

对比项目	适应条件	有杆泵	螺杆泵（地面驱动）	电潜泵	水力活塞泵	水力射流泵	气举	柱塞气举
系统基本状况	复杂程度	简单	简单	井下复杂	地面复杂	地面复杂	地面复杂	地面复杂
	一次投资	低	低	较高	较高	较高	最高	较高
	运行费	较低	较低	高	较低，但高含水后运行费用高	较低	较低，但小油田较高	较低，但小油田较高
排量 m³/d	正常范围	1～100	10～200	80～700	30～600	10～500	30～3180	20～32
	最大值	410	250	（3170）	（1293）	（4769）	（7945）	63
泵深 m	正常范围	<3000	<1500	<2000	<4000	<2000	<3000	<3000
	最大值	4421	1700	3084	5486	3500	3658	3658
井下状况	小井眼	适宜	适宜	不适宜	较适宜	适宜	适宜	适宜
	分层采油	不适宜	不适宜	较适宜	较适宜	不适宜	适宜	适宜
	定向井	一般磨损严重	一般磨损严重	适宜	适宜	适宜	很适宜	很适宜
	掏空程度	强	较强	强	强	较强	强	较强
地面环境	海上、市区	不适宜	较适宜	适宜	适宜	适宜	很适宜	很适宜
	气候恶劣边远地区	一般	一般	较适宜	适宜	适宜	适宜	适宜

续表

对比项目	适应条件	有杆泵	螺杆泵（地面驱动）	电潜泵	水力活塞泵	水力射流泵	气举	柱塞气举
操作问题	高气油比	较适应	一般	不适应	一般	适应	很适应	很适应
	稠油、高凝油	较好	一般	不适应	很好	很好	不太适应	不太适应
	出砂	较好	适应	不适应	一般	一般	很适应	很适应
	腐蚀	适应	适应	适应	适应	适应	适应	适应
	结垢	适应	不适应	不适应	适应	适应	一般	一般
	调整工作制度	较方便	较方便	缺乏灵活性	方便	方便	方便	方便
	动力源	电、天然气、油	电、天然气、油	电	电、天然气、油	电、天然气、油	电、天然气、油	电、天然气、油
	动力介质要求	无	无	无	油动力液防火	水动力液	防止水化物	防止水化物
维修管理	检泵	管式泵动管柱	必须动管柱	必须动管柱	液力或钢丝投捞	液力或钢丝投捞	钢丝投捞	钢丝投捞
	平均免修期，a	2	1	1.5	0.5	0.5	3	3
	自动控制	适宜	一般	适宜	适宜	适宜	一般	一般
	生产测试	基本配套	不配套	基本配套	基本配套	不配套	完全配套	基本配套

注：（1）排量一栏（）中的数值为套管外径为177.8mm以上时可达到的排量。

（2）各种人工举升方式的掏空程度与下泵深度有关，除气举（包括柱塞气举）需要一定的压力用来举升液体外，其余各种方式只要泵可以下到油层以下，在套管强度允许的条件下都可以将流动压力降至零。

下面简单介绍电潜泵和螺杆泵两种典型的人工举升方式。

1）电潜泵

电潜泵（ESP）是由多级叶导轮串接起来的一种电动离心泵，除了其直径小、长度长外，工作原理与普通离心泵没有多大差别。其工作原理是：当潜油电动机带动泵轴上的叶导轮高速旋转时，处于叶轮内的液体在离心力的作用下，从叶轮中心沿叶片间的流道甩向叶轮的四周，由于液体受到叶片的作用，其压力和速度同时增加，在导轮的进一步作用下速度能又转变成压能，同时流向下一级叶轮入口。如此逐次地通过多级叶导轮的作用，流体压能逐次增高，在获得足以克服泵出口以后管路阻力的能量时流至地面，达到石油开采的目的。

电潜泵采油系统由井下和地面两大部分组成。井下系统主要由电动机、潜油泵、保护器、分离器、测压装置、动力电缆、单流阀、测压阀／泄油阀、扶正器等组成。地面部分由配电盘、变压器、控制柜或变频器、接线盒和采油树井口组成，部分特殊油田还配有变频器集中切换控制柜。

电潜泵采油工艺因其设备结构简单、效率高、排量大、自动化程度高等优点而广泛应用于非自喷高产井、高含水井和海上油田，成为稳产、高产和经济效益较好的人工举升方式之一，是石油开采中后期强采的主要手段之一。其优点是：排量大，易调节；地面无运动部件，易实现自动控制。缺点是：电缆保护；小排量散热不好，需要回流装置和一定的沉没度；气、砂影响；检泵费用高。

在进行电潜泵工艺优化设计时应考虑下泵深度、泵排量要求、电泵总级数、电动机功率、电缆选择及防气防砂等配套工艺。

2）螺杆泵

螺杆泵（PCP）是一种渐进容积式泵，由定子和转子组成，两者的螺旋状配合形成多个连续的密封腔室，通过转子的旋转运动使密封腔室不断产生、运移和消失，实现对介质的举升。用于采油目的的螺杆泵可以分为液压驱动螺杆泵、井下电动机驱动螺杆泵和地面驱动抽油杆传动螺杆泵，后者应用较为广泛。

地面驱动螺杆泵的动力装置在地面，其原动机一般是电动机，通过不同的传输方式将电动机的转动传输到井口上方的驱动头，然后通过抽油杆传递给井下螺杆泵的转子进行抽油。因此，它由地面和地下两大系统组成。井下系统一般主要由定子、转子、回转筒、限位器、抽油杆、抽油杆扶正器、定子扶正器、尾管、封隔器、锚定装置等组成，但不同的管柱其构成是有所差别的。地面驱动系统包括传动系统、传动头和联轴节总成三大部分。

螺杆泵结构简单，工作安全可靠，使用维修方便，流量平稳，压力稳定，并且具有自吸能力、噪声低、效率高、寿命长、质量小、对介质黏性不敏感等优点。地面驱动螺杆泵采油系统的优点是：流量均匀；只有转子运动，过流面积大，携带能力强；无阀，对气、砂、蜡和高黏油适应性好。缺点是：杆管偏磨，传递扭矩能力限制了排量；初装、检修复杂，成本高。

在进行螺杆泵工艺优化设计时应考虑下泵深度、泵排量要求、抽油杆、电动机功率及防气防砂等配套工艺。

2. 超重油油藏人工举升工艺在MPE3区块的应用

MPE3区块原油地下和地面相对密度分别为0.957和1.016，原油地下黏度为2900～3200mPa·s，原始气油比为15～16m^3/m^3，体积系数为1.05。单井产能一般为64～483t/d，平均可达193t/d左右。针对MPE3区块超重油黏度高、受温度影响大、易出砂等特点，通过分析研究现有几种较成熟重油冷采人工举升方式的性能和适应性等因素，结合生产井产能大小及邻区的开发实践，最终选择电潜泵与螺杆泵作为冷采的人工举升方式。

对于产能相对较低的井采用螺杆泵，配以地面掺稀方式，根据采油指数选择不同泵型。一般地，螺杆泵工作转速为100～400r/min，产液量为32～322t/d。同时，螺杆泵也有较强的抗砂能力，井下泵杆维修施工较方便。对于产能较高的生产井采用电潜泵，配以井下掺稀方式。考虑到井下稀释剂以30%比例掺入，单井理论稀释超重油产量高达724t/d以上，工作排量为322～805t/d时可以满足要求。

现场应用效果分析表明，两种泵在运行中均较好地发挥了泵的效率，尤其在较高频高转速状态下，泵的潜力得到了更好的利用；而且在各种频率和转速下，性能比较稳定；生命周期均较长，力学性能可靠。这些进一步说明两种泵与地层能较好地匹配，地层能量也能满足泵的工作环境要求。但两种泵又各有特点，主要表现为电潜泵较螺杆泵的排液能力强，泵效高；而螺杆泵的力学性能更稳定，生命周期更长，生产费用更低。

二、井筒降黏工艺

1. 井筒降黏工艺的选择

目前，井筒降黏技术（表7-12）可分为掺稀降黏、化学降黏和热力降黏三大类。掺稀降黏包括掺稀油降黏和掺溶剂类降黏；化学降黏包括乳化降黏和油溶性降黏；热力降黏包括热流体循环加热降黏技术和电加热技术，其中热流体循环加热降黏又分为空心杆掺热流体循环、油套环空掺热流体循环和杆中管掺热流体循环，电加热技术包括电热杆加热、电缆加热和电热油管加热等。

表7-12　常规井筒降黏技术对比

名称	原理	优点	缺点	适应性
掺稀降黏	相似相溶，解缔合作用	工艺简单，对各种人工举升方式较为适用，管理、操作方便	对稀油资源要求高，高含水后适应性差	适用于稀油资源丰富的油田
乳化降黏	油、水乳化，降低界面张力	工艺简单、技术成熟，降黏效率高，便于生产管理	增加污水处理工艺难度	要针对原油组成设计不同的降黏剂
油溶性降黏	乳化	对原油集输和处理影响小，降黏效果好	多数含毒性较高物质，技术没有水溶性降黏剂发展成熟	需研发油溶性降黏剂
热流体循环加热降黏	物理加热原油	除了提高产液的温度外，还可以通过提高井筒中混合液（产液＋掺入的热流体）的含水量来降低黏度	结垢与腐蚀严重，产水量大，能耗大，成本高，需配备地面供水设备，适用范围有限	适用于油层较浅、黏度较低的稠油油井且地面有丰富的水源
电热杆加热	物理加热原油	工艺简单，一次性投资少，资金回收快，再启动生产容易	对工艺材料要求高，生产费用高，效率低，下深受限制	只适用于有杆抽油系统采油的油井
电缆加热	物理加热原油	下入深度深	加热效率低，作业过程可能对电缆造成损害，一次性投资高	应用不受采油方式的影响，适用范围广
电热油管加热	物理加热原油	加热效率高、功率大，下入深度大，抗拉强度高，不影响机械采油的实施	要保证油套环空绝缘，一次性投资大，增加后期作业难度	不适用于高含水和原油含盐较高的油井，加热深度一般小于2500m

化学降黏中的乳化降黏是指采用水溶性降黏剂，通过油、水乳化作用，降低混合液的界面张力，实现降黏。其优点是工艺简单、技术成熟，降黏效率高，便于生产管理。不足之处是不同的稠油组分，对乳化降黏剂有不同要求；大部分乳化剂仅可用于常温油藏条件下；后续污水处理工艺难度较高；难以把握乳状液稳定性。降黏剂对原油有很强的选择

性，要针对原油组成设计不同的降黏剂。化学降黏中的油溶性降黏指采用油溶性降黏剂降低原油黏度。油溶性降黏剂开发难度大，多数为含毒性较高物质，受制于环境保护，研究进展缓慢，在管输降黏中有过应用。从技术发展水平上看，不具备大规模油井应用的条件。

下面重点介绍井筒掺稀和电缆加热两种井筒降黏工艺。

掺稀降黏是根据相似相溶的原理，利用解缔合作用实现的稀油（或有机溶剂）对稠油的降黏。其优点是工艺简单，对各种人工举升方式较为适用，管理、操作方便；不足之处是稀油资源紧张，高成本稀油掺到稠油中后，会影响销售收入。因此，仅适用于稀油资源丰富的油田。

稀释剂的注入对原油的降黏作用十分明显，特别是油管中的流量比较大时，稀释剂对于降低油管中的液体摩阻、减小油管吸入压力的作用更为明显。在同等油管流量的条件下，稀释剂的注入量越大，降黏效果越好，油管的吸入压力越低。但在实际生产过程中，由于原油产量基本不变，稀释剂注入量越大，油管的流量越大，吸入压力越高。因此，稀释剂的注入量并非越大越好。对同一种超重油来说，所掺入的稀释剂比例随稀释剂的品质而变化。

电加热降黏是将电热介质放置在井筒内升高原油的温度从而实现降黏。油井加热专用电缆一般由电缆芯线、绝缘层和钢护套层组成。一般依靠电阻发热或集肤效应发热。绝缘层和护套层的材料根据需要选择。由于护套采用了钢管，克服了电缆表面易破损的缺陷，减少了短路事故的发生。

参考电缆生产商及油田电加热应用经验，根据相关物理原理，建立加热功率估算公式：

$$P_{\text{杆}} = 0.011574\, C_{\text{油}} Q\, (T_A - T_{\text{地}}) + 0.05 L_h + 0.075 L_v \quad (7\text{--}13)$$

式中 $C_{\text{油}}$——原油的比热容，kJ/（kg·℃）；

T_A——加热后地层油温度，℃；

$T_{\text{地}}$——原地层温度，℃；

$P_{\text{杆}}$——电热杆的折算功率，kW；

Q——产液量，t/d；

L_v——垂直段加热长度，m；

L_h——水平段加热长度，m。

2. 井筒降黏工艺在超重油油藏的应用

1）井筒掺稀降黏工艺

以 MPE3 区块为例，根据委内瑞拉石油公司标准的要求，井口稀释超重油的 API 重度为 16°API 即合格。计算掺入不同比例的 MESA–30（一种 API 重度为 30°API 的稀释剂）和石脑油（API 重度一般为 44～51°API）可以得到不同 API 重度的稀释超重油（表 7–13）。计算结果表明，井口稀释超重油的 API 重度要达到 16°API，MESA–30 的掺入比例为 40%

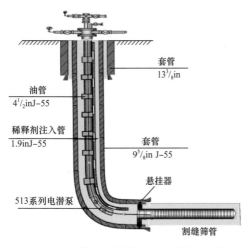

图 7-18　电潜泵井下掺稀生产管柱示意图

左右，石脑油的掺入比例为 25% 左右，这一结果与实际生产中所掺稀释剂的比例完全吻合。

综合考虑油管直径、生产气油比、稀释剂注入量、含水变化等因素对油管吸入压力的影响，从而确定合理的采油管柱。MPE3 区块电潜泵采油井的井下管柱结构采用双管，采用 4.5in 主油管用于下电泵生产，1.9in 副油管下至泵以下用作稀释剂注入（图 7-18）；对于供油能力小的储层，采用井口驱动井下螺杆泵举升方式，为了满足地面集输的要求，采用井口掺稀方式。应用表明，掺稀降黏效果良好，有效保障了原油井筒举升和地面输送的需要。

表 7-13　稀释重油 API 重度与稀释剂掺入比例关系表

地面原油 API 重度	稀释剂 API 重度	稀释重油 API 重度，°API				
°API	°API	20%	25%	30%	35%	40%
8.3	30	12.2	13.2	14.2	15.2	16.2
8.3	45	14.4	16.0	17.6	19.3	21.0
8.3	47	14.6	16.3	18.0	19.8	21.6
8.3	51	15.2	17.0	18.9	20.8	22.7

注：MPE3 区块井口原油取样化验 API 重度为 8.3°API 左右。

2）电缆加热降黏工艺

以胡宁 4 区块为例，油藏温度（45℃）下原油黏度为 29961mPa·s，参照现有黏温曲线，当井筒温度加热到 65℃ 时，原油黏度降到 5000mPa·s 以下，以此为目标温度，根据式（7-12）和冷采时油井配产情况，则水平井段电加热降黏预估耗电功率为 55~82kW（表 7-14）。

表 7-14　不同产量加热到目标温度所需加热功率（水平段）

P, kW	$C_油$, kJ/(kg·℃)	Q, t/d	L_h, m	T_A, ℃	$T_地$, ℃
55	1.49	100	1000	66	46
61	1.49	200	1000	66	46
66	1.49	300	1000	66	46
71	1.49	400	1000	66	46
77	1.49	500	1000	66	46
82	1.49	600	1000	66	46

根据目前井内管柱结构，加热电缆可以随掺稀管下入，也可利用起下电缆橇装绞车（带导向机构）放置到 $2\frac{3}{8}$in 掺稀管内（图 7—19）。

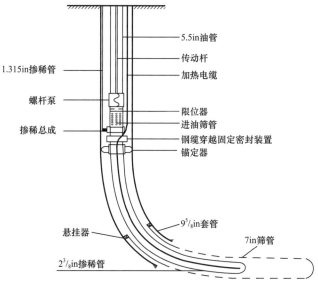

图 7—19　电缆加热水平井井内管柱结构示意图

现场生产动态对比结果显示，电缆加热降黏见到明显效果：电加热井于投产初期下入了加热电缆，初期日产油 49t，生产 550d 后日产油 33t。同其他未采用电缆加热油井相比，电加热井生产效果更好，且可以保持产量相对稳定（图 7—20）。

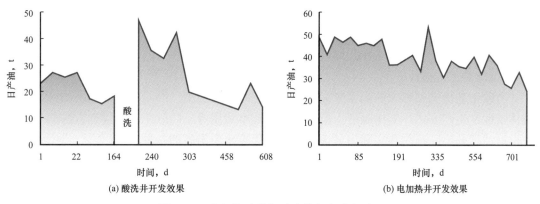

图 7—20　电加热油井与酸洗井生产动态对比

三、防砂工艺

1. 水平井防砂工艺的选择

1）防砂工艺选择原则

对砂岩地层，要考虑地层砂粒度大小及地层砂的均质性。国内外均按下述标准对地层砂的粒度大小进行分级：粒度中值 d_{50}❶ ≤0.1mm——特细砂或粉砂；粒度中值

---

❶ d_{50} 为地层砂筛析曲线上占累计质量 50% 的地层砂粒径，常称为地层砂粒度中值，简称地层砂粒径，mm。

d_{50} 为 0.1～0.25mm——细砂；粒度中值 d_{50} 为 0.25～0.5mm——中砂；粒度中值 d_{50} 为 0.5～1.0mm——粗砂；粒度中值 $d_{50} \geq 1.0$mm——特粗砂。

地层砂均质性指的是砂粒分选的均匀性，一般用均匀性系数 c 来表示：

$$c = \frac{d_{40}}{d_{90}} \qquad (7-14)$$

式中　d_{40}——地层砂筛析曲线上占累计重量 40% 的地层砂粒径；

　　　d_{90}——地层砂筛析曲线上占累计重量 90% 的地层砂粒径；

　　　d——地层砂均匀性系数。

国内外目前统一定义：$c<3$ 为均匀砂；$c>5$ 为不均匀砂；$c>10$ 为很不均匀砂。

对于疏松砂岩地层来说，地层砂的粒度大小和均匀性系数以及泥质含量是选择防砂工艺的基本依据（表7-15）。

表7-15　防砂工艺选择经验准则

序号	d_{10}/d_{95}	d_{40}/d_{90}	低于325目的砂粒	推荐的防砂工艺
1	<10	<3	<2%	筛管完井
2	<10	<5	<5%	优质筛管完井
3	<20	<5	<5%	大砾石高速水充填
4	<20	<5	<10%	大砾石配合适当尺寸的筛管
5	>20	>5	>10%	压裂充填

防砂工艺选择原则应根据出砂预测和试采资料，立足于先期防砂完井。同时考虑保护油层，减少伤害，以确保油井获得最大产能为目标，进行防砂工艺优选。

2）防砂工艺选择方法

防砂工艺优选须考虑的因素有完井类型、完井井段长度、井身状况、油层物性、油藏流体物性、生产方式、工作制度、产能损失、成本费用等。防砂工艺的优选方法如下：首先根据油气井出砂预测和实际出砂情况，考虑影响地层出砂的各种决策因素，借助各种防砂工艺适应性知识库、室内实验结论并结合专家经验，利用模糊数学或BP人工神经网络等方法对各种防砂工艺进行综合技术评判，评价各种防砂工艺与特定油气层、区块的适应性，筛选出技术上可行的几类防砂工艺方法（图7-21）；然后对这些防砂工艺分别进行防砂作业后的产能预测以及防砂效果评价，充分考虑各种经济因素影响，采用不同防砂有效期方案的经济评价方法进行经济评价；最后优选出技术上合理、经济上可行的防砂工艺类型和方法。

3）常规水平井防砂工艺的适应性

油井防砂方法一般可分为机械防砂和化学防砂。将这两种方法同时结合使用的防砂方法称为复合防砂。机械防砂技术可分为两类：一类是直接下入防砂管柱进行防砂，如割缝衬管、绕丝筛管等；另一类是下入防砂管柱后再对筛管与井筒的环空进行砾石充填，这种方法在井底建立了多级挡砂屏障，流入井底的地层砂被充填的砾石所阻挡，而充填在筛管周围的砾石又被缝隙更小的筛管所阻挡，形成多级桥堵作用使防砂更有效。化学防砂是把化学剂/固结液（如树脂）注入地层使地层砂胶结，提高井壁及周围油层内颗粒间的接触应力。化学防砂对粉细砂岩地层的防砂效果优于机械防砂，但缺点是对地层渗透率有一定的损害，成功率较低，且树脂易老化，油井温度也对化学防砂有直接影响。总体上看，化学防砂成本相对较高，应用程度远不如机械防砂广泛。

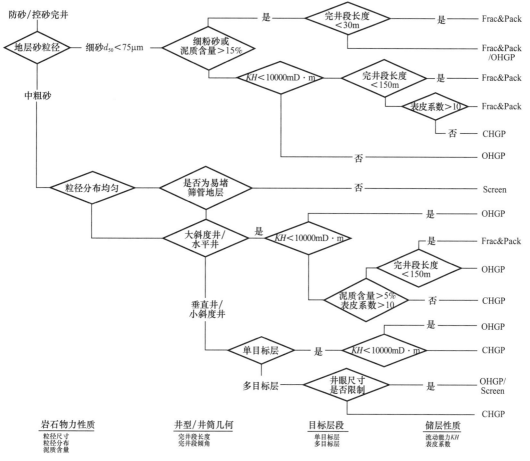

图 7-21 防砂工艺选择流程图

OHGP—裸眼砾石充填完井；CHGP—套管砾石充填完井；

Frac&Pack—压裂充填完井；Screen—防砂筛管完井

针对水平井防砂，不同的防砂工艺适用于不同条件的油藏（表 7-16）。

2.MPE3 区块的主要防砂方式

MPE3 油藏为超重油未固结砂岩岩性油藏，胶结类型以孔隙—接触式为主，胶结物以泥质为主，胶结疏松。采用组合模量（E_c）法进行出砂预测，其判断标准为：$E_c \geq 2.0 \times 10^4$MPa 时，生产时不出砂；1.5×10^4MPa $\leq E_c \leq 2.0 \times 10^4$MPa 时，轻微出砂；$E_c \leq 1.5 \times 10^4$MPa 时，严重出砂。以本区为例，计算结果表明，主力油层段平均组合模量分别为 1.32×10^4MPa 和 1.12×10^4MPa，属于严重出砂地层。

根据油层出砂粒径分析结果（表 7-17），其粒度中值（d_{50}）范围为 0.20～0.56mm，平均为 0.33mm，属中—细砂；不均度系数 c 值（d_{40}/d_{90}）范围为 2.06～2.18，属均匀地层砂。

表 7-16　常规水平井防砂工艺适应性分析

完井方式	完井工艺	主要适用条件
筛管完井	套管＋筛管	（1）有气顶、底水、夹层水、易坍塌夹层、易出砂等复杂地质条件，需要实施层段封隔的储层；（2）各分层之间存在压力、储层物性、流体特性等差异，需要实施分层测试、分层采油、分层注水、分层处理的油层；（3）含油层段长、夹层厚度大等完井段较长，要求油气井寿命较长的构造复杂的油气藏；（4）需要压裂、酸化等增产措施的低流动能力的油藏；（5）渗透率各向异性较大、伤害深度较大的储层；（6）岩性疏松且出砂严重的中、粗砂砾，且砂砾分选性较好的储层
	裸眼＋筛管/ECP	（1）不需要封隔底水气顶的单一油藏或油气层性质相近不需要层段之间封隔进行控制的多层油藏；（2）储层有较高的流动能力、较高的油气井产能，无须实施增产措施；（3）岩性疏松且出砂严重的中、粗砂砾，且砂砾分选性较好的储层
砾石充填	管内砾石充填	（1）有气顶、底水、夹层水、易坍塌夹层、易出砂等复杂地质条件，需要实施层段封隔的储层；（2）各分层之间存在压力、储层物性、流体特性等差异，需要实施分层测试、分层采油、分层注水、分层处理的油层；（3）含油层段长、夹层厚度大等完井段较长，要求油气井寿命较长的构造复杂的油气藏；（4）储层有较高的流动能力，具有较高的油气井产能，无须实施增产措施；（5）渗透率各向异性较大、伤害深度较大的储层。（6）岩性疏松且出砂严重出砂，泥质含量较高、砂砾分选性较差的储层
	裸眼砾石充填	（1）不需要封隔底水气顶的单一油藏或油气层性质相近不需要层段之间封隔控制的多层油藏；（2）储层有较高的流动能力、较高的油气井产能，无须实施增产措施；（3）岩性疏松且出砂严重出砂，泥质含量较高、砂砾分选性较差的储层

表 7-17　MPE3 区块油层出砂粒径分析统计表

层位	d_{50}，mm		d_{10}，mm		d_{40}/d_{90}	
	范围	平均值	范围	平均值	范围	平均值
O-11	0.23～0.56	0.33	0.46～0.94	0.66	1.78～2.28	2.07
O-12	0.30～0.38	0.33	0.56～0.79	0.66	1.89～2.40	2.18
O-13	0.20～0.46	0.33	0.51～0.69	0.61	1.89～2.31	2.06

　　综合粒径分析数据和相关经验准则，结合重油带防砂工艺现状和现场应用实际，推荐主体采用割缝筛管防砂工艺。

　　从缝型、布缝方式、割缝加工方式来看，梯形缝有利于降低缝隙堵塞的概率，割缝缝眼的剖面呈梯形，夹角不大于 20°，梯形大的底边为筛管内表面，这种外窄内宽的形状可以避免砂粒卡死在缝眼内而堵塞，具有"自洁"作用。交错缝可以避免更多的强度损失，陶瓷刀片加工法能提高缝隙壁面的耐磨性、防垢防腐性以及抗高温氧化性能。

　　确定缝长与缝密度的组合，应以其力学性能和有效过流面积最大化为依据，通常情况下，割缝筛管开口面积可以达到管体割缝部分表面积的 3%～6%。

　　梯形缝眼小底边的宽度称为割缝宽度，是割缝筛管设计的最重要参数之一。在没有实际挡砂实验评价结果时，现场一般根据经验原则确定。按照形成砂桥的设计原则，此方法一般用于出砂不严重、砂粒分布较粗、砂粒分选系数较小、修井作业很少的水平井眼中。根据试验研究，砂粒在筛管外形成砂桥的条件是梯形缝眼的宽度不大于砂粒直径的两倍，即：

$$e \leq 2d_{10} \tag{7-15}$$

式中　d_{10}——地层砂筛析曲线上占累计质量 10% 的地层砂粒径；

　　　e——割缝宽度。

根据现有粒径分析数据，d_{10} 最小值为 0.457mm，推荐筛管缝宽为 0.51～0.76mm。

综合上述分析，MPE3 区块割缝筛管工艺参数推荐见表 7-18。

表 7-18　割缝筛管工艺参数推荐表

参数名称	参数值	参数名称	参数值
表面缝型	直线缝	筛管外径，mm	177.8
断面缝型	梯形缝	割缝密度，条 /m	866
布缝类型	交错布缝	割缝长度，mm	38
布缝方向	轴向布缝	割缝宽度，mm	0.51-0.76

在采用割缝筛管先期防砂完井的基础上，在采油管柱上也做相应的考虑，螺杆泵在泵入口以下加装砂锚、电潜泵加装泵上防沉砂装置；对于水平井筒内部分沉砂，应用同心式双连续油管负压冲砂技术提高水平井冲砂携砂能力，实现有效冲砂。现场应用表明，综合防砂和治砂措施取得实效，不仅有效降低了出砂对生产的影响，还充分发挥了油井产能。

第三节　上下游一体化地面配套工程

重油黏度高，地层水和原油密度差小，并含有大量沥青质、胶质和其他机械杂质，流动性差，造成集输和处理困难。超重油集输方法较多，按降黏方式划分，可分为化学降黏集输、掺稀释剂集输、加热集输、伴热集输、裂化降黏集输等。委内瑞拉超重油集输方法采用的是掺稀释剂降黏集输方法。油气集输流程按布站数划分，可分为一级布站流程、二级布站流程和三级布站流程。委内瑞拉超重油采用的集输流程是三级布站流程，即井场、接转站和集中处理站。掺稀释剂超重油净化处理后外输至混合油生产厂，分馏出的稀释剂经回输管线返回上游井场重复掺稀使用，分离出的超重油掺稀油形成混合油装船外运销售，掺稀用稀油可以来自超重油改质或外购。委内瑞拉超重油这种上下游一体化的集输处理工艺，考虑了自然地理条件、工程投资、减少操作成本、生产效率、可供稀油资源的可持续性、终端产品的技术经济定位以及委内瑞拉奥里诺科重油带可持续开发等多种因素。

一、超重油油气集输方法简介

选择何种重油集输方式，需根据油藏特征、开发方案、采油工艺、油品黏度和其他物性以及地理环境等决定，下面对重油的主要集输方法进行简要介绍。

1. 加热集输流程

油井产物经井口加热炉加热后，进计量站分离计量，再经计量站加热炉加热后，混输至接转站或集中处理站。加热集输流程是目前国内应用较普遍的一种集输流程（图 7-22）。

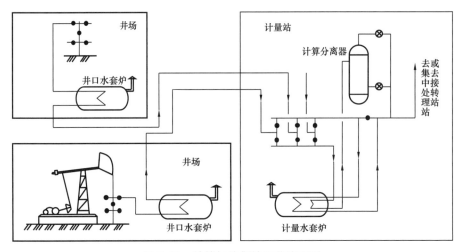

图 7-22　单管加热集输工艺流程图

所谓单管是指从井口至小站或油井平台之间只有 1 条集油管线，油井产出液中不掺入其他热介质，在井口设置加热炉。该流程的特点是：（1）适用于单井产液量较高（30t/d）、井口出油温度较高（40℃）、50℃黏度为 5000mPa·s 以下的稠油；（2）工艺流程简单，加热设备布置在单个井场，便于生产调节；（3）输油温度较高，降低了原油黏度，并适当放大管径，使流速一般不大于 0.5m/s，有效地减少了井站间油管线的压力损失；（4）需适当提高井口回压（一般为 1.0～1.5MPa），以保证井—站集油管线正常输油；（5）井口加热炉必须保证连续供热，才能保证安全、可靠、稳定运行，否则需停井维修；（6）由于井口回压相对较高，易对原油产量产生一定的影响。

2. 伴热集输流程

伴热集输流程是一种用热介质对集输管线进行伴热的集输流程。通常的伴热介质有蒸汽和热水。辽河油田典型的三管伴热集输工艺流程（图 7-23）适用于 50℃黏度为 3000mPa·s 以下的稠油集输。该流程的特点是：（1）可适应于所有需伴热的稠油，特别对一些低产井、间歇出油的油井更适合；（2）伴热效果好，便于调节，但由于伴热管线比其他集输流程多，钢材消耗量较大；（3）管线地上敷设，出现问题可及时发现，方便维修。但该流程能耗大、投资高。

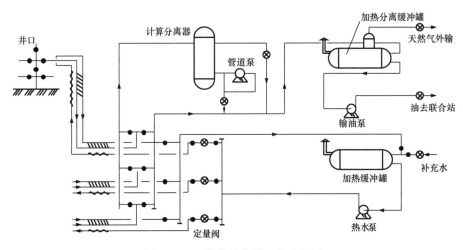

图 7-23　三管伴热集输工艺流程图

3. 化学降黏集输

向重油中添加某种化学剂，从而使原油流动性得到改善，这种方法称为化学降黏法。用一定量的碱性化合物或表面活性剂和清水（或油田水）加入重油中，在适当温度和搅拌条件下，使油以很小的油滴分散于水中，形成水包油乳状液。原油及蜡晶粒被油水界面间的薄膜包围住，基本上稠油与管壁间的摩擦变成水与管壁的摩擦，甚至只在管壁保持一层水的薄膜，这样可大大降低液流在管路中的摩阻，而有利于管道输送。起乳化降黏作用的化学剂常称为表面活性剂。其类型很多，总括起来，按其构造可为阳离子型、阴离子型、两性离子型及非离子型。而作为降黏剂的多属于非离子型。例如，美国加利福尼亚州科林加油田在井口向出油管线掺入表面活性剂，用来降低回压，使设备损坏和停车事故减少到最低程度，并且产量明显增加。使用的药剂是非离子型表面活性剂，由憎水基团（壬基苯酚）与亲水物质（环氧乙烷）结合而衍生制成。典型掺活性水集输流程（图7-24）是通过一条专用管线将热活性水从井口掺入油井的出油管线中，使原油形成水包油型的乳化液，以达到降低油品黏度的目的。该流程适用于高黏度原油的集输，但流程复杂，管线、设备易结垢，后端需要有增加破乳、脱水等设施。

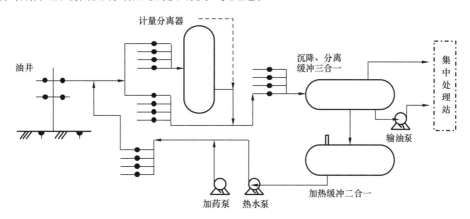

图 7-24　掺活性水集输工艺流程图

4. 裂化降黏集输

裂化降黏集输适用于重油密度大、黏度高且不具备掺降黏介质进行输送的情况。由于在裂化降黏的同时，解决了开采与集输过程中的诸多难题，因此，这种流程也为重油裂化降黏、开采、集输一体化工艺技术。在采用这种工艺之前，应先进行小型试验，求得合理的裂化工艺参数，进行技术经济综合评价，再建设完善配套的开采、集输一体化工程。

5. 掺稀释剂集输

掺稀降黏是超重油添加石油产品或低黏原油等来降低超重油黏度的方法，在国内外都得到广泛应用。超重油黏度高的根源在于胶质、沥青质等大分子在各种相互作用下形成的胶束结构，而影响超重油黏度的主要内在因素是金属杂原子及其赖以存在的胶质、沥青质。因此，设法降低超重油中金属杂原子或胶质、沥青质的浓度或变沥青胶质等大分子为小分子，是超重油降黏的根本途径。掺稀降黏的作用机理实际上就是通过稀释剂降低胶质、沥青质的浓度，从而减弱稠油中沥青胶束间的相互作用。

二、超重油油气处理方法介绍

油田中心处理站是原油生产的一个关键环节，它的主要作用是接收接转站来液，对油水进行分离、净化、加热，将处理合格后的原油向外输油首站输送。中心处理站集输系统是实现油水分离的重要环节，原油的油水分离过程有自然沉降脱水、化学脱水、机械过滤脱水、电脱水等多种方法。目前，中国各油田普遍采用的是沉降脱水、电脱水、电化学联合脱水等方法，采用的脱水流程主要有两段式脱水流程和三段式脱水流程。

含水原油中的水大部分以游离状态存在，称为游离水；其他一部分水与原油之间呈乳化状态存在，称为乳化水。游离水可利用油水密度差采用加热沉降法使其分离，乳化水则很难用一般的重力沉降法实现油水分离。目前，中心处理站集输处理系统中大多采用两段式脱水流程进行油水分离。具体的流程为：来自转油站的高含水混合油进入中心处理站后，首先进入游离水脱水器，在破乳剂的化学作用和重力沉降作用下，经合理控制，分离出大部分游离水，高含水原油变成含水20%～30%的中含水原油。游离水脱除器的运行控制非常重要，要求在容器中部安装油水界面检测仪表，适时检测油水界面的变化，并通过控制容器下端放水出口的调节阀开度调整油水界面，使油水界面保持在一定范围内，以保证油出口含水和水出口含油不超标。另外，多台游离水脱除器的出油汇到一条汇管上，要求在汇管上安装压力检测仪表，适时检测汇管压力的变化，并通过控制安装在汇管上的调节阀开度调整汇管压力稳定在0.2～0.3MPa，同时还要实现当压力超高时，快速泄压联锁保护功能。游离水脱除器的放水汇到一条管上，靠自压进入污水沉降罐。

游离水出口原油进入脱水加热炉，加热升温至45～50℃，加热后的含水原油在输送管道中与一定数量的破乳剂混合，进入复合电脱水器进行油水分离。原油在电脱水器内在电场力和化学破乳剂的共同作用下，进行油水的最后分离，通过合理控制电场强度、加药量和脱水器的油水界面，使电脱水后的原油含水达到0.5%～1%，从而得到满足要求的净化原油。电脱水器的控制原理和游离水脱除器相同。脱水后的净化原油进入净化油缓冲罐，再经外输泵外输。脱出的污水进入污水沉降罐，进行污水处理。中心处理站两段式集输系统主要包括自然沉降脱水系统（一段脱水系统）和电脱水系统（二段脱水系统）两个子系统。

目前，国内油田绝大多数中心处理站（联合站）采用这种集输系统。该系统简单，节省设备，能耗低，脱水效果好。

三段式集输系统与两段式集输系统工艺原理相似，主要的区别在于中转站的来油首先进入游离水脱除器，进行沉降脱水，脱水至含水70%左右，然后进入压力沉降罐，进行压力沉降脱水，脱水至30%左右，再进入电脱水器进行脱水，经电脱水后成为净化原油。因此，三段式集输系统包括自然沉降脱水系统、压力沉降脱水系统和电脱水系统三个子系统。这种集输系统虽然流程复杂、设备较多、能耗较高，但脱水效果较好。国内油田只有极少一部分联合站采用此种集输系统进行原油脱水。

三、委内瑞拉超重油上下游一体化地面建设

1.委内瑞拉超重油地面建设总体规划

根据委内瑞拉超重油上下游一体化地面建设总体规划工艺流程（图7-25）可知，从

油田生产井井场到中心处理站为上游；混合油生产厂为下游；混合油外输管道连接上下游地面设施。从生产井井场采出的混合液（包括原油、稀释剂、水和少量杂质）经过油田集输系统和中心处理站的处理后达到外输混合油的要求（API 重度为 16°API，含水在 1% 以下），通过长距离输送管线输送至混合油生产厂；在混合油生产厂通过分馏装置提取出稀释剂后与稀油混合后生产出终端产品（混合油，API 重度为 16°API）装船外销；稀释剂通过稀释剂管道返输至油田（上游）稀释剂分配站，稀释剂分配站再将稀释剂分配到各生产井。

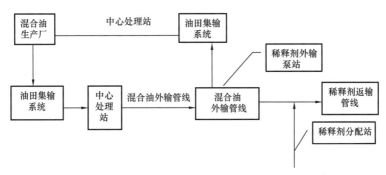

图 7-25　委内瑞拉超重油上下游一体化地面建设总体规划工艺流程图

从以上工艺流程的描述中可以看出，委内瑞拉超重油上下游一体化地面建设的特色是采用高效稀释剂终端拔头循环使用技术，即稀释剂在下游混合油生产厂经过分馏装置分离出来以后，通过稀释剂返输系统将稀释剂返输回油田生产混合油，混合油在油田中心处理站脱盐脱水后，外输泵站加压后经过外输管线输送至混合油生产厂的分馏装置再次进行分离，如此往复形成一个密闭的输油系统。

2. 超重油降黏油气集输工艺选择

委内瑞拉国家石油公司和在委内瑞拉合作开采奥里诺科重油带的合资公司在超重油降黏技术上均采用单一掺稀降黏集输处理工艺技术，这与委内瑞拉的气候与地理环境是分不开的。单一掺稀降黏集输处理工艺即在超重油集输处理工艺采用单一的掺稀油降黏的工艺处理方案。委内瑞拉属于南美洲，每年季节分雨季和旱季，大多数地区室外温度常年在 30℃以上，自然地理环境为掺稀处理工艺提供了有效的天然条件；长输管线大都敷设在地面，可以充分利用室外比较恒定的较高的温度场，使原油黏度维持在较低的水平，再通过适当比例掺稀进一步降低原油黏度，使混合油达到长输管线对原油黏度和 API 重度的要求（原油黏度为 500mPa·s，API 重度为 16°API），从而使掺稀降黏处理工艺具备条件。而加热降黏需要增加加热炉等固定资产投资，为了维持较高的地温场要求管线埋地敷设，这就增加了长输管线的施工费用，另外加热降黏需要长年消耗燃料，从而增加了操作成本。综合以上因素考虑，从技术经济的角度来讲，单一掺稀降黏集输处理工艺技术是适合委内瑞拉重油开采原油集输、储运的首选方案。

该单一掺稀降黏集输处理工艺可以利用常规的原油输送系统来输送超重油；在停输期间不会发生超重油凝固现象；需要一次性购买一定量的稀释剂并建设相应配套的地面输送、处理设施，具有一次性投入可以连续循环使用的特点，避免了加热降黏处理工艺需要长期消耗燃料致使操作费较高的缺点。此外，该技术利用高效稀释剂提高单位混合油中重油的含量，从而提高重油的采收效率；并且高效稀释剂的使用，降低了原油集输、储运系统的建设规模，从而有效地降低了工程投资额。

3. 掺稀降黏处理工艺稀释剂选定和掺稀比例确定

掺稀降黏的效果是由掺入稀油的性质、比例和温度决定的。委内瑞拉超重油长输管线输送储存要求常温状态下运动黏度在500mPa·s以下，API重度不低于16°API。超重油的黏度主要由胶质所致，其降黏方法应根据其组成及组成物性质确定。胶质（树脂质）可溶于汽油，不溶于正庚烷，沥青质可溶于二硫化碳、四氯化碳或苯，不溶于汽油、石油醚或乙醇；重质油分降黏，应该选择单一的石脑油或汽油稀释，由于汽油单价较高，MPE3区块选择的稀释剂为石脑油。MPE3区块产出超重油密度为1.02g/cm³，50℃时黏度在15000mPa·s以上，掺入API重度为52°API的石脑油。从不同掺稀量下的混合油黏度变化（表7-19）可以看出，MPE3区块超重油，掺入25%API重度为52°API的石脑油，常温下完全能够满足稀释后黏度为500mPa·s（API重度为16°API）的长距离输送、储存要求。

表7-19　MPE3区块掺稀释剂重油在不同剪切速率下的黏度

稀释剂添加量，%	温度，℃	掺稀释剂重油在不同剪切速率下的黏度，mPa·s		
		$10s^{-1}$	$20s^{-1}$	$30s^{-1}$
14.0	20	3560	3590	3580
	30	1460	1460	1460
	40	689	688	688
	50	406	405	410
16.4	20	2340	2340	2340
	30	1010	1010	1010
	40	524	524	524
	50	342	344	349
20.0	20	1100	1100	1100
	30	539	539	540
	40	346	350	355
	50	272	277	271
25.0	20	438	438	439
	30	235	235	235
	40	126	127	129
	50	67	69	68

4. 油田上游系统

1）油田集输工艺流程

根据所产油品性质和集输工艺要求，MPE3 区块集输工艺方案采用三级布站的掺稀密闭集输流程，即采油井场、接转站、集中处理站三级均采用密闭工艺流程，井口定压集气、接转站油气分离、中心处理站油水分离，形成单井设备井场集中建设、油气密闭集输、原油处理、采出水回注、气体综合利用等油气集输工艺流程（图 7-26）。

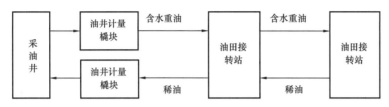

图 7-26　MPE3 区块区块集输工艺流程图

2）采油井场双管掺稀降黏不加热密闭集输

油田井场平台集输处理工艺以 MPE3 区块为例，采用平台丛式水平井布井方式，每个井场 12 或 24 口水平井。集输流程采用井场计量，不设计量站。每座井场设一套稀释剂分配阀组，从接转站输来的稀释剂经稀释剂计量分配阀组，按照一座井场平台管辖井口数的不同，井场设 2～4 套计量切换多通阀，分别注入采油单井，实现稀释剂自动分配。每座井场平台设一部多相计量橇块。单井采油管线经计量切换多通阀分别与集油汇管或计量汇管相连，根据工艺需要切换输至多相计量装置为单井轮流计量，实现在线定时计量，重油经井站管道输至接转站。生产控制和管理采用 SCADA 监控与数据采集系统，该系统把远程独立的单个油田作业变成一个具有许多紧密相关功能的综合加工过程，为相互联系的处理作业的优化提供定时获得操作信息的能力，在管道运行中实现输油管道安全运行泄漏实时检测系统。

该集输流程井场建设集多口井于一个井场平台，自动化控制系统、计量设备、供电设施和集输管线相对集中建设，便于工程施工和生产操作管理。油田典型井场工艺原理流程如图 7-27 所示。

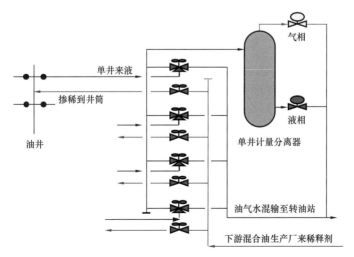

图 7-27　典型井场平台双管掺稀集输工艺流程图

每座采油井场主要设备见表7-20。

表7-20 典型12井式采油井场主要设备

序号	名称	单位	数量	备注
1	变频调速装置	套	12	
2	多相计量橇块	套	1	
3	8in多通阀	个	2	1个阀可带6口井
4	稀油计量分配阀组	套	12	每口井设一套，包括流量计、调节阀
5	RTU	套	1	
6	微波天线塔	座	1	
7	仪表空压机和罐	套	1	
8	变压器及供电柜	套	1	

3）接转站油气处理工艺

接转站的主要功能是接收井站管道输送来的各个油井产出的含水重油，脱砂并进行气液分离，然后将含水混合油通过泵增压后输送至集中处理站。分离出的天然气除油后，一部分输送至就近发电站，供站内燃气发电，剩余部分输送至压气站或通过火炬燃烧。考虑超重油生产气油比相对较高的特点，接转站采用卧式分离器进行气液分离；液相进入脱气罐和常压储罐进行二次气分离，输至脱盐脱水厂；同时，设置大罐抽气装置，满足环保要求和资源回收。接转站接收下游回输的稀释剂，进入稀释剂储罐，通过稀释剂泵增压，计量并输送至井场。MPE3区块接转站油气处理工艺流程如图7-28所示。

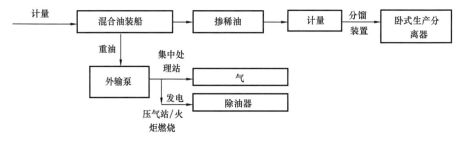

图7-28 接转站油气处理工艺流程

4）集中处理站脱盐脱水工艺

油田中心处理站是原油生产的一个关键环节，它的主要作用是接收接转站来液，对油水进行分离、净化、加热，将处理合格后的原油向外输油首站输送。

MPE3区块由于接转站来原油含水只有10%左右，集中处理站采用一段式二级电脱水脱盐系统，来自接转站的原油进入缓冲罐，经含水原油进料泵增压后，通过预加热换热器和加热炉升温后进入电脱水器和电脱盐器进行脱盐脱水处理，合格原油进入好油罐经外输泵增压外输。MPE3区块集中处理站工艺（图7-29）流程简单，节省设备，能耗低，脱水效果好；同时，采用油水换热器和油油换热器使集输处理工艺整体能量得到充分再利用，降低了处理过程的能耗。

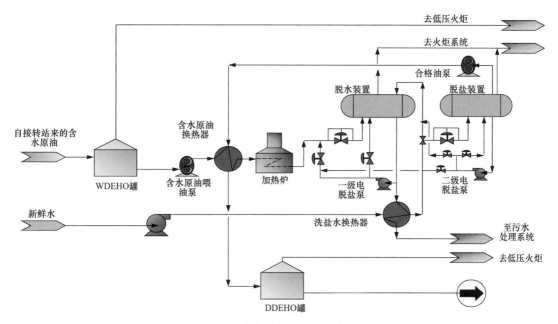

图 7-29　集中处理站脱盐脱水工艺

WDEHO—含水稀释重油；DDEHO—脱盐脱水稀释重油

电脱水脱盐原理简述如下：

（1）原油电脱水装置：含水率不大于 30% 重质原油与二级原油电脱盐装置来的脱出水混合后进入设备原油分配器，使低含水原油依次进入弱电场区和强电场区，利用电场力使原油中的分散小水滴从原油中分离，脱水后原油含水率不大于 1%，脱出的污水含油量不大于 1000mg/L。

（2）原油电脱盐装置：含水率不大于 1% 重质原油与注入的低矿化度水（注入水量不大于 7.5%）经过混合阀混合，使矿化度降低，油水混合物进入脱盐罐利用电场力进行油水分离，含水率不大于 1%，含盐量不大于 26mg/L。分离出的污水为不饱和水，再将其回注到一级电脱水装置入口，以减少二级洗盐水用量。

经过集中处理站脱盐脱水装置处理后的原油，达到了含水率不大于 1%、含盐量不大于 26mg/L、混合油 API 重度不小于 16°API、污水含油不大于 1000mg/L 的指标要求。

5）污水处理工艺流程及配套工艺技术

超重油污水处理主要是处理原油系统的采出水，处理后的污水主要指标为含油小于 10mg/L，悬浮物小于 10mg/L，处理合格的水通过高压注水泵回注地层。MPE3 区块污水处理厂采用了"调储沉降＋气浮＋过滤"的处理技术（图 7-31）。污水首先进入调储罐，在罐中进行污水缓冲、水质均匀以及初步沉降，去除水中部分浮油及大颗粒悬浮固体，调储罐出水通过产出水泵送入斜管除油罐，该罐内安有斜管以提升油及悬浮物的分离沉降效果，进一步去除水中的油和悬浮物。斜管除油罐的出水通过重力流进入溶气气浮装置，溶气气浮可以将水中的含油及悬浮物控制在 20mg/L 以下，经气浮处理后的污水流入过滤吸水池进行缓冲，然后通过池中设置的过滤提升泵将池中的污水加压送往双介质过滤器，经过双介质过滤器的过滤和化学药剂脱氧，产出水中的含油及悬浮物均满足小于 10mg/L 的标准，送入注水罐储存，再经注水泵加压重新回注地下。污水处理系统的主要设备有污水收集池、调储罐、提升泵、斜管除油罐、浮选单元、多介质过滤系统、注水罐及注水泵等。

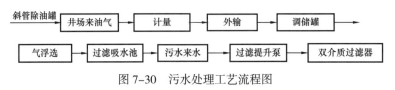

图7-30　污水处理工艺流程图

5. 油田下游系统（混合油生产厂）

1）稀释超重油拔头工艺

稀释剂拔头采用的是常压蒸馏工艺，含稀释剂超重油经换热器换热和加热炉加热后，从分馏塔进料端进入，在提馏段进行分馏，稀释剂主要从分馏塔中段集油箱处抽出，经换热降温后大部分外输，少部分用作中段回流控制分馏塔物料平衡和热平衡。塔顶分离出少量非凝气和稀释剂，塔底分离出超重油，与含稀释剂超重油换热降温后送往混合器与稀油混合，生成成品混合油，并储存至罐区。

2）超重油改质工艺

重油的改质工艺包括常减压蒸馏与延迟焦化、缓和加氢裂化、深度加氢裂化、掺稀、水热催化裂解、减黏裂化、溶剂脱沥青等。其中，掺稀技术是一种最简单直接的改质方式。掺稀是将更轻的液体烃类（如天然气凝析液、石脑油、原油的馏分油等）掺入稠油中，降低沥青质的浓度，以减弱胶束之间的相互作用力，降低黏度。此方法对稀油用量要求较大，在有充足的稀油供应的情况下，掺稀广泛应用于国内外各大油田。其中，水热催化裂解工艺是加入适当的催化剂，使得重油和水蒸气在水热条件下发生不可逆的裂解反应，降低重油中大分子烃类的浓度，不可逆地降低黏度。此项技术可以在地层中对重油进行改质并彻底降低重油的黏度，但是对选择合适的催化剂有一定的要求。减黏裂化工艺是一种轻度液相热裂化过程，是以重质油为原料，通过浅度热裂化以达到大幅降低其凝点和黏度的目的。经过世界各国的大量研究，该技术在各国炼油厂有了较多的应用。总体来说，重油的加工和改质难度较大，是基于多学科研究的综合性技术。目前，虽然理论上有多种改质技术，但每种工艺的技术成熟度、操作流程、实施成本等各有所长，需要根据生产实际情况、改质目标和重油性质来选择合适的工艺。

由于奥里诺科重油具有API重度低、黏度大、酸值高、残炭高、重金属含量高等特点，特别是黏度大，输送困难，严重制约了奥里诺科重油的开发和使用。为了解决重油的输送难题，目前，自奥里诺科重油带开发以来，先后采用了重油稀释（掺入石脑油或轻油稀释剂）技术、乳化油技术和重油改质技术。受稀释剂供应数量的限制和乳化油终端用户的限制，资源国积极推广通过重油自身改质提高产品流动性和品质。超重油的改质一般是通过脱碳和（或）加氢手段来提高产品的API重度，降低其密度，改善其黏度。目前，在委内瑞拉奥里诺科重油带有4家改质厂，采用延迟焦化工艺或延迟焦化和加氢工艺，生产不同品质的合成原油，4个改质厂全部位于奥里诺科重油带以北约200km的Jose港口，生产API重度为16~32°API的改质油输送至炼厂进一步加工，副产品是硫黄和石油焦。

重油带改质厂的主要功能：一是接受来自油田的全部稀释超重油，回收其中的稀释剂重石脑油返输回油田循环使用；二是将超重油通过一系列成熟可靠的工艺技术转化为轻质改质油，满足外输和销售条件。以脱碳和加氢相结合的常减压＋延迟焦化＋加氢裂化工艺为例，其改质工艺流程如图 7-31 所示。相应的主要装置包括脱盐脱水、常压蒸馏、减压蒸馏、延迟焦化、气体回收、加氢处理、加氢裂化、胺再生、酸性水处理、硫黄回收、固体硫成型、储存稀释油和改质油的中间罐、原料油罐、火炬系统等。其中，常压蒸馏装置和减压蒸馏装置用于将稀释的原油分离成直馏重质石脑油、直馏蜡油、轻质减压蜡油、重质减压蜡油和减压渣油；延迟焦化装置用于将减压渣油转化成液化石油气、焦化石脑油、轻质蜡油、重质蜡油和石油焦；加氢裂化装置用于将重质减压蜡油和重质焦化蜡油转化成加氢裂化装置的粗石脑油和加氢裂化装置的馏分油；馏分油加氢装置用于直馏蜡油、轻质减压蜡油和轻质蜡油的脱硫和加氢，生产蜡油馏分和粗石脑油；石脑油加氢装置用于对直馏石脑油和焦化石脑油加氢和脱硫，并分离成尾气、丙烷和丁烷等。

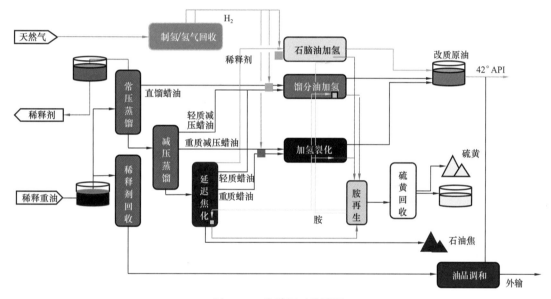

图 7-31　改质厂工艺流程

四、MPE3 区块上下游一体化配套地面工程

MPE3 区块采用超重油掺稀降黏集输处理工艺，油田生产处理设施包括上游 Morichal 油田和下游 JOSE 混合油生产厂。上游 Morichal 油田包括井场、一座接转站（FS）、一座稀释剂分配站（DSDS）和一座脱盐脱水厂（DDP）。下游 JOSE 混合油生产厂位于 Jose 港，包括分馏装置、混合油装置、公用工程和罐区。上游油田与下游 JOSE 混合油生产厂相距 324km，有两条管线分别输送稀释重油和稀释剂。目前油田已建生产平台 26 座，每座布井 12～24 口，其中的 425 口水平井已投产。接转站液量处理能力为 6.8×10^4 t/d，脱盐脱水厂液量处理能力为 6.2×10^4 t/d，稀释剂分配站稀释剂储存能力为 2.8×10^4 t/d，JOSE 混合油生产厂超重油处理能力为 1.4×10^4 t/d。

油田主体工艺：从油井生产出来的掺稀重油计量后集输至接转站，脱气后输送到脱盐脱水厂进行脱盐脱水处理，处理后的合格油（含水 1%）通过长输管线输至 JOSE 混合油生产厂，在 JOSE 混合油生产厂分馏出稀释剂的超重油与稀油（MESA30 或 ZUATA32）混合，然后装船外运，提取的稀释剂再通过长输管道返输到稀释剂分配站，然后经外输泵提升后输至接转站，再分配到各个井场回掺稀释剂。油田地面系统流程如图 7-32 所示。

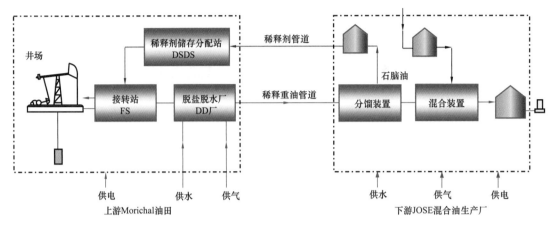

图 7-32　MPE3 区块上下游一体化地面系统工艺流程图

油气处理系统：采用井场、接转站、集中处理站三级布站，掺稀油密闭集输工艺流程。原油流向为采油井场至接转站至集中处理站。各井场来井流物通过集输干线输至接转站油气分离器进行气液分离，油气分离器分出的液相进入脱气罐，进一步降压脱气后进入含水原油储罐，经外输泵增压后至脱盐脱水厂。油气分离器分离出的伴生气除转油站自用外，其余通过火炬放空燃烧。在脱盐脱水厂，来自接转站的原油进入缓冲罐，经含水原油进料泵增压后，通过预加热换热器和加热炉升温后进入电脱水器和电脱盐器进行脱盐脱水处理，合格原油进入好油罐经外输泵增压外输，脱盐脱水厂由委内瑞拉国家石油公司供气，剩余气通过高低压火炬放空燃烧。

供水系统：站内设水源井和 Morichal 河水供水系统相结合的供水方式。

供电系统：当地供电线路接入，并分别在各采油井场及各种站建设相应规模的变电所。

污水处理系统：建在脱盐脱水厂内的污水处理厂处理规模为 1×10^4t/d，采用"调储沉降 + 气浮 + 过滤"工艺，处理后的污水主要指标为含油小于 10mg/L，悬浮物小于 10mg/L，处理合格的水通过高压注水泵回注地层。

JOSE 混合油生产厂处理系统：含超重油稀释剂回收及超重油混合装置、污水处理及消防系统等。污水处理工艺流程为污水收集池 + 调节罐 + 气浮装置，处理后外排海水。

储运系统：包括稀释原油储运系统、污油回收储存系统、稀释剂储存系统、生产混合油的稀油储存系统、混合原油（API 重度为 16°API）储罐系统。

长输管线系统：从 Morichal 油田到 JOSE 混合油生产厂的稀释重油管线全长 303km，管线在不同路段管径分别为 26in 和 36in，设计输送 15～24°API 的稀释原油，API 重度为 16°API 时的稀释重油输送能力为 6.4×10^4t/d。从 JOSE 混合油生产厂到 Morichal 油田的稀释剂输送管线全长 307km，管径 20in，设计输送 API 重度为 43～53°API 的油品，API 重度为 50°API 时的输送能力为 2.4×10^4t/d。

自控与通信系统：为了确保生产安全、可靠、平稳、经济地运行，MPE3 区块采用以计算机为核心的 SCADA 系统，完成对全油田（井场、接转站、脱盐脱水厂、污水处理厂、稀释剂供给工程）的远距离数据采集和监视控制。区块的自动化控制系统选用的是 ABB 公司的 SCADA 系统，整个系统具有自动化程度高，安全性、可靠性强，易于组态和扩展的特点。自动化数据采集系统以无线传输方式为主，采用 800MHz SCADA 专用数据传输系统，分别采集各个井场智能 RTU 的数据信息，并传至接转站控制级 RTU，脱盐脱水厂与接转站之间通过无线接入的方式传输数据信息。

参 考 文 献

[1] 楚泽涵，苏道宁. 长源距声波全波列测井资料估算岩石力学参数 [J]. 中国石油大学学报：自然科学版，1985（1）：21-33.

[2] Onyia E C. Relationships between formation strength, drilling strength and electric log properties [C]. SPE 29397-MS，1988.

[3] Sethi D K. Well log applications in rock mechanics [C]. SPE/DOE-9833，1981：45-53.

第八章　超重油油藏水平井冷采开发实践

MPE3 区块储量为 25.42×10^8t，地层温度为 53.72℃，油藏原油平均 API 重度为 7.8°API，地下原油黏度为 2900～3200mPa·s，区块为超重油油藏，河流三角洲沉积，储层物性较好，具有高孔隙度、高渗透率特征，无边、底水能量补给，采用水平井冷采配套技术进行开发，取得了良好的开发效果，已经建成年产 1000×10^4t 超重油的产能规模。

该区块于 2006 年 8 月全面投产，2006—2010 年陆续投产 11 个平台，2011 年为进一步扩大产能，提高产油速度，把排距由 600m 缩小到 300m，2014 年区块平均日产油已上升到 2.41×10^4t 以上，成功解决了超重油水平井冷采开发难题，为超重油油藏开发提供了宝贵的经验，本章以该区块为例，介绍其地质特征、开发部署及开发效果等。

第一节　油藏地质概况

一、构造特征

MPE3 区块的区域构造位于圭亚那地盾的北部斜坡带，构造整体形态为北倾单斜构造，南高北低，地层倾角为 2°～3°，基底埋深 670～1067m。共解释出 55 条高角度正断层，其中 6 条规模较大，以近东西向展布为主，最大延伸长度约 10058m，最大垂直断距达 42m（图 8-1）。

二、地层层序

MPE3 区块发育地层从下到上依次为寒武系或古生界基底、白垩系、古近—新近系、第四系。其中，主要含油层系为新近系下—中中新统 Oficina 组，共分 4 段、10 个小层，其中 Morichal 段是最主要的含油层段，分为 O-11S、O-11、O-12S、O-12I 和 O-13 等 5 个小层。

三、沉积特征

岩石类型主要是粗砂岩、中砂岩和细砂岩；沉积构造发育多种层理，包括块状层

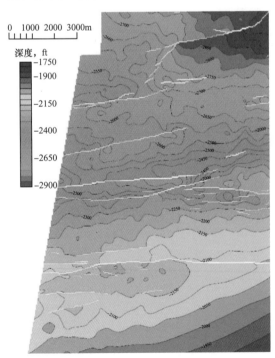

图 8-1　O-11 层顶面构造图

理、板状层理、槽状交错层理、透镜状层理等。MPE3 区块 Morichal 段物源主要来自南部，O-11—O-13 层主要沉积相带以辫状河三角洲平原亚相为主，其中 O-11 层的辫状河道发育范围广，在区块西南和东北部有泛滥平原发育；O-12 层的辫状河道大范围发育，在东南部分叉，后又合并汇合；O-13 层东南部尖灭区域较大，河道仅在区块北部发育。

四、储层特征

1. 砂体分布特征

Morichal 段分流河道较为发育，砂体整体连续，砂岩厚度主要分布在 9～21m 之间，只有局部地区尖灭。平面上，Morichal 段河道较为发育，砂体整体连片发育，O-12S—O-13 小层南部存在地层缺失，O-13 小层东南部缺失范围广。纵向上，砂体主要发育在 O-11—O-12I 小层，其中 O-11 层砂体平均厚度为 27.8m，O-12 层砂体平均厚度为 26.2m，O-12I 层砂体平均厚度为 17.8m，O-13 层砂体平均厚度为 11.2m。

2. 孔隙度分布特征

主力储层 Morichal 段孔隙度主要分布在 0.25%～0.37% 之间，平均值为 0.27%～0.33%；O-12S 层最高，平均值为 31.2%。平面上，O-11 层、O-12S 层和 O-12I 层高孔隙度带分布广泛，相对低孔隙度带发育在河道边部和心滩顶部，O-13 层有高孔隙度带分布，为主河道控制。

3. 渗透率分布特征

主力储层的渗透率分布在 1500～7500mD 之间，各层渗透率与孔隙度分布一致，为高孔隙度、高渗透率储层。O-11 层平均渗透率最低，为 3431mD；O-12S 层平均渗透率最高，为 7454mD，渗透性最好。主力生产层 O-11、O-12S、O-12I 和 O-13 的渗透率高于 5300mD，为高渗透储层。

4. 含油饱和度分布特征

平面上，O-11 层和 O-12S 层整体上全区含油饱和度较高，O-12I 层东部及东南部存在较低含油饱和度区，O-13 层含油饱和度高，主力开发层系平均含油饱和度为 86%。

五、油层分布特征

1. 油层平面分布特征

O-11 层、O-12S 层及 O-12I 层呈大面积连片分布，O-12S 层和 O-12I 层在东南部被剥蚀，O-13 层剥蚀范围较广，油层主要发育在北部，O-11 油层呈条带状分布（图 8-2 至图 8-5）。

2. 油层纵向分布特征

油层纵向上分布 O-11—O-13 层 5 个小层，油层厚度大，连续性好，平均厚度大于 15m，其中 O-11 层油层平均厚度为 26m，O-12S 层油层平均厚度为 23m，O-12I 层平均油层厚度为 16m，O-13 层平均油层厚度为 7m（图 8-6）。

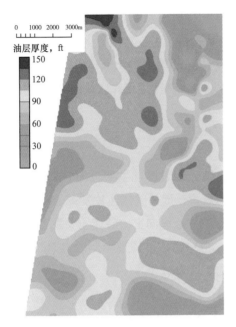

图 8-2　O-11 层油层厚度图

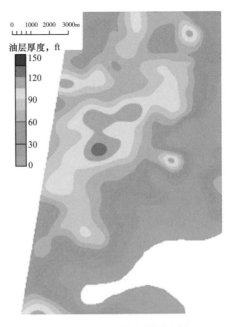

图 8-3　O-12S 层油层厚度图

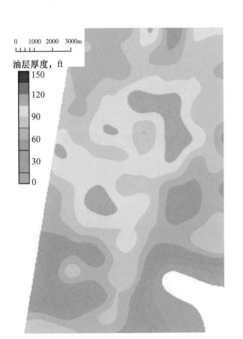

图 8-4　O-12I 层油层厚度图

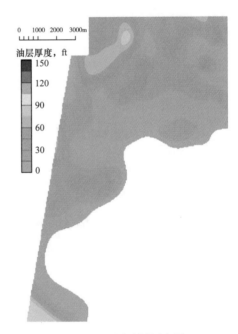

图 8-5　O-13 层油层厚度图

六、隔夹层分布特征

纵向上，O-11—O-12S 间隔层相对较发育，平均厚度为 3.51m，O-12S—O-12I 层平均厚度为 2.05m，O-12I—O-13 层平均厚度为 2.91m；平面上，O-11—O-12S 间隔层分布广泛（图 8-7），O-12S—O-12I 隔层主要分布在东部（图 8-8），O-12I—O-13 隔层分布在西北部。

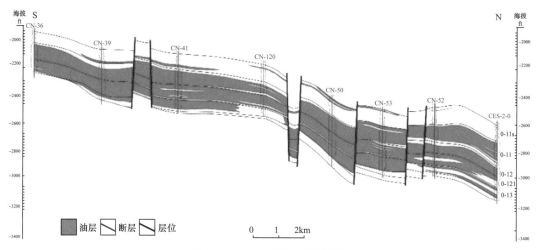

图 8-6　MPE3 区块油藏剖面图

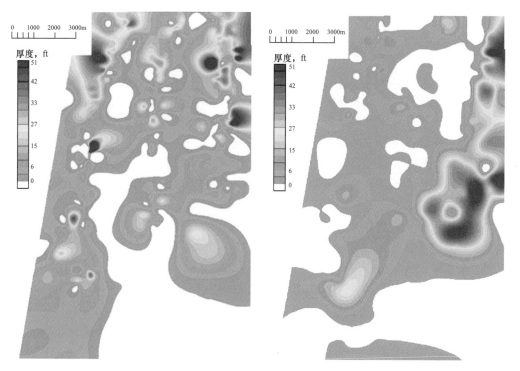

图 8-7　O-11—O-12S 隔层分布图　　　　图 8-8　O-12S—O-12I 隔层分布图

七、流体分布及性质

1. 流体分布

MPE3 区块流体分布在纵向上为多套油水系统组合，Morichal 组油层是一套含油系统，在试油中没有试到水层，在测井解释过程中也没有见到水层。

2. 原油性质

MPE3 区块原油密度为 1.018g/cm³，原油平均 API 重度 7.8°API，地下原油黏度为

2900～3200mPa·s，含沥青质9%～24%，含硫3.5%，重金属钒、镍含量大于500μg/g。

八、油藏类型

油藏压力梯度为0.96MPa/100m，属于正常压力系统。油藏地温梯度为3.77℃/100m，属于正常温度系统。

MPE3区块油藏是以河流三角洲沉积为主的未固结砂岩油藏，油藏原油平均API重度为7.8°API，为超重油油藏，目前投入开发的Morichal组油藏为无边、底水能量的岩性油藏。因此，MPE3区块油藏类型为超重油未固结砂岩岩性油藏。

第二节　油藏开发部署

MPE3区块的开发部署经历了从北部115km^{2}的MPE-3主力开发区块455×10^{4}t/a产能早期开发部署到区块整体（北部MPE-3主力开发区块+35km^{2}南部扩展区）1000×10^{4}t/a产能的开发调整部署两个阶段。

一、MPE-3主力开发区块早期开发部署

MPE3区块在早期开发阶段，动用MPE-3主力开发区块，以建成455×10^{4}t/a产能为目标，完成了丛式水平井开发部署。

综合上述水平井冷采油藏工程优化认识，在充分考虑油藏地质、地面建设和钻采工艺技术基础上，确定以下开发部署原则：

（1）在满足产能要求的基础上，以实现经济效益最大化为目标；

（2）采用平台式布井，有利于以地面建设为指导思想，另外还有利于油气集输管理和环境保护；

（3）采用平台丛式水平井平行布井方式；

（4）开发层系划分为O-11、O-12S和O-12I/O-13油层组；

（5）水平井部署平行断层走向，尽量避免靠近断层；

（6）水平井段长度为800～1000m，排距为600m。

方案共部署钻井平台27个，水平井292口，O-11、O-12S和O-12I/O-13三个单元的水平井数分别为80口、121口和91口（表8-1、表8-2）。方案30年累计产油1.423×10^{8}t，30年末采出程度达8.58%。

表8-1　主力开发区块部署结果

产能，10^{4}t/a	层位	部署井数，口
455	O-11	80
	O-12S	121
	O-12I/O-13	91
合计		292

表 8-2 455×10⁴t/a 产能方案布井结果

时间，a	年钻投产井数，口	开井数，口	总井数，口	年产量，10⁴t	备注
1	55	55	55	477.86	#32（12），#33（9），#19（12），#20（12），#34（10）
2	12	67	67	476.14	#35（12）
3	17	84	84	472.65	#29（12），#30（5）
4	13	97	97	471.07	#30（3），#31（8），#17（2）
5	10	107	107	470.07	#17（6），#18（4）
6	10	117	117	472.20	#18（5），#21（5）
7	9	126	126	474.99	#21（3），#22（6）
8	8	134	134	472.76	#22（8）
9	8	142	142	477.12	#22（1），#2（7）
10	9	151	151	475.04	#2（5），#3（4）
11	7	158	158	474.70	#3（3），#4（4）
12	6	164	164	474.71	#4（6）
13	7	171	171	477.04	#4（2），#5（5）
14	6	177	177	472.99	#5（6）
15	7	184	184	476.89	#5（1），#6（6）
16	7	191	191	476.31	#6（5），#7（2）
17	6	197	197	471.79	#7（6）
18	7	204	204	474.97	#8（7）
19	6	200	210	470.48	#8（3），#36（3）
20	9	203	219	475.89	#36（7），#37（2）
21	8	207	227	475.26	#37（8）
22	9	216	236	471.34	#37（2），#38（7）
23	8	224	244	476.03	#38（4），#39（4）
24	7	202	251	476.49	#39（7）
25	7	201	258	477.29	#39（2），#40（5）
26	7	208	265	474.70	#40（7）
27	8	191	273	471.43	#40（5），#41（3）
28	7	186	280	476.14	#41（7）
29	6	188	286	474.72	#41（2），#42（4）
30	6	189	292	469.63	#42（6）

注：#32（12）表示 32 平台当年投产 12 口井，余者含义类似。

二、MPE3区块整体开发调整部署

MPE3区块优先动用北部主体区块，2006—2010年陆续投产11个平台，水平井排距600m。2011年为进一步提高产油速度，扩大产能建设规模至1000×10^4t/a，进行了开发调整，把设计排距由600m缩小到300m，同时增加动用南部扩展区，面积约35km^2；新建平台均按300m排距布井，最大24口井/平台；已投产的11个平台整体加密至300m排距，至2016年，区块已具备1000×10^4t/a的超重油冷采产能，按调整方案，1000×10^4t/a可稳产7年（图8-9）。

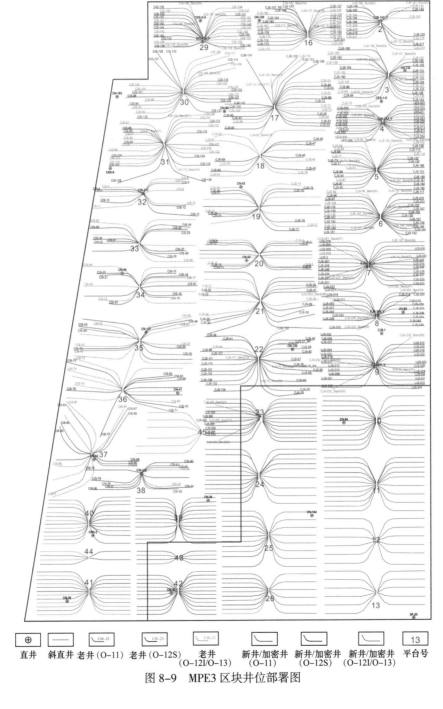

图8-9　MPE3区块井位部署图

MPE3 区块共部署水平井 754 口，其中 O-11 层 312 口，O-12S 层 275 口，O-12I/O-13 层 167 口（表 8-3、表 8-4）。其中，2018—2023 年新建 13 个平台，新部署井位 299 口，已开发区加密井位 47 口；未开发区部署井位 232 口。

表 8-3　分层井位部署汇总表

	层位	O-11	O-12S	O-12I/O-13	合计
	已钻完井，口	157	165	133	455
部署井位	已开发区补钻井位，口	10	10		20
	已开发区加密井位，口	6	17	24	47
	未开发区新井井位，口	139	83	10	232
	小计，口	155	110	34	299
	合计，口	312	275	167	754

表 8-4　早期生产平台部署加密井汇总表

平台	层位	已钻完井数，口	加密井数，口	分层合计井数，口	合计井数，口
#18	O-11				13
	O-12S	6		6	
	O-12I/O-13	6	1	7	
#19	O-11	4		4	18
	O-12S	4	3	7	
	O-12I/O-13	4	3	7	
#20	O-11	4	1	5	16
	O-12S	4	2	6	
	O-12I/O-13	4	1	5	
#21	O-11	4	1	5	20
	O-12S	4	5	9	
	O-12I/O-13	4	2	6	
#32	O-11	2		2	13
	O-12S	4		4	
	O-12I/O-13	6	1	7	
#33	O-11	3		3	16
	O-12S	7		7	
	O-12I/O-13	2	4	6	
#34	O-11	2		2	17
	O-12S	7		7	
	O-12I/O-13	3	5	8	

续表

平台	层位	已钻完井数，口	加密井数，口	分层合计井数，口	合计井数，口
#35	O–11	4	1	5	18
	O–12S	4	1	5	
	O–12I/O–13	4	4	8	
#36	O–11	2	1	3	18
	O–12S	6	4	10	
	O–12I/O–13	4	1	5	
#37	O–11	5	1	6	16
	O–12S	3	1	4	
	O–12I/O–13	4	2	6	
#38	O–11	4		4	13
	O–12S	6	1	7	
	O–12I/O–13	2		2	

第三节　油田开发特征

一、开发现状

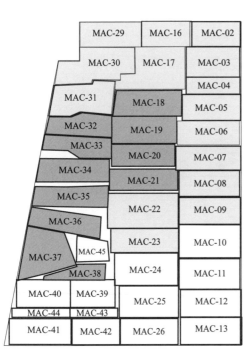

图 8–10　MPE3 区块生产平台分布图
（绿色为早期生产区，黄色为 300m 排距区，白色为未开发区）

MPE3 区块 2006 年 8 月 24 日起水平井陆续投产，截至 2017 年 12 月底，区块已建平台 26 座，已钻探井 20 口、评价井 5 口和水平生产井 455 口，投产水平井 452 口。2006—2010 年投产的 11 个平台为早期生产区（排距 600m）；2011 年后投产的 15 个平台为 300m 排距生产区；剩余区域为未开发区（图 8–10）。

区块的生产历程可划分为 3 个阶段：早期生产区限产阶段（2006 年 9 月—2008 年 1 月，稀释剂供应不足）、早期生产区释放产能阶段（2008 年 2 月—2010 年 12 月）和 300m 排距生产区逐年上产阶段（2011 年 1 月—2017 年 12 月）。

2017 年，区块平均日产液 2.23×10^4t，平均日产油 2.07×10^4t，含水率为 7.13%，产油速度为 0.29%；截至 2017 年底，区块累计产液 7625×10^4t，累计产油 7081×10^4t，累计产水 543×10^4t，地质储量采出程度为 2.77%（图 8–11）。

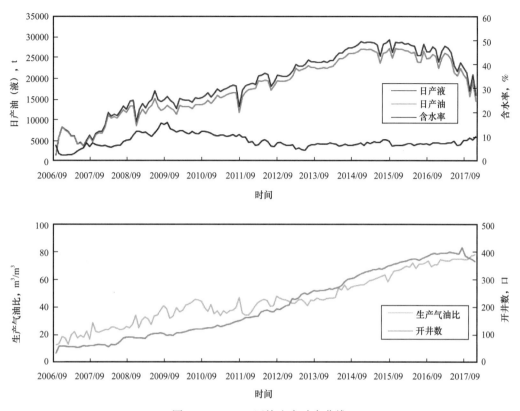

图 8-11　MPE3 区块生产动态曲线

三套开发层系（O-11、O-12S 和 O-12I/O-13）的分层开采状况见表 8-5，从上到下累计产油量、采出程度逐渐增大。

表 8-5　MPE3 区块已开发区分层开发现状表

层位	井数，口	地质储量，10^8t	累计产油量，10^8t	地质储量采出程度，%
O-11	156	6.75	0.14	2.09
O-12S	163	6.67	0.28	4.14
O-12I/O-13	133	5.59	0.29	5.21
合计	452	19.01	0.71	3.72

二、开发特征

1. 水平井初产分析

对区块投产的 452 口水平井的初产进行统计分析。O-12I/O-13 层的水平井初产最高，平均初产 166t/d，O-12S 层平均初产 149t/d，O-11 层的水平井初产最低，平均初产 104t/d；区块水平井平均初产 140t/d（表 8-6）。

表 8-6　区块投产水平井冷采分层初产统计

层位	投产井数，口	水平井段长度 m	钻遇油层长度，m	水平井段油层钻遇率，%	水平井初产，t/d
O-11	156	818	743	91	104
O-12S	163	831	779	93	149
O-12I/O-13	133	818	779	95	166
合计/平均	452	823	767	93	140

2. 产量递减特征

区块层系递减自上而下逐渐减小，随着生产时间的延长，递减率逐渐降低（图8-12）。区块月递减率为1.2%，年递减率为13.3%。其中，O-11层月递减率为1.3%，年递减率为14%；O-12层月递减率为1.2%，年递减率为13.5%；O-12I/O-13层月递减率为1.1%，年递减率为12.1%（表8-7）。

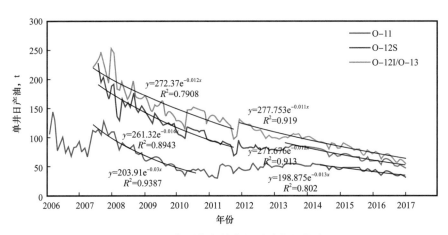

图 8-12　各层位老井产量递减特征曲线

表 8-7　典型井产量递减分析参数汇总表

井号	层位	平台	初产 t	累计产油 10^4t	渗透率 mD	水平段长度 m	钻遇率 %	月递减率 %
CIS-08	O-11	MAC32	132.11	21.68	7500	810.46	100	2.0
CJS-20	O-12	MAC19	189.24	44.13	8500	979.93	99.7	1.4
CJS-02	O-12I/O-13	MAC20	217.72	53.70	8500	820.83	99.9	1.3

分层单井产油量与采出程度呈现明显的指数递减趋势（图8-13）。

2006年投产的48口老井分层递减典型曲线如图8-14所示。

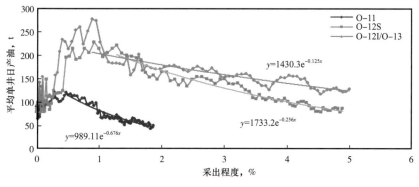

图 8-13　平均单井日产油与采出程度关系特征

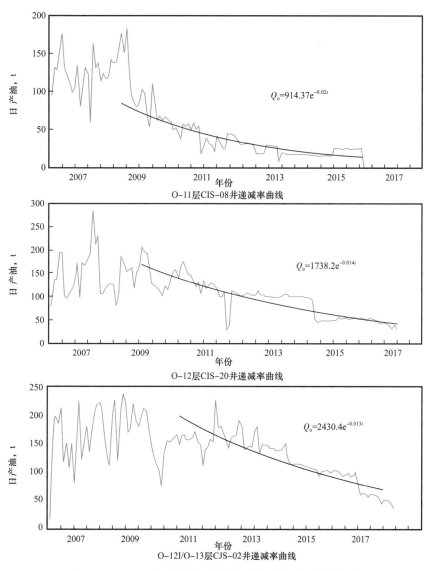

图 8-14　MPE3 区块早期投产老井典型单井递减率曲线

3. 压力变化特征

1）地层静压分析

MPE3 区块原始地层压力为 8.6MPa，目前地层压力为 5.6MPa，区块压力保持水平为 75%（图 8-15）。

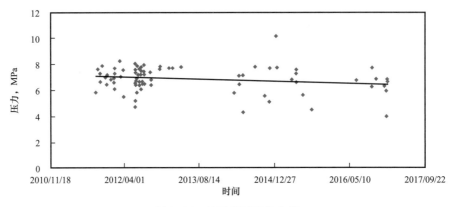

图 8-15　地层静压变化曲线

2）历年井底流压变化状况

2009—2011 年生产井泵转速较高，动液面维持稳定，但是沉没度液柱中气体占比迅速增加，井底流压和泵沉没度逐渐降低。从 2013 年开始，为避免地层压力下降过快导致原油脱气加剧，油井工作制度趋于下降，促成动液面有所回升，井底流压也有所上升（表 8-8）。

表 8-8　井底流压和动液面统计结果

年份	动液面 TVD，m	管柱中液体比例，%	纯液柱沉没度 TVD，m	井底流压，kPa	螺杆泵转速，r/min
2009	346	31.9	281	4302	243
2010	329	43.9	253	4040	237
2011	338	52	237	3916	173
2012	324	49	257	4020	169
2013	348	52	243	4013	116
2014	334	64	283	4496	121
2015	349	58	241	4261	122
2016	314	60	279	4578	140
2017	308	58	266	4406	145

2017 年生产井管柱中液体比例相对低，油井工作制度较低，是在充分考虑地层压力保持水平，避免地下原油过早脱气做出的合理开发技术政策（表 8-9）。

4. 生产气油比变化特征

MPE3 区块自上而下生产气油比上升趋势变缓，这与各层储层物性差异及油气重力分异等因素相关（图 8-16）。

表 8-9　MPE3 区块 2017 年井底流压统计表

平台	近期动液面 TVD m	含气液柱沉 没度 TVD m	纯液柱沉没 度 TVD m	管柱中液体 比例 %	泵口压力 kPa	井底流压 kPa	螺杆泵转速 r/min
M18	429	424	294	76	4254	5068	168
M19	282	545	303	61	4420	5282	175
M20	369	471	286	72	3930	4633	120
M21	312	505	283	61	3716	4447	151
M32	270	584	267	49	3647	4213	150
M33	303	518	232	47	3241	3792	130
M34	299	531	235	45	3379	3903	103
M35	263	551	259	51	3785	4351	113
M36	281	474	317	75	3675	4496	115
M37	288	491	221	54	3351	4027	169
M38	247	431	224	47	3165	3965	167
平均	291	510	263	56	3634	4309	139

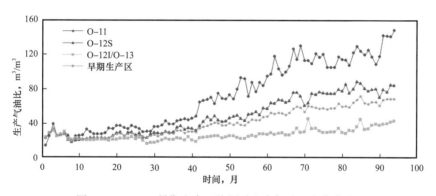

图 8-16　MPE3 早期生产区块测试生产气油比变化曲线

在目前生产阶段，生产气油比随采出程度呈指数上升趋势（图 8-17、图 8-18）。并且在相同压力水平下，O-11 层生产气油比更高，这也与油气重力分异有关。

5. 含水率变化特征

MPE3 区块为岩性构造油藏，无明显边、底水，含水率为 5.0%～9.2%，保持较低水平。局部区域含水相对较高，分析出水原因为管外水窜和地层中重油包裹水。

（1）管外水窜：CIS-69 井 2009 年 4 月投产，2009 年 10 月测试，油井日产油 27.68t，含水率为 90%，2010 年 2 月，由于高含水关井，其间含水率一直在 90% 以上。测试出水氯离子浓度（小于 5000mg/L）与地表水相近，不属于地层水，表现出较明显的管外水窜见水类型。

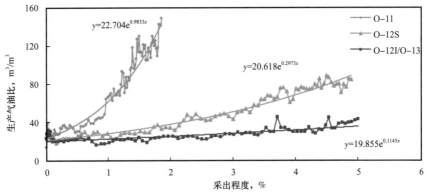

图 8-17　MPE3 分层生产气油比与采出程度关系

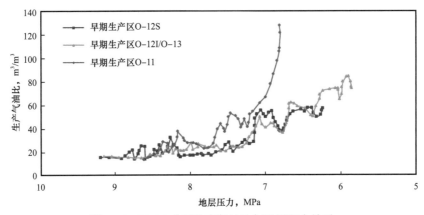

图 8-18　MPE3 分层生产气油比与地层压力关系

（2）地层中重油包裹水：区块内大部分出水井生产特征表现为含水率较低，且含水率相对比较稳定，这些井出水是因为有含水饱和度相对较高的层段，随着地层压力下降，重油包裹水体变为连续水体，引起油井含水率变化。

从 CJS-145 井的氯离子浓度分析结果来看，出水为地层水，而该井生产层位是 O-12S 层，同一平台还有多口井生产层位是 O-12I/O-13 均不出水，表明 CJS-145 井的出水与底部地层没有关系。另外，对附近有中子密度的井进行分析，发现这些井存在"非 / 差储层低阻低伽马"井段，但都存在密度跃升台阶，据此推测可能是矿物，如高岭石引起，非水体存在。因此，综合判断 CJS-145 井的出水类型为重油包裹水，这种出水类型的含水率变化特征是投产前期含水率较高，然后下降并趋于平稳（图 8-19）。

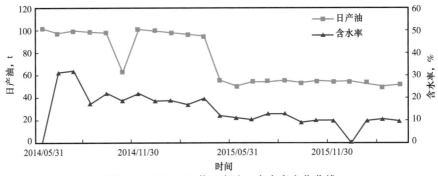

图 8-19　CJS-145 井日产油、含水率变化曲线

三、产能影响因素

MPE3 区块水平井冷采产能受油层厚度、渗透率、水平井钻遇油层长度、储层非均质性等因素影响。

1. 油层厚度与渗透率的影响

统计分析表明，区块水平井初产与地层系数呈现比较好的正相关关系，随着地层系数增加，水平井单井初产相应升高（图 8-20）。

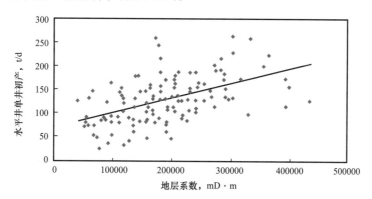

图 8-20　水平井初产与地层系数关系统计分析（O-12S 层）

2. 钻遇油层长度的影响分析

区块水平井初产与水平井段钻遇油层长度呈现正相关关系，随着水平井钻遇油层长度增加，水平井初产增加（图 8-21）。

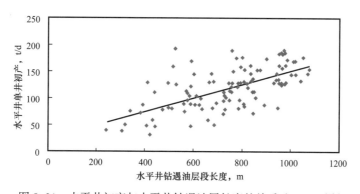

图 8-21　水平井初产与水平井钻遇油层长度的关系（O-12S 层）

区块水平井钻遇油层长度为 396～1036m，单位厚度采油指数随水平井钻遇油层长度增加而增加（图 8-22）。

3. 储层非均质性的影响

以 CJS-190 井为例，分析储层非均质性对水平井产能的影响。2014 年钻投产的 CJS-190 井位于 M2 号平台，主要目的层位 O-11，完钻井深 1672m，水平段长 349m，油层钻遇率为 81%，水平段 1324～1608m 为油层，1608～1672m 为泥岩（图 8-23、图 8-24）。

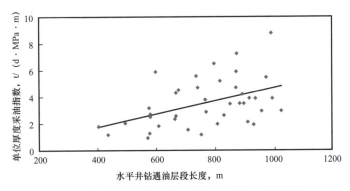

图 8-22　水平井单位厚度采油指数和钻遇油层长度关系

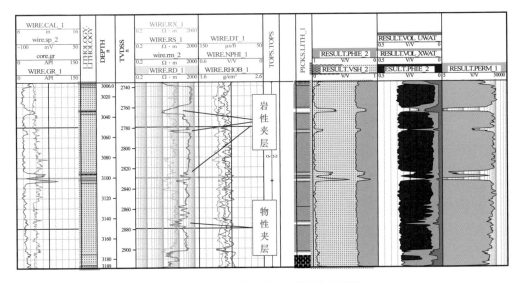

图 8-23　岩性与物性夹层特征对比图

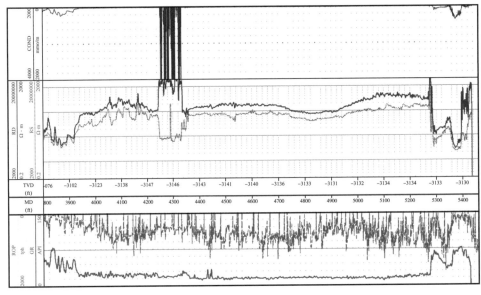

图 8-24　CJS-190 井水平井段测井曲线

邻井 CJS-137 井位于 M16 平台，水平段长度 317m，油层钻遇率为 100%，结合该井的储层发育特征，分析 CJS-190 井轨迹钻至 1608m 处之后岩性发生变化，主要原因是砂体分布及连续性横向发生变化，造成 CJS-190 井含油砂岩钻遇率只有 81%（图 8-25）。

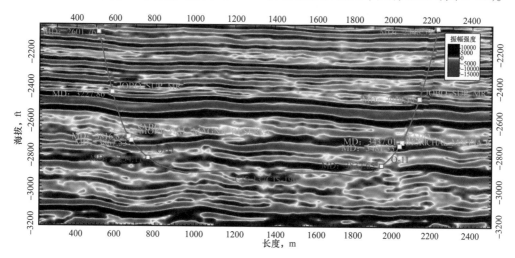

图 8-25　CJS-137 井与 CJS-190 井地震剖面对比图

CJS-137 井与 CJS-190 井轨迹末端相距 152m 左右，海拔相差只有 0.9m（图 8-26）。因此推测该处并不是微构造变化引起 CJS-190 井末端轨迹钻遇泥岩，而是横向上发生相变导致砂体分布及连续性发生变化。由于储层的非均质性变化，该井初产只有 31t/d。

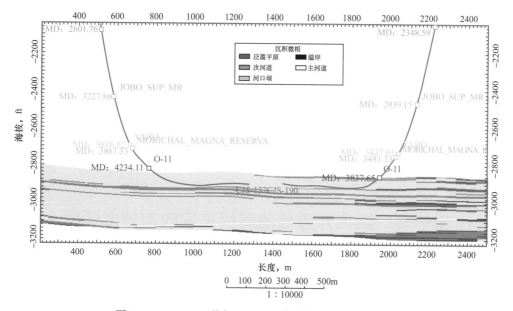

图 8-26　CJS-137 井与 CJS-190 井岩性属性剖面对比图

第九章　超重油油藏提高采收率技术现状与展望

超重油油藏在储层物性及流体性质上具有独特性，目前主体开发技术为水平井冷采。但冷采衰竭开发无能量补充，随着地层压力下降，产量递减，生产气油比上升，开发效果逐渐变差，冷采潜力逐渐减小，冷采稳产困难；同时冷采采收率低（5%～12%），存在很大的提升空间。此外，对于超浅层和浅层超重油油藏（如重油带胡宁地区），由于油藏埋藏浅，地层压力低，原始溶解气油比低，原油黏度高，泡沫油作用相对弱，驱动能量和流动能力弱，冷采单井产能相对低，经济效益差。总体说来，超重油油藏稳产与提高采收率的技术需求及技术发展趋势主要有以下几个方面：

（1）超重油油藏冷采优化和提高冷采效果技术。超重油冷采会导致层间、层内冷采动用程度存在差异，储量动用不均，为进一步提高冷采效果，需深化研究储层构型对流体分布以及冷采剩余油分布规律的影响、深化冷采特征及冷采剩余潜力定量刻画，优化层内、层间水平井部署，制定激励泡沫油驱油作用的开发技术政策等。

（2）浅层超重油油藏提高单井产量技术。提高单井产量是解决浅层超重油油藏经济有效开发的关键，需从浅层疏松砂岩油藏储层和流体识别、钻井与油藏工程一体化设计、油藏流体降黏与补充能量、配套举升工艺等多专业多角度协同攻关研究。

（3）接替稳产与提高采收率技术。重油带实施过直井蒸汽吞吐、水平井蒸汽吞吐和直井蒸汽驱等热采先导性试验，取得了较好的增产和提高采收率效果。但目前冷采开发方式及开发部署（井型、井长、排距、完井方式等）对热采接替的适应性需进一步验证，并且热采成本高、经济风险大。加拿大针对 Lloydminster 地区浅薄层超重油油藏泡沫油携砂冷采（CHOPS）后开展了循环溶剂注入（CSP）技术研究和先导试验，由于溶解困难、回采过程中脱气快等因素，不能有效实现降黏和保压的目的；同时，该地区实施的水驱、聚合物驱等后续开采方式先导试验效果对地层原油黏度和储层的非均质性依赖性大。需研究低成本非热采保压与提高采收率技术，包括注入体系配方筛选、驱油机理、注采优化设计等方面；需研究有效降低热采成本的技术途径。

第一节　国内外重油油藏提高采收率技术现状

世界范围内对于重油油藏的开发方式主要基于一次采油、二次采油和三次采油三个阶段（图9-1）。其中，除一次衰竭开采外，其他开采阶段和方式又分为不同类型。

自20世纪60年代开采重油以来，重油开采技术有了突飞猛进的发展，改善重油开发效果主要采用注入非热力和热力介质提高采收率技术。注非热力介质一般指纯水、混相气体、非凝析气体、聚合物、表面活性剂、碱、溶剂（轻质油）微生物等介质，注入这些介质的主要目的是增加地层能量、降低原油黏度、改变流动性、降低油水界面张力、增加毛细管数、改善油水流度比等。注热力介质主要是采用注入蒸汽、烟道气或注入空气进入地层再点火等方法。通过注入热流体，产生热膨胀、降黏、蒸馏等作用，使原油的黏度降低，增大流动性，从而达到重油、超重油的经济有效开发。到目前为止，已形成了以蒸汽吞吐、蒸汽驱、火烧油层、蒸汽辅助重力泄油（SAGD）等为主要开发方式的重油油砂的热采技术开发方式。

热力采油开采方式是目前现场采用的最为广泛的提高重油采收率方法，注非热力介质提高采收率技术虽然在实验室已经拥有大量的实验数据，现场也有了很多尝试，可在重油带还没有大规模实施的案例，但就注入非热力介质本身，因其拥有温室气体排放低、对地面配套要求相对低等优点，为重油带未来探索提高采收率新方法提供了新思路。

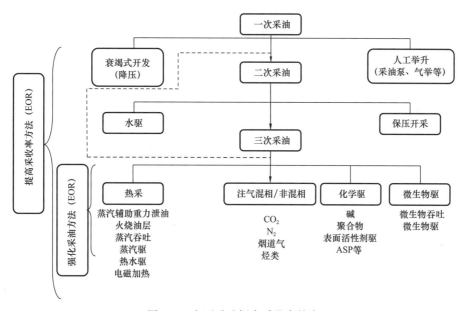

图 9-1　主要重油提高采收率技术

第二节　非热力采油提高采收率技术

一、水驱技术

水驱技术作为二次采油的主要方法，可以加速产油速度，在世界范围内广泛采用。注水在油田应用至今已经一百多年的历史，直到 20 世纪 50 年代后期才在矿场上得到普遍应用和发展。水驱开发是目前全世界应用最为普遍的提高采收率的方式。水驱的主要优点包括水资源容易获得、很好的流动性、较好的扫油效率、比较高的采收率、相对低的生产成本等。

重油在地下原油黏度高、流动性差，导致常规操作手段的水驱效果指进严重，注入很短时间内生产井就会造成水突破（见水）。目前，通过水驱方式开采重油比较成功的案例主要位于西加拿大盆地，该地区已经有 50 多年的水驱开发历史。之所以采用水驱开发重油油藏，是因为西加拿大盆地拥有众多的薄的或断块型的重油油藏，如果利用蒸汽方式开发，会造成极大的热损失。目前，在加拿大拥有的 200 多个水驱重油油藏中，其采收率达到 24% 左右。由于油水两相黏度差的问题，指进问题仍然是制约这些油田开发效果的主要原因。这些油藏的特点是高孔隙度、高渗透率、非胶结砂岩，其中有 80% 以上的储量分布在油藏厚度小于5m的薄油藏，地下原油黏度为400～11500mPa·s，地层压力为3.5MPa，溶解气油比为10m³/m³，一次采收率为5%～8%。目前，水驱油藏在重油中的应用主要是那些不能或不利于使用蒸汽的且原油黏度较低的薄油藏。

针对委内瑞拉重油带油品的溶解气驱替后的水驱开发进行了一系列室内实验，可以

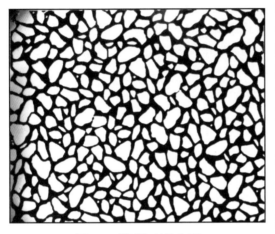

图9-2　模型初始饱和度

看出，重油溶解气驱结束后，原油存在大量气泡，在后续水驱过程中，这些气泡随着原油在注入水的驱替下移动，由于重油黏度较高，气泡很难穿过油膜而形成连续气相，从而形成复杂的"水驱泡沫油"现象（图9-2至图9-6）。

因此，对于注水开发重油油藏，只要注水速度足够小，使得毛细管压力成为增油动力，则会改善开发效果。但由于低注水速度会导致低的产油速度，因此，注水开发技术适合于其他开发技术没有经济效益或缺少短期过渡开发技术的边际重油油藏。

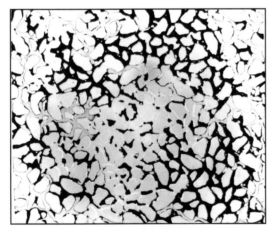

图9-3　溶解气驱后的剩余油分布

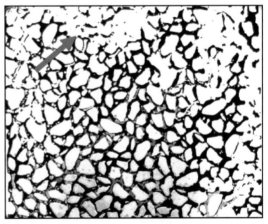

图9-4　水驱微观渗流

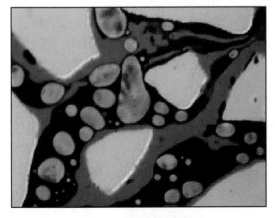

图9-5　气泡通过孔喉

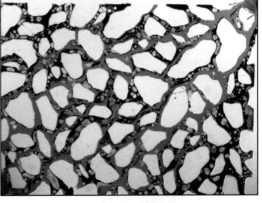

图9-6　水窜现象

二、聚合物驱

聚合物驱是一种化学驱的开发方式。化学驱一般可分为表面活性剂驱、碱驱和多元复合驱。其中，聚合物驱在现场应用过程中比较成熟且经济性高，是一种被普遍使用的化学驱采油方法。

聚合物驱是指在注入水中加入水溶性高分子量的聚合物，在宏观上，它主要靠增加驱替液黏度，降低驱替液和被驱替液的流度比，从而扩大波及体积；在微观上，聚合物由于其固有的黏弹性，在流动过程中产生对油膜或油滴的拉伸作用，增加了携带力，提高了微观洗油效率（图 9-7）。聚合物驱只是在原有水驱的基础上添加聚合物，因此这种采油方法也被称为改性水驱。传统上，国内外对聚合物适用的油藏筛选标准也进行了一系列的划分（表 9-1、表 9-2）。

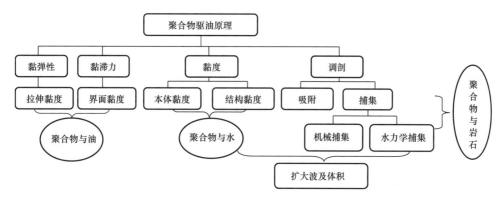

图 9-7　聚合物驱油机理

表 9-1　适合聚合物驱的国外油藏筛选标准

参数	油藏类型	空气渗透率 mD	渗透率变异系数	地层原油黏度 mPa·s	地层温度 ℃	地层水矿化度 mg/L	其他条件
适宜范围	砂岩	>100	0.5~0.7	20~100	<70	<6000	无底水 无气顶
最大范围		>20	0.4~0.8	10~200	<93	<10000	

表 9-2　适合聚合物驱的国内油藏筛选标准

油田参数	原油性质			地层水	
	原油黏度, mPa·s	密度, g/cm³	酸值, mg（KOH）/g	矿化度, mg/L	硬度, mg/L
范围	<60	<0.9	—	<10000	<500
油田参数	储集层				
	岩性	深度, m	温度, ℃	渗透率, mD	变异系数
范围	砂岩	<2500	<75	>50	0.60~0.75
有利因素	低温、淡水、非均质				
不利因素	底水，灰质含量高				

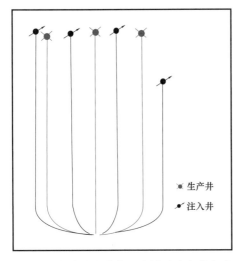

图9-8　加拿大聚合物驱先导试验布井方式

生产井
注入井

一般认为聚合物驱适用的原油黏度很低，属于常规油的三次采油开发方式。但是，随着对聚合物驱替机理认识的深入以及工艺的进步，聚合物驱可适用的领域也在大大加强，特别在原油黏度较高的油藏已经有了较好的应用。例如，加拿大 Brintnell 油藏在聚合物驱的实践表明，原油黏度为 10000mPa·s 左右时，聚合物驱开发仍然是一种行之有效的提高采收率开发方式。该区块在 20 世纪 90 年代进行注水开发，从 2005 年 5 月开始，采用 4 口水平注入井和 3 口水平生产井进行聚合物驱先导试验，水平段长度为 1400m，井距为 100～185m（图 9-8）。2006 年 4 月 在 HTL6 先导试验区聚合物出现突破，2007—2010 年初达到高峰产量，日产油 650m³，试验区内的原油黏度为 600～13000mPa·s。2011 年 1 月后开始逐渐扩大聚合物驱的规模。目前，该区域仍然在陆续将之前的注水开发井转入注聚合物开发，其中在 #9673 号矿权区，2009 年将 130 口井全部转为注聚合物开发，区域内高峰日产油 1800m³。这些重要的生产数据为 MPE3 区块冷采后期是否采用聚合物驱接替提供了借鉴意义（表 9-3）。

表9-3　重油带典型油田和加拿大典型油藏参数对比

项目	重油带 MPE3 区块	Brintnell 油藏
油藏埋深，m	640～1070	300～425
厚度，m	30～120	1～9
渗透率，mD	4000～12000	300～3000
孔隙度，%	30～36	28～32
含油饱和度，%	86	60～70
脱气原油黏度，mPa·s	26000	800～80000
地层压力，MPa	8.6	1.9～2.6

三、注溶剂吞吐提高采收率

注溶剂保压技术主要是针对老井面临的产量递减和大量脱气等突出问题提出的，在地层压力降低、冷采达到经济极限时，仍然有大量的剩余油留在地层中，一般现场常采用热力采油方法进行开发方式接替。但是随着技术的发展，越来越多的研究倾向于非热采方式，比如注溶剂循环吞吐（CSP/ECSP），注溶剂循环吞吐的工艺流程与常规蒸汽吞吐（CSS）非常类似，即注入一定体积的单一溶剂或多种组合溶剂，通过一口井注入、焖井、再开井生产的方式进行循环吞吐作业。注溶剂循环吞吐的基本机理一般有：

（1）保持地层压力。注入溶剂可以有效地补充由于冷采开发而造成的地层压力下降，从而起到保持地层压力的作用。

（2）溶剂的溶解降黏作用，增加了原油的流动性。

（3）沥青质沉淀。注溶剂过程中不同程度地产生沥青质沉淀，只要控制沥青质不会堵塞喉道从而降低储层渗透率，便会由于沥青质的沉淀而降低原油黏度。

（4）溶剂注入过程中，溶剂分布于油藏中，黏度指进扩散作用使得泡沫油形成，从而起到了驱替原油的作用。

以上几个机理共同作用，使得注溶剂提高冷采中后期重油油藏采收率成为可能。

循环注溶剂吞吐的溶剂配方可选择单一溶剂，如甲烷、二氧化碳、氮气等，但是，常规的单一注入一种介质，如甲烷吞吐在开发过程中显得比较低效，问题主要在于在生产周期期间油藏压力足够低时才能实现溶解气驱动，此时由于大量的甲烷从原油中逸出，导致原油黏度增高，因此 Benyamin 在 2012 年为了解决这个问题，提出了改进循环注入溶剂法（ECSP），ECSP 的主要工艺流程包括：

（1）注入一种挥发性的烃类段塞，后面跟一种易溶于原油的段塞。

（2）在地层中让注入的烃类与原油充分接触、溶解。

（3）在低黏度状态下，让地层压力降低到溶解气驱所需要的压力进行生产。

（4）在每个周期内重复进行（1）至（3）。

在注气循环内，挥发性烃类段塞"指进"到原油中，为易溶于原油的段塞提供通道，且在生产过程中为溶解气驱提供驱油动力。而大部分易溶于原油组分保持原油的低黏度。

为了评价 CSP 和 ECSP 在委内瑞拉重油带实施的可行性，对重油带 MPE3 区块油样的 PVT 参数、衰竭开采、CSP/ECSP、溶气膨胀、产出气回注等参数进行了一系列室内实验。

1. 实验装置和流程

1）实验材料

油样在 53.7℃ 的油藏温度下黏度为 14488mPa·s。原油中饱和烃、沥青质、胶质和芳香烃含量分别为 22.25%、13.51%、21.73% 和 42.51%。根据区块实际产出气体的组成，将摩尔分数为 87% 的甲烷和 13% 的二氧化碳混合气体作为实验中的产出气。在高温高压配样器中配制活油样品，活油的初始溶解气油比为 $16m^3/m^3$，泡点压力为 5.8MPa。实验采用的甲烷、二氧化碳和丙烷的纯度全部为 99.99%。起泡剂由 40% 的表面活性剂（HY-2）和 60% 的矿化水组成。降黏剂由 80% 的有机柴油和 20% 的油溶性降黏剂（DYR）组成。填砂管长度为 60cm，内径为 2.5cm，由粒度为 212~355μm 纯净的石英砂充填。

2）实验装置

溶胀和非常规 PVT 实验装置：（1）高温高压样品池；（2）摆动和旋转搅拌机，确保样品池内原油物性均匀，从而可以提高分析精度；（3）透明可视化窗口，使得泡点测试可视化；（4）闪蒸分离器，可以加快油气分离速度，提高测量精度。

泡沫油衰竭开采和 CSP/ECSP 实验装置由填砂管、活油注入系统、气体注入系统、丙烷/起泡剂/降黏剂溶剂注入系统、回压阀、油气分离器、气体流量计和压力传感器组成（图 9-9）。注入系统包括高压容器、阀门和压力传感器，与填砂管相连。实验装置通过恒温箱持续加热，通过数字温度控制仪控制和检测温度。ISCO 泵由特利丹技术公司制造用来将流体注入填砂管中。BPR 单元由回压阀、氮气瓶、调节器、压力传感器和采样装置组成。实验装置的核心组件由填砂管、压力传感器和监测系统组成。三个数字压力传感器用来记录填砂管沿程的压力变化。油气分离装置和气体流量计用来测量产出油和产出气。填砂管产出液进入分离装置。气体从原油中分离出来通过气体流量计计量，原油留在分离器底部收集并计量。此外，油气界面张力通过由法国 TECLIS 公司生产的液滴追踪界面张力测量仪进行测量。

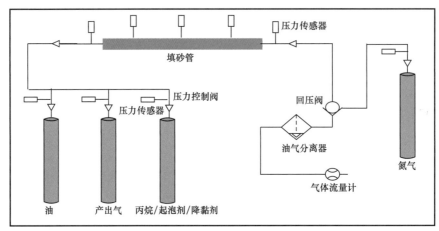

图 9-9　泡沫油衰竭开采和 CSP、ECSP 实验流程图

3）实验流程

溶胀实验和非常规 PVT 实验若搅拌充足，则每个衰竭步骤的压力衰竭速度设置为 14d 一个步长；对于非常规 PVT 实验，若无搅拌条件，则每步衰竭的压力衰竭速度设为 1d 一个步长。首先测试活油的泡点压力、拟泡点压力以及这两种压力之间的原油黏度。然后将定量的产出气注入 PVT 装置，通过增压溶解到原油当中，搅拌稳定 10d。测量泡点压力、拟泡点压力和原油黏度。在不同阶段重复进行这种膨胀过程。

泡沫油衰竭开采和 CSP/ECSP 实验是通过填砂管填充石英砂，然后抽真空 2h。用矿化水饱和填砂管后加热 4h 至实验温度，在不同流速下测量其渗透率。随后在 8.7MPa 压力下向填砂管注入 2PV 活油来驱替矿化水，然后测量初始含油饱和度。岩心稳定 12h 以保证温度和压力的统一分布。

衰竭实验流程：打开填砂管的出口端，调节回压阀以 5kPa/min 的压力衰竭速度开始衰竭实验。每个测压点的压力随时间的变化由计算机记录。持续测量产油、产气速度，当没有油或气产出时衰竭实验停止。

CSP/ECSP 流程：衰竭过程进行到一定压力后，将一定量的产出气（CSP）或产出气 + 丙烷 / 起泡剂 / 降黏剂（ECSP）注入填砂管中，除了注入阀外，填砂管所有阀门关闭。在 ECSP 注入过程中，对于产出气 + 丙烷，产出气在丙烷之前注入；对于产出气 + 起泡剂，2.5mL 的起泡剂段塞在产出气之前注入；对于产出气 + 降黏剂溶剂，2.5mL 降黏剂溶剂在产出气之前注入。在注入阶段结束后，关闭填砂管注入阀，焖井 48h 直至压力保持稳定。然后打开填砂管的出口端，调节回压阀以 5kPa/min 的压力衰竭速度开采。在生产阶段持续测量油气产量。在 CSP 和 ECSP 的其他轮次过程中重复以上流程。衰竭开采及 CSP/ECSP 实验参数与实验结果见表 9-4。

表 9-4 泡沫油衰竭开采 /CSP/ECSP 实验参数及结果

实验序号	实验 1	实验 2	实验 3	实验 4	实验 5	实验 6	实验 7	实验 8
实验类型	CSP	CSP	CSP	CSP	ECSP	ECSP	ECSP	ECSP
注入剂	产出气	产出气	产出气	产出气	（70% 产出气 +30% 丙烷）	（50% 产出气 +50% 丙烷）	（产出气 + 起泡剂）	（产出气 + 降黏剂）
长度，cm	60	60	60	60	60	60	60	60
直径，cm	2.5	2.5	2.5	2.5	2.5	2.5	2.5	2.5
孔隙度，%	39.15	38.62	37.9	37.5	38.6	39.1	37.3	39.2
渗透率，mD	8500	9100	8650	8820	8380	9350	9260	9020
孔隙体积，cm³	115.25	113.69	111.57	110.4	113.63	115.10	109.80	115.40
初始含油饱和度，%	0.89	0.88	0.89	0.87	0.90	0.88	0.89	0.91
初始油量，g	102.57	100.05	99.30	96.04	102.27	101.29	97.72	105.01
初始 GOR cm³/cm³	16	16	16	16	16	16	16	16
注入压力时机，MPa	1.5	4	6	4	4	4	4	4
吞吐周期	1	1	1	3	3	3	3	3
驱油效率，%	16.2	18.5	14.23	24.00	38.90	45.03	30.80	26.50

2. 超重油溶气膨胀特性

泡沫油超重油非常规溶胀实验的结果见表 9-5。泡点压力 p_b 和拟泡点压力 p_b' 及其相应的膨胀因子随着溶解气油比的增加而升高。在实验条件下溶解气油比由 $16m^3/m^3$ 增加至 $28m^3/m^3$，泡点压力和拟泡点压力对应的膨胀因子也分别由 1.08（体积比）上升至 1.28（体积比），1.16（体积比）上升至 1.37（体积比）。膨胀因子在拟泡点压力下要高于其在泡点压力下的值。同时测量了不同溶解气油比下的原油黏度，随着溶解气油比的增加，泡点压力下原油黏度随之降低。说明向超重油中注入产出气，不但可以增加原油的弹性能量，也可以降低原油的黏度。

表 9-5 泡沫油非常规膨胀实验结果

R_s，m³/m³	p_b，MPa	p_b 下膨胀因子（体积比）	p_b'，MPa	p_b' 下膨胀因子（体积比）	p_b 下黏度 mPa·s
16	5.8	1.08	3.4	1.16	5570
21	6.9	1.14	4.8	1.21	4860
26	8.1	1.24	6.3	1.34	4430
28	8.6	1.28	7.1	1.37	4180

3. 产出气回注时机分析

注气吞吐实验分为三个阶段，即注气前的压力衰竭阶段、注气焖井阶段和注气后压力衰竭阶段。首次衰竭开采实验压力分别为降低到6MPa、4MPa和1.5MPa条件下开始单轮次的产出气回注实验的开采效果对比（图9-10）。首次衰竭开采至6MPa开始产出气回注实验，此时压力高于泡点压力，泡沫油驱油作用没有发挥，首次衰竭开采驱油效率很低，只有0.47%。注入产出气后压力恢复到原始压力，再次衰竭开采后最终驱油效率为14.23%。首次衰竭开采至1.5MPa开始产出气回注实验，此时压力低于拟泡点压力，弹性驱、泡沫油驱油和油气两相流驱油作用都能发挥，首次衰竭开采驱油效率最高为11.9%。注入产出气后焖井，再次衰竭开采后最终驱油效率为16.2%。首次衰竭开采至4MPa开始产出气回注实验，此时压力接近拟泡点压力，弹性驱和泡沫油驱油作用可以充分发挥，首次衰竭开采驱油效率为10.15%。注入产出气后焖井，再次衰竭开采后最终驱油效率为18.5%，产出气回注开采效果为三组最高。

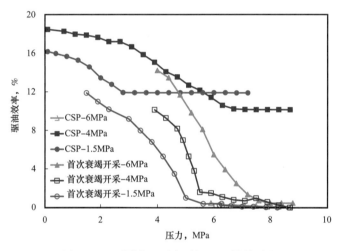

图9-10　不同注入压力时机CSP效果对比

分析原因，衰竭开采至4MPa进行产出气回注，可以充分发挥首次衰竭开采泡沫油驱油作用，此时压力在拟泡点压力附近，泡沫油没有大量脱气，油相黏度没有大幅下降。产出气回注后，压力得到补充，有部分产出气重新溶解在油相中，再次衰竭开发产生的二次泡沫油效果较好，因此整体驱油效率最高。衰竭开采至1.5MPa进行产出气回注，此时泡沫油中已经形成连续气相，气体大量脱出，油相黏度大幅降低，回注产出气后，即使压力恢复到初始压力，但是产出气溶解性较差，再次衰竭开采二次泡沫油效果不好。衰竭开采至6MPa进行产出气回注，虽然再次衰竭开采二次泡沫油效果好，但是首次衰竭开采泡沫油作用没有发挥，整体驱油效率最低。因此在后续的CSP和ECSP实验时，产出气回注选择的注入时机都是4MPa。

4. CSP改善冷采效果分析

实验4中（表9-4）三轮次的CSP实验条件和结果见表9-6。CSP实验驱油效率可以达到24%，比首次衰竭开采实验提高了8.7%。

表 9-6　产出气 CSP 不同轮次实验条件和结果汇总

过程	衰竭	轮次 1	轮次 2	轮次 3
注入产出气，cm^3	—	1000	1000	1000
初始油量，g	96.04	86.35	78.42	74.56
焖井时间，h	—	48	48	48
初始生产压力，kPa	8600	7900	4800	3100
采出油量，g	9.69	7.93	3.68	1.76
驱油效率，%	10.09	8.26	3.83	1.83

通过分析衰竭开采阶段和 CSP 实验第一轮次吞吐的驱油效率随压力变化的关系曲线（图 9-11），可以看到衰竭开采生产阶段表现出明显的"三段式"泡沫油驱替特征。CSP 首轮次比首次衰竭开采阶段提高驱油效率 8.26%。主要机理为产出气的回注使得填砂管压力回升，部分产出气溶解到原油中，从而降低了油相黏度。从图 9-11 中还可以看到，CSP 首轮次吞吐开采阶段也存在"三段式"泡沫油驱替特征。

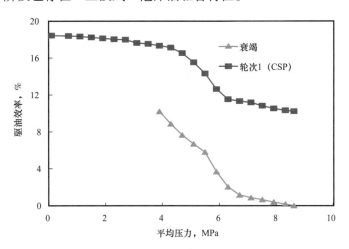

图 9-11　CSP 首轮次驱油效率随压力变化（实验 4）

而第二轮次和第三轮次吞吐没有首轮次吞吐效果好，增加的驱油效率分别只有 3.83% 和 1.83%。首先是因为在每个注入气量相同的情况下第二轮次和第三轮次焖井后的压力要低于首轮次，对于 CSP，需要较高的初始压力以保证产出气充分地溶解在原油中，才能产生有效的溶解气驱。另外，第二轮次和第三轮次生产阶段的初始含油饱和度分别低于首次衰竭开采和第一轮次的初始含油饱和度，这也影响了驱油效率。

5. ECSP 改善冷采效果分析

70% 产出气 +30% 丙烷、50% 产出气 +50% 丙烷两组不同比例丙烷的 ECSP 实验条件和结果见表 9-7。这两组 3 轮次的 ECSP 实验都是在衰竭开采实验压力下降到 4MPa 时开始的。产出气和丙烷分别以两段塞循环注入，产出气段塞在丙烷段塞之前注入填砂管。

表 9-7　产出气 + 丙烷 ECSP 各轮次实验条件和结果

注入剂	70% 产出气 +30% 丙烷				50% 产出气 +50% 丙烷			
ECSP 阶段	衰竭	轮次 1	轮次 2	轮次 3	衰竭	轮次 1	轮次 2	轮次 3
注入产出气，cm^3	—	700	700	700	—	500	500	500
注入丙烷，cm^3	—	300	300	300	—	500	500	500
初始油量，g	102.27	91.91	76.41	66.81	101.29	90.63	73.93	60.93
焖井时间，h	—	48	48	48	—	48	48	48
采出油量，g	10.36	15.50	9.60	4.30	10.66	16.7	13	5.25
驱油效率，%	10.13	15.16	9.39	4.20	10.52	16.49	12.83	5.18

70% 产出气 +30% 丙烷的 ECSP 驱油效率为 38.9%，较首次衰竭开采阶段提高了 23.6%。提高驱油效率的主要原因为相较于 CSP 实验，丙烷的注入使降黏效果更显著，气体溶解效果更好，原油膨胀度更高，泡沫油流更加稳定，从而有助于降低气相渗透率，提高驱油效率。通过分析 CSP 和 ECSP 首轮次吞吐的生产气油比随压力的变化曲线（图 9-12），可以发现 ECSP 的生产气油比要明显低于 CSP，这表明在 ECSP 生产周期内形成了更稳定和更高效的泡沫油流。

50% 产出气 +50% 丙烷的 ECSP 驱油效率为 45.03%，相较于 70% 产出气 +30% 丙烷的 ECSP 驱油效率提高了 6.1%。前者的周期驱油效率也要高于后者，原因主要在于注入体系内丙烷的比重更大，使得溶剂的溶解降黏效果更显著（图 9-13）。

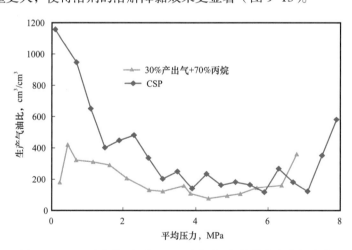

图 9-12　CSP（实验 4）和 ECSP（实验 5）首轮次生产气油比

在产出气 + 丙烷 ECSP 实验中每周期的丙烷注入量相同，但是 ECSP 后续轮次开采效果变差，原因是随着 ECSP 后续轮次的压力和含油饱和度降低，影响吞吐开采效果（图 9-13）。

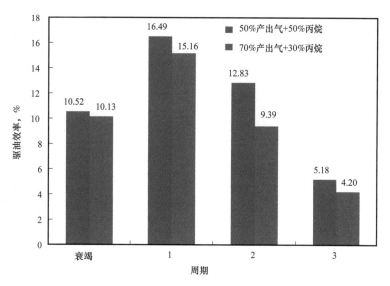

图 9-13　ECSP（实验 5 和实验 6）驱油效率

通过对产出气 + 起泡剂 ECSP 的 3 轮次实验条件和结果（表 9-8）看出，实验是在衰竭开采实验压力下降到 4MPa 时开始的。在 ECSP 注入阶段，2.5mL 起泡剂段塞（40%HY-2 表面活性剂）和 60% 的矿化水在产出气注入前注入填砂管。

表 9-8　产出气 + 起泡剂 ECSP 各轮次实验条件和结果总结

ECSP 阶段	衰竭	轮次 1	轮次 2	轮次 3
注入产出气，cm³	—	1000	1000	1000
注入起泡剂，cm³	—	2.5	2.5	2.5
初始油量，g	97.72	87.72	75.47	70.43
焖井时间，h	—	48	48	48
采出油量，g	10.00	12.25	5.04	2.80
驱油效率，%	10.23	12.54	5.16	2.87

产出气 + 起泡剂 ECSP 的驱油效率为 30.8%，较首次衰竭开采实验高 15.5%，较 CSP 提高了 6.8%。其主要机理为起泡剂可以降低重油和溶解气之间的界面张力，提高泡沫油的稳定性；同时，从原油中脱出的游离气在起泡剂的作用下与原油形成稳定的分散体系，形成更有效的溶解气驱。通过分析首次衰竭开采阶段和产出气 + 起泡剂 ECSP 采集到的产出泡沫油油样（图 9-14），可以明显地看到使用了起泡剂后的 ECSP 产出油样的泡沫要明显多于首次衰竭开采阶段产出的油样。

测试了在 53.7℃ 的油藏温度下不同起泡剂浓度在不同压力下的油气界面张力（图 9-15）。随着起泡剂浓度增加，压力升高，界面张力降低。由此可知，增加产出气 + 起泡剂 ECSP 中起泡剂浓度和注入压力，可以降低油气界面张力，提高 ECSP 效果。

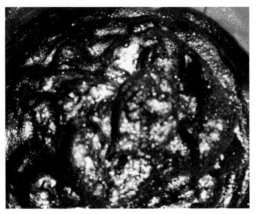 

（a）首次衰竭开采泡沫油样 （b）加起泡剂后的泡沫油样

图 9-14 产出泡沫油样

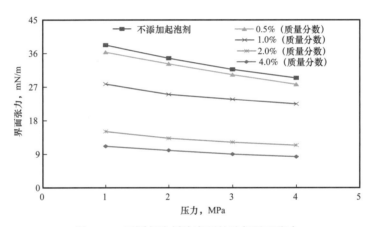

图 9-15 不同起泡剂浓度下的油气界面张力

产出气 + 降黏剂 ECSP 实验的条件和结果见表 9-9。ECSP 实验是在原始压力衰竭到 4MPa 时开始的。在 ECSP 注入阶段，2.5mL 溶剂型降黏剂段塞（60% 有机柴油和 20% 的油溶性降黏剂）在注入产出气前注入填砂管。

表 9-9 产出气 + 降黏剂 ECSP 各轮次实验条件和结果

ECSP 阶段	衰竭	轮次 1	轮次 2	轮次 3
注入产出气，cm^3	—	1000	1000	1000
注入降黏剂，cm^3	—	2.5	2.5	2.5
初始油量，g	105.01	94.31	84.11	79.51
焖井时间，h	—	48	48	48
采出油量，g	10.70	10.2	4.6	2.35
驱油效率，%	10.19	9.71	4.38	2.24

产出气 + 降黏剂 ECSP 的驱油效率为 26.5%，较首次衰竭开采阶段提高了 11.2%，较产出气 CSP 提高了 2.4%。其主要机理为降黏剂溶入原油降低了胶质和沥青质的聚合度，将大聚集体变为小聚集体，将原油黏度降低了 50% 以上。由于提高了原油的流动性，降低了原油黏度，从而提高了驱油效率。从产出油样观察到降黏剂的注入不会明显影响到泡沫油的稳定性。

通过分析 CSP、起泡剂辅助 ECSP 和降黏剂辅助 ECSP 第一轮次焖井时填砂管的压力变化（图 9-16）可以看出，由于焖井时部分产出气溶解到原油中，填砂管压力缓慢下降。焖井结束时，起泡剂 ECSP 的填砂管压力低于 CSP，这说明了起泡剂的加入降低了油气界面张力，使溶解到原油中的气体增加；降黏剂辅助 ECSP 的填砂管压力也要低于 CSP，这表明降黏剂降低了原油黏度，有助于提高气体在原油中的溶解性。

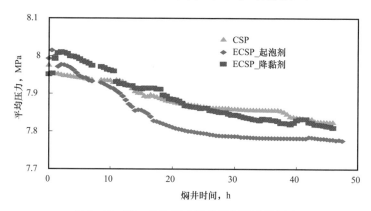

图 9-16　第一轮次吞吐焖井期间填砂管压力

四、二次泡沫油提高采收率技术

为了弥补 CSP 和 ECSP 方法中存在的快速脱气问题，提高原油流动能力，有效补充地层能量，提出采用溶剂段塞 + 气体泡沫的方式，使油藏中形成二次泡沫油，从而实现大幅度提高采收率的目标。

1. 技术思路与原理

通过大量室内实验反复论证，确立了"轻烃溶剂 + 气体 + 二次泡沫油促发体系"段塞式注入形成二次泡沫油的技术路线（图 9-17）。

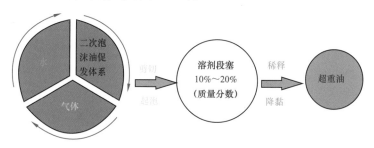

图 9-17　二次泡沫油技术路线

技术路线：向超重油油藏中首先注入轻烃溶剂段塞稀释超重油降黏，以段塞的形式分别注入气体和由"超耐油发泡剂 + 稳泡剂 + 水"组成的二次泡沫油促发体系溶液，在油层多孔介质空间内，通过剪切起泡，与稀释后流动的原油一起形成泡沫分散流，即二次泡沫油流。可以采用吞吐和驱替两种方式开发，对于吞吐方式，注入一定质量的上述体系后，关井焖井一段时间，再回采出地面；对于驱替方式，连续交替注入上述体系，驱动原油不断进入生产井底。

技术原理：首先注入的轻烃溶剂段塞，可大幅提高原油流动能力，减少二次泡沫油促发体系与气体进入油层深部的阻力；随后注入的气体段塞可直接进入油层深部，后续注入的二次泡沫油促发体系进一步顶替气体进入油层更远的深部，以降黏和驱动更大范围的超重油。在回采过程中，较高黏度的二次泡沫油促发体系阻挡了气体从井底的快速脱离，并与返回生产井底的气体剪切起泡，形成泡沫，进一步封堵脱气，从而有效起到油层保压的作用，并通过延缓气体的快速脱出，大幅延长气体滞留在原油中的时间，提高含气原油的弹性能量，并降低原油的动力黏度，从而达到延长生产时间、提高原油产量和采收率的目的。

2. 二次泡沫油促发体系配方筛选

国外的泡沫驱油体系所应用到的油藏条件均为水驱后的油藏，含油饱和度较低，且常规泡沫体系具有堵水不堵油的特点，而委内瑞拉超重泡沫油油藏原始含油饱和度高达85%以上，天然能量衰竭开采采收率仅为8%～12%，衰竭后的含油饱和度仍然在70%以上，具有超高的含油饱和度，因此筛选评价高耐油的二次泡沫油促发体系是该技术的关键。

国内外耐油泡沫体系的文献调研结果表明，目前仅在10%含油饱和度条件下开展过相关的耐油实验，针对耐油饱和度大于30%的泡沫驱油体系，尚未开展相关研究。为此，目前国内开展了大量的耐油型二次泡沫油促发体系筛选评价实验，包括发泡剂与稳泡剂及其配比，初步获得具有较强耐油性、表面活性剂成本仅8～12元/kg的廉价高效化学剂配方。

1）二次泡沫油前置溶剂段塞体系优选评价

作为二次泡沫油促发体系的前置溶剂段塞，其目的在于降低超重油黏度，促进气体和二次泡沫油促发体系进入油层深部，大幅提高波及体积，因此对于二次泡沫油生产效果具有重要作用。为此，分别测试了石脑油、煤油、石油醚、正戊烷（C_5）、正己烷（C_6）、正庚烷（C_7）、正辛烷（C_8）7种轻烃溶剂对原油的降黏效果（溶剂/油=0.15）。实验结果表明，在油中添加0.1～0.15PV的轻烃溶剂，作为二次泡沫油的前置段塞，可明显降低原油黏度，提高原油流动性。石脑油降黏率与C_5—C_8近似，降黏后的原油黏度远低于煤油与石油醚，但石脑油成本比纯C_5—C_8大幅降低，且目前现场泡沫油天然能量衰竭开采即采用在井口加入石脑油掺稀的方式输运，现场容易获取。因此，从成本与获取角度来看，优选石脑油作为前置溶剂段塞（图9-18）。

2）二次泡沫油气体介质优选评价

作为二次泡沫油的气体介质，应不仅具有良好的发泡能力，还应兼具良好的溶油能力。为此，分别测试对比了2MPa、4MPa、6MPa和8MPa条件下甲烷与CO_2对委内瑞拉超重泡沫油的降黏能力。实验结果表明，甲烷的降黏幅度大于CO_2，降黏幅度可以达到CO_2的近一倍。考虑到现场产出甲烷气源丰富，优选产出甲烷气回注（图9-19）。

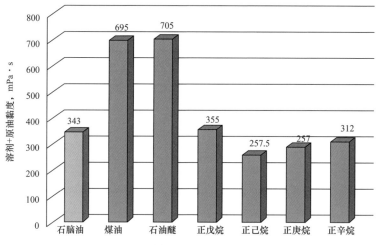

图 9-18　不同溶剂类型对原油的降黏效果

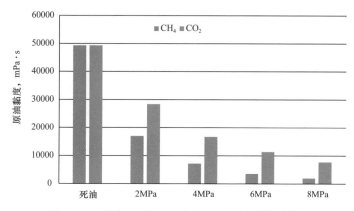

图 9-19　不同压力下 CH_4 与 CO_2 对原油的降黏效果

3）二次泡沫油促发体系优选评价

分别针对耐油的甜菜碱表面活性剂、磺酸盐/硫酸盐表面活性剂、咪唑啉表面活性剂等碳氢类发泡体系开展了筛选评价，耐油饱和度门限为 30%～50%，重点评价在油藏温度、油藏地层水矿化度下，不同发泡剂类型、浓度以及稳泡剂类型、浓度条件下的泡沫发泡高度、半衰期等关键参数，优选出具有超长稳泡时间、高耐油的二次泡沫油促发体系。

根据筛选评价结果，发泡剂 E+ 稳泡剂 HKS 性能最佳，在油饱和度 30%（即油 30mL+ 发泡剂 70mL）的情况下，发泡高度达到 330mL，泡沫半衰期为 5.16h，泡沫存在时间 47h；在油饱和度 50%（即油 50mL+ 发泡剂 50mL）的情况下，发泡高度达到 240mL，长期不析液，无明显泡沫半衰期，泡沫存在时间达到了 17d，满足现场吞吐生产对于泡沫稳定时间的需求（图 9-20）。

3. 二次泡沫油岩心实验评价

为揭示二次泡沫油生产特征，合理评价二次泡沫油促发体系在岩心中的适应性与开发效果，利用一维长岩心模型，在泡沫油天然能量衰竭生产结束后，分别开展了二次泡沫油吞吐与驱替实验（图9-21）。

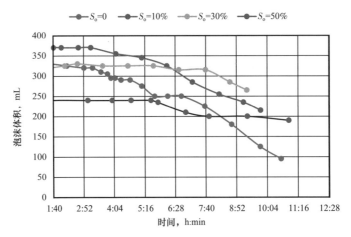

图9-20　不同油饱和度条件下的二次泡沫油促发体系存在时间与泡沫高度

图9-21　一维长岩心实验模型

1）二次泡沫油一维吞吐实验

注入策略采用0.1PV石脑油+0.1PV甲烷气+0.1PV二次泡沫油促发体系的段塞方式注入，注入完毕后，焖井3h，然后进行回采。从生产特征来看，二次泡沫油吞吐呈现明显的两个阶段特征：初期产出泡沫油特征明显，气泡分散均匀，出水量大；中后期进入模型深部的轻烃溶剂（石脑油）顶替出油，泡沫现象不明显，为大量稀释油。从生产效果看，天然能量衰竭采出23.7%原油，吞吐3个轮次阶段采出程度为11.9%，总计35.6%（图9-22）。

2）二次泡沫油一维驱替实验

注入策略为首先注入0.15PV石脑油的前置降黏段塞，然后以0.05PV甲烷气+0.05PV二次泡沫油促发体系交替段塞方式注入，进行连续驱替。当产出含油率低于5%以后，停止生产。

从生产特征来看，二次泡沫油驱替呈现明显的三个阶段特征：初期注采压差逐渐提高，最终达到5.2MPa，压力突破后产出大量被前置溶剂段塞稀释后的低黏度原油，并开始有少量泡沫出现；中期泡沫与原油一起大量产出，为高度分散的拟单相二次泡沫油流；后期由于岩心中残余油量逐渐减少，产出大量低油量泡沫。从生产效果来看，天然衰竭采出程度为23.4%，驱替阶段采出程度为41.8%，累计65.2%（图9-23）。

(a)初期产出　　　　　　0.5h　　　　　　5h　　　　　　3d

(b)中后期产出

图 9-22　二次泡沫油一维吞吐实验产出流体随时间变化

(a) 初期　　　　　　(b) 中期　　　　　　(c) 后期

图 9-23　二次泡沫油一维驱替实验产出流体随时间变化

与二次泡沫油吞吐（采出程度为 11.9%）相比，采用驱替方式可大幅提高采出程度，但目前相邻井距 300m，驱替阻力较大，未来可考虑在两井之间加密一口电加热井等方式降低井间原油黏度，加速井间的驱替连通，从而提高二次泡沫油驱替方式在现场应用的技术可行性。

第三节　热力采油提高采收率技术

蒸汽作为介质的热力采油提高采收率方法被广泛地应用在重油油藏开发中，然而，在某个重油油藏中成功应用的开发技术，并不一定适用于其他油藏。虽然对于相似油藏的开发技术具有可参照性，但由于技术的一般适用性不能保证，因此将从一个油藏中获得的资料直接应用到其他油藏时应当格外谨慎。事实上，每一种生产方式都是针对某个特定油藏及流体性质制定的。在一种情况下可行的方法在另一种情况下可能会完全失败。因此，需充分考虑和分析开发方式的机理、动静态资料的收集以及它们之间相互的影响因素。委内瑞拉奥里诺科重油带早在 20 世纪 50 年代开始进行热采开发方式先导试验，并且对奥里诺科重油带热采先导试验分布图和典型热采开发方式形成了一系列的筛选标准（图 9-24、表 9-10 ）。

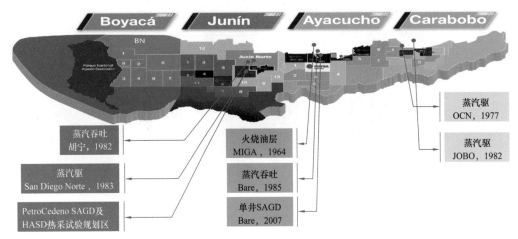

图 9-24　奥里诺科重油带热采先导试验区分布图

表 9-10　不同热采方式的筛选标准

参数	筛选标准			MPE3
	蒸汽吞吐	蒸汽驱	SAGD	
油藏埋深，m	<1500	<1400	<1000	640~1070
厚度，m	10~35 （埋深<500m，厚度下限5m）	>8 （埋深<500m，厚度下限5m）	>20	10~28
净总厚度比	>0.35	>0.5	>0.5	0.78
渗透率，mD	>200	>200	>500	4000~6000
孔隙度，%	>20	>20	>20	30~36
含油饱和度，%	>55	>50	>50	86
原油黏度，mPa·s	<10000	<10000	10000~200000	2900~3200
地层压力，MPa	<13.0	—	—	8.6
边、底水体积大小	—	<3倍油区体积	—	工区无边、底水

一、注蒸汽提高采收率机理

　　加热降黏作用：重油由于黏度过高，因此在地层条件下往往不具备流动性。在向地层注入蒸汽的过程中，近井地带的温度会随着蒸汽携带的热焓通过热传递而升高。由于黏度对温度非常敏感，原油黏度会随着温度的升高而快速降低，这样使原油的流度大幅增加，提高了流动性，增大了油层流动系数，使油层实际动用厚度增加，从而改善了开发效果。因此，原油黏度越高，加热降黏的效果越明显。

热膨胀作用：在高温膨胀作用下，岩石孔隙体积缩小，流体体积增大，弹性能量增加。膨胀系数的大小一般取决于油品性质，一般地，重质原油的膨胀系数小于轻质原油。膨胀作用是热采机理中非常重要的因素，也是热采驱油过程中的主要驱动力。

脱气作用：在开采过程中，当油层压力低于饱和压力时，随着压力下降，溶解状态的气体从油相中分离出来，形成气泡，随着压力的继续降低使气泡体积逐渐增大汇聚形成自由相，依靠此种气体的弹性膨胀使原油被挤压至压力相对较低的方向（井底）。脱气作用在蒸汽吞吐开发方式早期的驱油过程中起到至关重要的作用。

蒸馏作用：注入蒸汽过程中，会在蒸汽注入前缘产生蒸馏作用，使原油和冷凝水迅速汽化导致蒸汽中含有一定量的轻质油，即烃蒸气。烃蒸气随着温度的降低与冷凝水一起凝结，在推进过程中，烃蒸气中的油分不是被驱替而是被蒸汽所携带，因此它们的轻质组分推进速度比重油的推进速度快，所以最终留下少量的重的残余油。

膨胀再压实作用：在高温高压注入过程中，岩石会出现小的裂缝，孔隙度和渗透率会在近井地带增大，拓展近井地带的油流通道，在开井生产时，随着压力的降低，利用弹性能驱油，当压力降低到压实压力时，孔隙度和渗透率会快速地降低并产生弹性能再次驱动原油流动。该作用是破裂压力注汽早期蒸汽吞吐开发方式的重要机理。但值得指出的是，该作用不可逆，压实后的孔隙度和渗透率总是大于原始值。

重力分异作用：一般地，由于原油的密度小于水，会产生了重力分异作用。密度的差异使蒸汽上升，受热的原油发生膨胀，使密度变小，黏度降低，蒸汽给原油产生了向下的驱动力，使得原油和水向下流动，进入井底，在 SAGD 开采过程中，重力分异作用是其主要的驱动力。

注蒸汽热采开发方式的影响因素从静态需考虑：（1）油藏埋深；（2）含油面积；（3）油层有效厚度；（4）原油黏度/API 重度；（5）孔隙度；（6）渗透率；（7）原始含油饱和度；（8）夹隔层分布；（9）边、底水，顶气分布；（10）断层遮挡等因素。

不同开发方式的动态参数选择和优化：（1）注汽强度；（2）注汽速度；（3）注汽干度；（4）注采比；（5）开井时间；（6）动液面控制；（7）回采水率；（8）开发方式转换时机等因素。

二、MPE3 区块的岩石流体高温高压热力学参数测定

利用 MPE3 区块 CES-2-0 井的岩心样品、原油样品，测定了区块的热物性参数、黏温曲线、高温高压相对渗透率曲线。

1. 热物性参数测定

热物性参数主要包括导热系数、比热容、密度、热扩散系数及热容量。实际测试结果表明，CES-2-0 井油层（O-12）具有较高的热扩散率（高导热系数和低热容），这将有利于注入蒸汽的热前缘传播，增大注入蒸汽的热效率；而泥岩层（O-11B 和 O-12）具有较低的热扩散率，这又将有利于阻止注入蒸汽的热前缘传播速度，减小热损失（表 9-11）。

表 9-11　区块 CES-2-0 井岩石及区块原油的热物性参数测定结果

层位	顶深 ft	底深 ft	样品长度 in	岩性	热参数值				
					导热系数 W/（m·℃）	比热容 J/（g·℃）	密度 kg/m³	热扩散系数 m²/h	热容量 kcal/（m³·℃）
O-11B	3159	3160	4	泥岩	2.3407	1.1810	2119.2	0.00226	918.15
O-12	3214	3215	4	油砂	2.0268	1.4476	2210.1	0.00227	765.39
O-12	3309	3310	4	泥岩	2.0570	1.5021	2243.6	0.00219	806.25
O-13	3350	3351	4	砂质泥岩	1.2593	1.4074	1957.9	0.00164	659.22
MPE3 区块脱气油					0.168	1.4973	996.1	0.00041	356.459

2. 黏温曲线测定

向油层注入热流体，提高油层温度，大幅度降低原油黏度是热力采油的基本依据，原油黏度是室内物理模拟和数值模拟及制订油田开发方案的重要参数。采用 SY/T 6316—1997《稠油油藏流体物性分析方法—原油黏度测定》行业标准，对区块的原油的黏温关系进行了测定（图 9-25）。MPE3 区块脱气原油在地层温度下黏度为 26490mPa·s，200℃（392℉）下黏度为 11.9mPa·s，原油黏度对温度非常敏感，随温度升高大幅度降低，且在低温或高黏度区时，黏度随温度的变化相当明显，在这个区间内，一般温度升高 10℃，原油黏度将降低 50%，这是热采提高超重油采收率的主要机理。因此，从热物性参数和原油的黏温关系可以看出，MPE3 区块的岩石流体物性适合热力采油方式提高采收率。

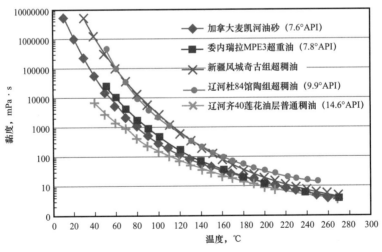

图 9-25　委内瑞拉 MPE3 区块原油（地面脱气原油）与典型油藏黏温曲线对比

3. 高温相对渗透率曲线测定

采用高温相对渗透率测试装置，测定了区块油藏不同温度下油水、油气相对渗透率（表 9-12、图 9-26）。测试结果表明，随着温度升高，岩心的束缚水饱和度增大，岩心向水湿转变，200℃（392℉）下束缚水饱和度比50℃（122℉）时提高了17.4%；水驱岩心的残余油饱和度降低，200℃（392℉）时残余油饱和度比50℃（122℉）时降低了22.2%；在同一含水饱和度下，油相渗透率增大，而水相渗透率变化不大。同时，在相同温度上，蒸汽驱的残余油饱和度比热水驱的残余油饱和度低了8.2个百分点。同等温度下蒸汽驱比热水驱的残余油饱和度低，这正是蒸汽驱可以大幅度提高采收率的重要原因之一。

表 9-12　相对渗透率测试实验油相饱和度

驱替方式	饱和度，%			
	S_{wi}	S_{oi}	S_{or}	S_g
50℃水驱	17.0	83.0	46.2	—
120℃水驱	32.8	67.2	28.3	—
200℃水驱	34.8	65.2	24.0	—
200℃蒸汽驱	34.4	65.6	15.8	51.3

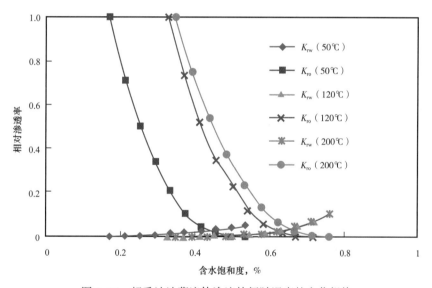

图 9-26　超重油油藏流体渗流特征随温度的变化规律

三、主要热力采油开发方式

1. 蒸汽吞吐技术

蒸汽吞吐开发方式采用单井生产，在一口井中注入一定量的蒸汽，达到设计注汽量后，让蒸汽和油藏中的岩石及流体进行充分的热交换，即焖井。然后开井放喷，转抽。若蒸汽注入后仍然没有自喷能力的井，开井后直接转抽进行生产。此过程可循环往复进行。如果产量足够高，在经济上可行，则可循环若干次，直至达到经济极限。

重油热采投资较多，风险比普通油藏开发大，因此合适的蒸汽吞吐开采筛选标准显得尤为重要。通过对蒸汽吞吐开发方式技术特点的综合研究，得出了中国的蒸汽吞吐开采筛选标准（表9-13）。蒸汽吞吐的开采机理决定了产油量会随着吞吐轮次的增加而降低。在周期内或周期间，由于地层压力降低，井筒附近油层温度、含水饱和度及渗流条件的变化，导致产液量、产油量及油汽比将随时间的增加而递减[1]。按照油藏类型不同、操作条件差异、生产历史不同等因素，吞吐在生产过程中还存在以下几种特点。

（1）蒸汽吞吐通过注入携带热量的蒸汽进入地层，进而加热井筒周围的油层，一般加热半径为10～30m，很难超过50m，通过降低原油黏度、改善原油流动性的方式使原油从油层中采出，由于加热半径的限制，使得蒸汽吞吐阶段的采收率较低，一般为10%～15%，最大约为30%。

（2）产油速度高是蒸汽吞吐的一大特点。一般为地质储量的4%～6%，甚至更高。

（3）开采阶段的每个周期产量变化幅度很大，一般分为初级、中期和后期3个阶段。峰值产油期一般出现在第二周期或第三周期。辽河油田的现场资料证明，若油层厚度大于30m时，直井单井产量可高达100m³/d以上。因而，足够的油藏压力和人工举升能力在蒸汽吞吐操作过程中是很关键的。

目前，蒸汽吞吐技术一般作为蒸汽驱的前期开发技术，因为蒸汽吞吐属于非连续注汽方式操作，没有连续不断地增加油藏能量，而是利用压力升高和降低过程将原油降黏，并充分利用弹性能量进行原油开采。随着循环周期的增加，油层压力衰减，油藏能量逐渐消耗，产量也会随之大幅递减，最终结束有效的经济开发期。

表9-13 蒸汽吞吐筛选标准

序号	油藏地质参数	一等		二等		
		1	2	3	4	5
1	原油黏度，mPa·s	50～10000	<50000	<100000	<10000	<10000
	相对密度	>0.9200	>0.9500	>0.9800	>0.9200	>0.9200
2	油层深度，m	150～1600	<1000	<500	1600～1800	<500
3	油层有效厚度，m	>10	>10	>10	>10	>5且<10
	净总厚度比	>0.4	>0.4	>0.4	>0.4	>0.4
4	孔隙度 ϕ，%	≥20	≥20	≥20	≥20	≥20
	原始含油饱和度 S_{oi}	≥0.50	≥0.50	≥0.50	≥0.50	≥0.50
	ϕS_{oi}	≥0.10	≥0.10	≥0.10	≥0.10	≥0.10
	储层系数，10^4t/(km²·m)	≥0.10	≥0.10	≥0.10	≥0.10	≥7
5	渗透率，mD	≥200	≥200	≥200	≥200	≥200

蒸汽吞吐作为一种非常成熟的技术在全世界的稠油或重油油藏中广泛应用，委内瑞拉作为世界上第一个使用蒸汽吞吐技术的国家，目前仍有很多区块或油田进行吞吐试验或商业开采，包括阿亚库乔大区的Bare油田和Petropiar油田，胡宁大区的Petro San Felix油田等。这些油田主要是在冷采开发后期，采用长水平井段通过蒸汽吞吐进行稳产接替，总体上，蒸汽吞吐在早期轮次的产量较之冷采后期提高2～3倍。这些油田的油藏地质参数与MPE3区块具有很强的相似性，为MPE3区块冷采后接替开发方式起到了借鉴作用。

以委内瑞拉重油带的阿亚库乔大区西北部的 Petropiar 区块为例，面积为 463.2km²，目前有生产井 600 余口。热采试验实施前地层平均压力为 3.7～4.1MPa，生产泵吸入压力为 1.4～2.1MPa，GOR 平均为 35m³/m³。蒸汽吞吐先导试验于 2013 年 8 月开始油藏评估和基础设计，于 2015 年 12 月正式开始现场实施，准备过程历时两年多。在选择试验井过程中，为了适应热采井注汽的要求，对冷采井进行了井位筛选和改造。从 600 多口井中选出 20 多口，最终选出 8 口试验井。主要的井位筛选标准：（1）在产井；（2）出砂少；（3）地层压力小于 5.5MPa；（4）产层为下部层段；（5）水平段砂岩钻遇率大于 70%；（6）产水量小于 4t/d；（7）产油量小于 25t/d；（8）产层未遇大断层；（9）产层平均有效砂岩厚度大于 12m；（10）固井水泥返高至地面等。于 2017 年进行了第一轮次的蒸汽吞吐试验，实际注汽量为 243t/d，平均注汽时间为 23d，蒸汽干度为 80%，平均周期注汽量为 5638t，平均注汽温度为 264℃，平均注汽压力为 5.3MPa。4 口试验井注汽前的平均产量为 18t/d，注汽后的平均产量为 83t/d，各井热采增油 50～100t/d，平均增油 65t/d 左右（表 9–14、表 9–15）。

表 9–14　Petropiar 油田蒸汽吞吐参数

平台	井号	注汽和施工时间	注汽速度 t/d	实际注汽时间 d	总注汽量 t	注汽压力 MPa	注汽温度 ℃	井口最大压力 MPa	井口最高温度 ℃
I4	P02	1 月 20 日—2 月 12 日	237	23.2	5504	5.7	272	3.1	88
I4	P08	4 月 2 日—4 月 24 日	233	23.74	5542	5.3	271	2.7	95
I4	P06	6 月 30 日—7 月 25 日	273	22	6007	4.1	253	2.9	107
H4	P06	1 月 20 日—2 月 12 日	229	24	5500	6.1	260	3.2	114
平均			243	23	5638	5.3	264		

表 9–15　Petropiar 蒸汽吞吐试验单井开发效果统计表

井号	开井时间	累计生产时间 d	注汽前产量 t/d	最高产量 t/d	平均产量 t/d	吞吐累计产量 10⁴t	预计同期冷采累计产量 10⁴t	吞吐增油 10⁴t
I4-P02	2016/03/01—2017/02/13	337	15	106	66	2.24	0.48	1.76
I4-P08	2016/05/29—2017/02/11	256	15	112	65	1.69	0.35	1.34
I4-P06	2016/08/11—2017/02/13	179	25	115	79	1.45	0.43	1.02
H4-P06	2016/11/07—2017/02/15	93	20	139	121	1.21	0.19	1.02
平均		216	19	117	88	1.65	0.36	1.29

冷采转热采时机研究对于区块超重油油藏经济有效开发至关重要，既要考虑充分发挥泡沫油的驱油机理，充分释放冷采产能，又要考虑后续热采的开发效果，对于区块整体开发而言，合适的转热采时机亦要兼顾满足既定的稳产要求。

室内实验表明，随温度升高，拟泡点压力呈指数关系上升，泡沫油作用压力区间（泡点压力与拟泡点压力之间）变窄，临界含气饱和度降低，气相渗流能力增加。泡沫油衰竭开发存在最佳温度区间，温度升高一定值后，泡沫油驱油作用急剧下降，从充分发挥泡沫油驱油作用的角度来看，应适当推迟热采。

同时，蒸汽吞吐从本质上属于消耗地层能量的一种开采方式。理论和矿场实践研究均表明，随着地层压力降低、原油脱气加剧、黏度升高，增油量降低，需转更多的吞吐井来满足一定规模的稳产。

通过数值模拟方法，对4种冷采转热采的情况进行对比分析：（1）模型1，冷采2年转热采；（2）模型2，冷采3年转热采；（3）模型3，冷采4年转热采；（4）模型4，冷采10年转热采。对不同时间转吞吐的第一周期的年平均单井产油量进行分析，从表9-16和图9-27可以看出，晚转吞吐可以得到更高的净增幅，但是早期在地层压力较高的时候转吞吐可以更好地提高产油速度。

表9-16 不同转吞吐时机的开发效果对比

参数	模型1	模型2	模型3	模型4
第一周期平均产油，t/d	150	117	91	39
相应冷采平均产油，t/d	103	78	58	16
净增油，t/d	48	38	33	23
净增幅，%	46	49	58	138

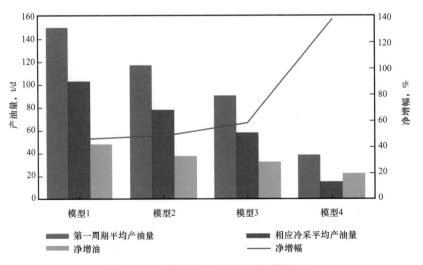

图9-27 不同转吞吐时机的开发效果对比

近年来，随着技术的进一步提高，科研人员采取了多种方式改善蒸汽吞吐开发效果，如多井整体吞吐、蒸汽+助剂吞吐等。多井联合吞吐能有效抑制汽窜，减少汽窜造成的热损失，扩大波及范围，同时，注汽热量集中，升温幅度大，同时便于现场施工管理。因为可有效提高单井蒸汽吞吐效果。蒸汽 + 助剂吞吐中使用的助剂主要包括非凝析气类（天然气、氮气、二氧化碳、烟道气等）、溶剂类（轻质油）以及高温泡沫剂（表面活性剂）等。该方法能够发挥多种驱油机理，可有效延长蒸汽吞吐经济开采轮次，延长周期内生产时间，综合提高采收率。

2. 多元热流体吞吐技术

为改善常规蒸汽吞吐开发效果，提出多元热流体吞吐技术（Multi Component Thermal Fluid Huff and Puff，MCTF）。多元热流体是一种由水蒸气、氮气和二氧化碳等烟道气成分组成的高温高压混合热流体，通过复合热载体发生器产生并经管路、油井直接注入油层，高温高压的多元热流体进入油藏能够补充地层能量并大幅度降低原油黏度。利用蒸汽和气体的协同增产机理，多元热流体开采技术具有产油速度快和采收率高的特点。

多元热流体发生器基于火箭发动机高压燃烧喷射机理，利用空气与天然气 / 柴油 / 原油在高压密闭条件下充分燃烧生成高温高压 CO_2、N_2 和水蒸气。发生器舱包含 PLC 控制、空气流量调节、天然气流量调节、变频控制高压供水水泵、发生器、点火系统、测温测压计量系统及热载体输出系统（图 9-28）。目前，12t/h 的多元热流体发生器装置相当于 5.9t/h 蒸汽锅炉 +4.7t/h 空气分离装置 +1.4t/h 二氧化碳收集装置。发生器压力与温度分别为 6.2MPa 和 300℃。可以通过程序控制定时排垢。目前，应用原油作为燃料的发生器已在现场实施应用。

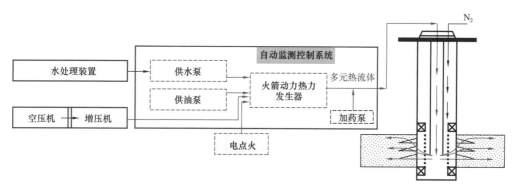

图 9-28　多元热流体系统示意图

多元热流体吞吐技术在注汽初期就在注入蒸汽的同时伴注大量的 N_2 和 CO_2。在注入多元热流体过程中，地层原油黏度随温度升高而降低，同时烟道气体混合在原油中形成泡沫油，可以大幅度提高原油的流动能力。相较于常规蒸汽吞吐，因为烟道气在注入过程中首先沿原注汽超覆部位进入油层，占据井筒附近超覆孔隙空间，烟道气、蒸汽和原油三相流动，增加大孔道渗流阻力。后续注入过程中，烟道气高温膨胀形成相对的高压腔，有利于注入的多元热流体向相对低渗透部位扩散，从而达到均匀注气、扩大波及体积、提高动用程度的作用。

3. 蒸汽驱技术

蒸汽驱是一种驱替式热力采油方法，通过一口井或多口井将蒸汽持续向地层注入，将地下的原油黏度降低，然后在蒸汽蒸馏的作用下，把原油驱向邻近一口或多口生产井中采出。一般地，由注入井到生产井的过程中一般分为几个不同的温度场，即蒸汽带、冷凝水带、热水带、热油带和原始油带（图9-29）。

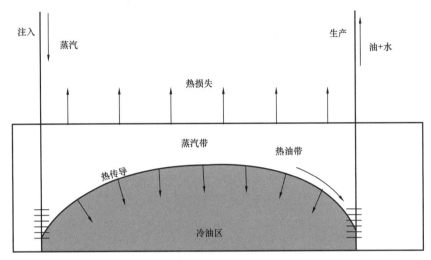

图9-29　蒸汽驱驱替机理

蒸汽驱目前是一种大规模工业化应用的热力采油技术，一般作为蒸汽吞吐后期的接替方式进行应用，在很多油田取得了较好的经济开发效果。蒸汽驱的主要机理是降低原油黏度，提高原油流动性以及蒸馏作用。利用蒸馏作用，驱替并稀释蒸汽前缘的原油，从而留下较少的重质组分。因为蒸汽驱是以补充地层能量为前提的，所以该开发方式较蒸汽吞吐的采收率要高。通过蒸汽驱提高的采收率可达30%左右，这样蒸汽吞吐转蒸汽驱后的总采收率在50%以上。国内外目前都有蒸汽驱大规模开发的油田，例如美国的克恩河油田和印度尼西亚的杜里油田，中国辽河油田的齐40块和杜66块。克恩河油田采用大型热电联供技术，使蒸汽驱的平均汽油比保持在3.1m³/m³左右，蒸汽驱后采收率达到62.4%。杜里油田预计最终采收率可达到55%。

委内瑞拉奥里诺科重油带曾在20世纪80年代在Jobo油田的Oficina组Morichal段的Sand C层采用22口垂直生产井、6口垂直注入井进行蒸汽驱现场试验，采用7点法井网，注采井距153m（图9-30），与目前正在开发的MPE3区块同属于Morichal段，油藏地质参数较为相似，具有高孔隙度、高渗透率、较高溶解气油比、低API重度的特性。试验区地质储量为413×10^4t；开发共分为冷采开发、蒸汽吞吐对油藏进行预热及蒸汽驱三个阶段。经过7年的开发，累计注汽178×10^4t，累计产油148×10^4t，其中冷采贡献40×10^4t，蒸汽吞吐贡献24×10^4t，蒸汽驱贡献84×10^4t，累计汽油比为1.7m³/m³。冷采+热采地质储量采收率达到了36.2%（表9-17）。由此可见，试验区冷采阶段采收率为10%，符合重油带一次衰竭开采采收率的开发规律，在经过蒸汽吞吐预热后，蒸汽驱开发有效地提高了试验区采收率，采用冷采后吞吐预热转蒸汽驱可以取得较好的效果。根据JOBO段的经验可以认为，针对重油带类似油藏，蒸汽驱开发是可行的。

虽然蒸汽驱既可补充油藏压力，又可达到降黏的目的，但蒸汽驱在开发过程中仍然面临许多挑战。首先，蒸汽驱的驱油剂是蒸汽而不是水，蒸汽从井口到达井底的过程中会出现较大的热损失，因此蒸汽驱适应的油藏深度不能过深。其次，为了控制热水带过早出现，蒸汽驱各井组间的距离不能过大，一般在150m左右。再次，若原油黏度过大，导致井间流动阻力增大，导致注入的注汽量非常有限，即现场常说的"推不动"现象。另外，由于蒸汽和油水的密度差，导致重力分异现象，使蒸汽快速地向油层上部扩展，导致热损失增加。

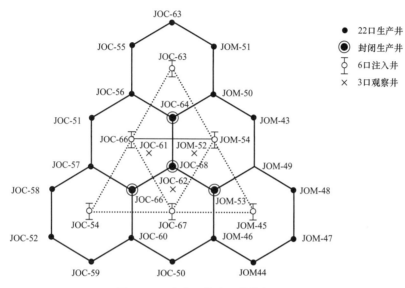

图9-30　试验区蒸汽驱井位部署图

表9-17　试验区蒸汽吞吐和蒸汽驱开发效果

开发指标	冷采	蒸汽吞吐	蒸汽驱	注蒸汽开发阶段
累计产油，10^4t	40	24	84	108
地质储量采出程度，%	10	5.8	20.2	26.1
注入量，10^4t		8.05	170	178
汽油比，m^3/m^3		0.33	2	1.7

制约蒸汽驱技术的因素还有很多，也正是因为诸多因素导致蒸汽驱在实际应用过程中成本过高，而采收率不高，为了进一步改善开发效果，目前现场可选择采用间歇式注入蒸汽方式，或多井组整体优化蒸汽驱以及水平井压裂辅助蒸汽驱技术等。

4. 蒸汽辅助重力泄油（SAGD）

典型的SAGD技术是通过在油藏下部布两口水平井，其中注入井在生产井的上部，通过注入井持续注入蒸汽，使蒸汽向上和侧向移动加热油层，形成蒸汽腔，蒸汽在蒸汽腔边缘冷凝，通过重力分异作用使冷凝水和加热的原油沿蒸汽腔边缘流入下部生产井将原油采出。

一般SAGD的布井方式分为三种形式：第一种为双水平井，即注入井在上，生产井在下；第二种为水平井直井组合方式，即直井在上部持续注汽，水平井在下部持续采油；第三种为单井SAGD，即在同一口水平井口下注汽和采油两套管柱，通过注汽管柱向水平井指端注汽，由于采油管柱持续采油，通过压力差使蒸汽腔沿水平井逆向扩展（脚跟方向），通常，单水平井 SAGD 适用于厚度 15m 左右的油藏。

基于委内瑞拉重油带 MPE3 区块的基本油藏特点，与加拿大油砂典型油藏进行对比，对泡沫油型冷采后转 SAGD 开发方式适应性进行了数值模拟研究（表 9–18），认为区块的油藏地质特征、开发方式和现有井网形式具备实施 SAGD 的条件。但是目前矿场规模实施 SAGD 的油藏一般是地下原油流动性极差的超重油和油砂油藏，与超重油相比，泡沫油型超重油油藏地下原油具有流动性，原油的流动性对 SAGD 开发机理和开发效果影响尚不明确，同时泡沫油型超重油具有较高的原始溶解气油比，溶解气属于非凝析气体，非凝析气体对 SAGD 开发具有一定的影响。结果表明，首先，对于泡沫型重油油藏，当有大量的溶解气存在时，溶解气聚集在蒸汽和原油的界面处，阻碍了蒸汽对原油的加热作用，降低了 SAGD 开发的最终采收率，因此冷采转 SAGD 的地层压力应尽量降低，即转 SAGD 时的地层压力越低，从油相中脱出的溶解气越多，剩余在油相中的溶解气越少，注汽量越大，可有效降低溶解气对蒸汽腔发育的不利影响。其次，由于泡沫油地层下具有流动性，泡沫油 SAGD 不需要预热，注采井垂向井距可适当增大。另外，若油藏具有一定倾角，生产井水平段井轨迹应保持水平，有利于形成合理的 SAGD 汽液界面且在满足技术经济条件下，适当缩小 SAGD 井距可提高开发效果。

在以上对重油带泡沫油型油藏研究的基础上，对于 SAGD 开发，建议采用上下两口水平井冷采后转 SAGD 可以降低溶解气含量，提高 SAGD 开采效果；多井对 SAGD 实施不均衡注汽，利用相邻 SAGD 井对注汽压差将蒸汽腔中的部分溶解气排出，并利用蒸汽的驱动力，增加 SAGD 井对间的蒸汽腔发育和储量动用程度，在此基础上提出了交替不均衡注汽，可进一步提高泡沫油 SAGD 开发效果。

表 9–18　泡沫油超重油与油砂油藏模型参数

参数	油藏类型	
	泡沫油	油砂
油藏压力，MPa	8.5	0.2
油藏温度，℃	54	10
孔隙度，%	30	32
油层厚度，m	25	20
泡点压力，MPa	5.6	0.2
泡点压力下原油黏度，mPa·s	2900~3200	500×10^4
水平渗透率，mD	7800	3500
垂直渗透率，mD	6700	2800
平均含油饱和度，%	86	85
甲烷摩尔分数	0.26	0.01
基础排距，m	300	130
注汽压力，MPa	2.8	2

5. 火烧油层技术

火烧油层技术是通过注入空气进入油层并且点火持续就地燃烧，将原油驱向生产井的提高采收率技术，一般称为内燃烧或火驱。由于火烧技术是在油层就地产生热量，这种方法的热焓利用率高，热损失少，因此在同样能量的前提下，最终采收率要高于其他热采方式。目前全世界已经有多个油田开展较大规模工业性开采试验。采收率一般可达到50%~80%。在火烧油层技术实施过程中，当到达点火时机时，对地层点火开始燃烧并且持续向地层中注入空气助燃形成移动的燃烧带（燃烧前缘）。燃烧带前后的原油受热降黏，蒸馏。蒸馏的轻质油和蒸气形成烃蒸气和烟道气一起驱向前方，未被蒸馏的重质部分在高温下裂解形成焦炭，焦炭继续作为燃料维持油层燃烧，随着燃烧的进行，油层的燃烧带不断扩大，在高温下地层束缚水蒸发，并有部分水裂解生成氢气与注入空气中的氧气合成水蒸气，携带热量转递到前方油层，把原油驱向生产井。火烧油层根据燃烧前缘和氧气流动方向分为正向火驱和反向火驱，根据燃烧过程中是否注入水又分为干式火驱和湿式火驱。

由火烧油层的机理可以看出，火驱过程中综合了蒸汽驱、烃混相驱、二氧化碳混相驱、烟道气驱等多种驱替机制，因此其驱替效率要远高于其他提高采收率方法。虽然火烧过程中会烧掉部分原油，但大部分是原油的重质成分，为10%~15%，但是，火烧最大的问题是氧化过程在油藏中维持的时间和合理的氧化范围。这是因为火烧过程与空气的注入量有关，而这个过程在现场操作中难以控制，由于井距的限制，往往最佳的空气流量只能在井距较小时才能实现，加上其他因素的影响，比如井间干扰、热损失等因素，导致原油就地冷凝而无法被采出；并且燃烧过程中产生的气体污染空气，破坏环境；火烧过程中如果砂体类型属于高度未胶结，生产过程中的出砂会非常严重，导致井眼堵塞；由于燃烧过程产生二氧化碳等腐蚀性气体，对管柱提出非常高的要求。并且由于需要使用大型大功率高压空气压缩机，导致投资成本巨大。正因为诸多因素，火烧油层目前在工业界仍处于试验阶段。

目前现场针对火烧技术采用水平井进行重力辅助火烧油层技术（COSH），这种技术可有效避免井距限制，使氧气流量保持在最优值，消除或改善了井间火烧效果见效慢、难以持续燃烧的问题。因此，随着新技术和工艺的进步，火烧油层将会成为一种重要的热力采油开发方式。

6. 其他热采技术

目前工业界还在开展的热采技术包括热水驱、电磁加热技术、水平压裂辅助蒸汽驱（FAST）、注非凝析气重力辅助泄油（SAGP）、多元热流体技术（MCHF）、水平井交替蒸汽驱（HASD）、脚尖到脚跟高压注汽火烧技术（THAI）等。虽然技术各有差异，但这些技术的重要机理都是为了将油层中黏度较大的原油降黏，改善流度比，降低流动阻力，改善开发效果。

参 考 文 献

[1]杨立强.辽河油田超稠油蒸汽辅助重力泄油先导试验开发实践[M].北京：石油工业出版社，2015.